U0270258

大飞机出版工程

航空市场及运营管理研究系列

总主编　顾诵芬

商用飞机经济性

Commercial Aircraft Economy

叶叶沛　编著

上海交通大学出版社
SHANGHAI JIAO TONG UNIVERSITY PRESS

内容提要

今天的民用航空，已从以技术为主要导向转向了以市场化为主要导向的快速发展阶段，经济性成了发展的基本动力。本书阐述了在民用飞机研制、购置和运营中的飞机经济性问题，包括经济性在民用飞机发展中的推进作用、影响飞机经济性的因素讨论、飞机定价和研制成本分析方法、直接运行成本分析方法、运营经济性分析方法、飞机残值评估、飞机融/投资和资产管理等。

图书在版编目(CIP)数据

商用飞机经济性/叶叶沛编著.—上海：上海交通大学
出版社，2017
ISBN 978-7-313-16264-9

Ⅰ.①商…　Ⅱ.①叶…　Ⅲ.①民用飞机－经济分析
Ⅳ.①V271

中国版本图书馆 CIP 数据核字(2016)第 308849 号

商用飞机经济性

编　　著：叶叶沛
出版发行：上海交通大学出版社　　　　　　　　地　　址：上海市番禺路 951 号
邮政编码：200030　　　　　　　　　　　　　电　　话：021-64071208
出 版 人：郑益慧
印　　制：上海万卷印刷有限公司　　　　　　　经　　销：全国新华书店
开　　本：710mm×1000mm　1/16　　　　　　印　　张：16
字　　数：307 千字
版　　次：2017 年 1 月第 1 版　　　　　　　　印　　次：2017 年 1 月第 1 次印刷
书　　号：ISBN 978-7-313-16264-9/V
定　　价：88.00 元

大飞机出版工程

丛书编委会

总主编

顾诵芬（中国航空工业集团公司科技委副主任、中国科学院和中国工程院院士）

副总主编

金壮龙（中国商用飞机有限责任公司董事长）

马德秀（上海交通大学原党委书记、教授）

编　委（按姓氏笔画排序）

王礼恒（中国航天科技集团公司科技委主任、中国工程院院士）

王宗光（上海交通大学原党委书记、教授）

刘　洪（上海交通大学航空航天学院副院长、教授）

许金泉（上海交通大学船舶海洋与建筑工程学院教授）

杨育中（中国航空工业集团公司原副总经理、研究员）

吴光辉（中国商用飞机有限责任公司副总经理、总设计师、研究员）

汪　海（上海市航空材料与结构检测中心主任、研究员）

沈元康（中国民用航空局原副局长、研究员）

陈　刚（上海交通大学原副校长、教授）

陈迎春（中国商用飞机有限责任公司常务副总设计师、研究员）

林忠钦（上海交通大学常务副校长、中国工程院院士）

金兴明（上海市政府副秘书长、研究员）

金德琨（中国航空工业集团公司科技委委员、研究员）

崔德刚（中国航空工业集团公司科技委委员、研究员）

敬忠良（上海交通大学航空航天学院常务副院长、教授）

傅　山（上海交通大学电子信息与电气工程学院研究员）

总　序

　　国务院在 2007 年 2 月底批准了大型飞机研制重大科技专项正式立项,得到全国上下各方面的关注。"大型飞机"工程项目作为创新型国家的标志工程重新燃起我们国家和人民共同承载着"航空报国梦"的巨大热情。对于所有从事航空事业的工作者,这是历史赋予的使命和挑战。

　　1903 年 12 月 17 日,美国莱特兄弟制作的世界第一架有动力、可操纵、比重大于空气的载人飞行器试飞成功,标志着人类飞行的梦想变成了现实。飞机作为 20 世纪最重大的科技成果之一,是人类科技创新能力与工业化生产形式相结合的产物,也是现代科学技术的集大成者。军事和民生对飞机的需求促进了飞机迅速而不间断的发展和应用,体现了当代科学技术的最新成果;而航空领域的持续探索和不断创新,为诸多学科的发展和相关技术的突破提供了强劲动力。航空工业已经成为知识密集、技术密集、高附加值、低消耗的产业。

　　从大型飞机工程项目开始论证到确定为《国家中长期科学和技术发展规划纲要》的十六个重大专项之一,直至立项通过,不仅使全国上下重视起我国自主航空事业,而且使我们的人民、政府理解了我国航空事业半个世纪发展的艰辛和成绩。大型飞机重大专项正式立项和启动使我们的民用航空进入新纪元。经过 50 多年的风雨历程,当今中国的航空工业已经步入了科学、理性的发展轨道。大型客机项目其产业链长、辐射面宽、对国家综合实力带动性强,在国民经济发展和科学技术进步中发挥着重要作用,我国的航空工业迎来了新的发展机遇。

　　大型飞机的研制承载着中国几代航空人的梦想,在 2016 年造出与波音 B737 和空客 A320 改进型一样先进的"国产大飞机"已经成为每个航空人心中奋斗的目标。然而,大型飞机覆盖了机械、电子、材料、冶金、仪器仪表、化工等几乎所有工业门类,集成了数学、空气动力学、材料学、人机工程学、自动控制学等多种学科,是一个复杂的科技创新系统。为了迎接新形势下理论、技术和工程等方面的严峻挑战,迫切需要引入、借鉴国外的优秀出版物和数据资料,总结、巩固我们的经验和成果,编著一套以"大飞机"为主题的丛书,借以推动服务"大型飞机"作为推动服务整个航空科学的切入点,同时对于促进我国航空事业的发展和加快航空紧缺人才的培养,具有十分重要的现实意义和深远的历史意义。

2008 年 5 月,中国商用飞机有限公司成立之初,上海交通大学出版社就开始酝酿"大飞机出版工程",这是一项非常适合"大飞机"研制工作时宜的事业。新中国第一位飞机设计宗师——徐舜寿同志在领导我们研制中国第一架喷气式歼击教练机——歼教 1 时,亲自撰写了《飞机性能及算法》,及时编译了第一部《英汉航空工程名词字典》,翻译出版了《飞机构造学》《飞机强度学》,从理论上保证了我们飞机研制工作。我本人作为航空事业发展 50 年的见证人,欣然接受了上海交通大学出版社的邀请担任该丛书的主编,希望为我国的"大型飞机"研制发展出一份力。出版社同时也邀请了王礼恒院士、金德琨研究员、吴光辉总设计师、陈迎春副总设计师等航空领域专家撰写专著、精选书目,承担翻译、审校等工作,以确保这套"大飞机"丛书具有高品质和重大的社会价值,为我国的大飞机研制以及学科发展提供参考和智力支持。

编著这套丛书,一是总结整理 50 多年来航空科学技术的重要成果及宝贵经验;二是优化航空专业技术教材体系,为飞机设计技术人员培养提供一套系统、全面的教科书,满足人才培养对教材的迫切需求;三是为大飞机研制提供有力的技术保障;四是将许多专家、教授、学者广博的学识见解和丰富的实践经验总结继承下来,旨在从系统性、完整性和实用性角度出发,把丰富的实践经验进一步理论化、科学化,形成具有我国特色的"大飞机"理论与实践相结合的知识体系。

"大飞机"丛书主要涵盖了总体气动、航空发动机、结构强度、航电、制造等专业方向,知识领域覆盖我国国产大飞机的关键技术。图书类别分为译著、专著、教材、工具书等几个模块;其内容既包括领域内专家们最先进的理论方法和技术成果,也包括来自飞机设计第一线的理论和实践成果。如:2009 年出版的荷兰原福克飞机公司总师撰写的 *Aerodynamic Design of Transport Aircraft*(《运输类飞机的空气动力设计》),由美国堪萨斯大学 2008 年出版的 *Aircraft Propulsion*(《飞机推进》)等国外最新科技的结晶;国内《民用飞机总体设计》等总体阐述之作和《涡量动力学》《民用飞机气动设计》等专业细分的著作;也有《民机设计 1000 问》《英汉航空双向词典》等工具类图书。

该套图书得到国家出版基金资助,体现了国家对"大型飞机项目"以及"大飞机出版工程"这套丛书的高度重视。这套丛书承担着记载与弘扬科技成就、积累和传播科技知识的使命,凝结了国内外航空领域专业人士的智慧和成果,具有较强的系统性、完整性、实用性和技术前瞻性,既可作为实际工作指导用书,亦可作为相关专业人员的学习参考用书。期望这套丛书能够有益于航空领域里人才的培养,有益于航空工业的发展,有益于大飞机的成功研制。同时,希望能为大飞机工程吸引更多的读者来关心航空、支持航空和热爱航空,并投身于中国航空事业做出一点贡献。

2009 年 12 月 15 日

作者简介

叶叶沛，浙江江山人，研究员级高级工程师，1968 年毕业于南京航空航天大学空气动力学专业。在西安飞机公司从事飞机总体气动设计工作 30 余年，2000 年之后在中国商用飞机公司和上海飞机设计研究院从事民用飞机市场和经济性研究 10 余年。

前　　言

从秦始皇于公元前 212 年命蒙恬将军堑山湮谷修建的长 736 km、最宽处约 60 m、今天我们还能依稀看到的"秦直道"(类似于现代的高速公路),从公元前 486 年始凿至公元 1293 年全线通航,全长 2 700 km,曾经输送"半天下之财赋"的中国大运河,人们感叹中国人对待交通问题的执着和智慧。

航空交通运输的发展,已成为现代文明的重要标志。比尔·盖茨说:"莱特兄弟创造了自书写发明以来唯一的最伟大文化力,飞机成为第一个互联网,它把人、语言、理念和价值联系在一起"。的确,虚拟的互联网,实现了全球亿万人的信息共享和高速传递。由遍布全球的航空网络构成的"实体互联网",是现代全球社会和经济快速运行的血脉,山川湖海不再是阻隔交通的地理障碍,乘飞机在 24 h 内几乎可以到达地球的任何一个城市,人员、理念、科技、文化和货物的快速交流成为现实。今天的中国已成为全球第二的民航大国。从民航大国走向民航强国和民用航空制造强国,是中国航空人的中国梦。

民用航空业未来的发展趋势和方向,是实现中国人"民航强国和民用航空制造强国"之梦首先应该研究的课题。在 20 世纪 80 年代之前,民用航空业追求的目标是"更快、更大和更远"。1970 年服役的 B747 飞机,载客达到 524 人(两舱布局),航程可达 14 000 km,许多人在这款飞机上首次体验了跨洋旅行的快捷。英法合作研制的"协和"式超声速客机于 1969 年首飞,巡航 Ma 数达到 2.04,载客 90～120 名,从伦敦到纽约只消 3 个小时,它在航空技术上达到的成就曾令人赞叹不已。

然而,在 20 世纪 80 年代之后,航空业追求的主要目标不再是"更快、更大和更远",而是转向了"更省油、更环保和更经济"。从投入市场不久的 B787 和 A350 飞机,到老机换发却受到客户青睐的 B737MAX 和 A320neo 飞机,我们可以清楚地看到这一趋势。民用航空业发展战略的这一重大转变,有其深刻的背景。1978 年美国率先开始推行"放宽航空管制"的政策,意在引入市场竞争、压低运营成本、扩大乘客基础,使航空成为更多的人能够支付得起的大众化交通工具。此后,"天空开放"和低成本航空商业模式在全球风起云涌。全球经济的波动,日趋严峻的油价和环保压力,恐怖活动对旅客安全的挑战,地面交通(高速公路和高铁)的竞争冲击,种种市场和经济环境因素,都迫使民用航空业把经济性放到核心位置,以保证民用航空业繁荣和发展。

民用航空运输业和民用航空制造业是高度竞争的全球化产业。今天的民用航空运输业进入了大众化时代,飞机经济性已成为赢得市场和竞争的核心指标,民用飞机的研发,已从以技术为主要导向,转向以市场经济性为主要导向。从全面分析全球和中国的民用航空运输运营的市场环境出发,探求民用飞机从设计需求的制订、研发、制造、购置到运营等全寿命过程中降低成本和提升经济性的途径和方法,是航空运输业者和航空制造业者共同的努力目标,也是本书作者编写该书的出发点。

本人依据在民用飞机设计和市场经济性方面多年的工作经历,从飞机设计师的视角出发,编写了《商用飞机经济性》,期望为研究民用飞机经济性的爱好者和专业人士提供一份有实用价值的参考资料。在本书编写过程中,获得了上海飞机设计研究院市场研究中心许多经验丰富的同事们的悉心协助。在此,特别致谢杨洋、李晓勇、张康和王如华等对本书编写的奉献和支持。

对于书中存在的不足和纰漏,恳请读者批评指正。

编著者

2016 年 10 月

目　　录

1 概　　述

1.1　航空运输在全球经济中的地位

"愚公移山"的寓言,讲的是先民们为解决交通问题,不惜付出数代人的努力,去搬移门前的一座山。今天,山川湖海不再是阻隔交通的地理障碍,我们乘飞机在24 h内几乎可以到达地球的任何一个城市。人们感叹,我们居住的大星球变成了一个"地球村"。

1914 年 1 月 1 日,从美国佛罗里达州彼得斯堡起飞,跨海湾飞往坦帕市的飞艇定期旅客航班,开启了商用航空运输时代。据国际航空运输协会(IATA)统计,百年后的 2014 年,全球约有 1 400 家航空公司,在 50 000 条航线上运营 25 000 架飞机,每天执行 99 700 个航班,运送 860 万旅客。航空运输缩小了地区间的空间距离,使得人员、科技和文化的快速交流成为可能。航空运输把企业与全球市场联系在一起,使得世界各地都可以及时获得货物、药品、新鲜农产品、紧急援助等注重时效的产品与服务。从表 1-1 可大致看出百年来全球航空业的发展足迹。

表 1-1　百年来航空运输业:旅客数和主要里程碑事件*

年份	旅客/人次	主要里程碑事件
1914	1 205	首次商用航班飞行
1919	6 549	首家航空公司(荷兰皇家航空)运营(现仍在运营)
1921	13 559	在伦敦克里登机场首次雇用空管人员
1930	290 000	首次出现空乘人员
1934	652 000	首次开通跨大西洋邮政服务(汉莎)
1939	2 000 000	首个开通跨大西洋的定期航班(泛美)
1944	5 500 000	芝加哥公约(现代全球航空的基础)签署
1952	39 500 000	首架商用喷气客机服役
1970	383 000 000	首架 B747 在泛美航空公司投入营运
1971	411 000 000	首个低成本航空(美西南)进入市场

年份	旅客/人次	主要里程碑事件
1976	576 000 000	协和式超声速客机服役
1978	679 000 000	美国放宽航空管制
1981	752 000 000	首个常旅客计划启动
1998	1 471 000 000	首次跨极地航班飞行（国泰航空）
2007	2 422 000 000	首架 A380 在新加坡投入营运
2011	2 824 000 000	首次生物燃油旅客航班飞行（KLM 和汉莎）

＊资料来源：IATA。

今天的航空运输业，处于现代全球化经济的核心位置。虚拟的"互联网"，实现了全球亿万人的信息共享和高速传递，极大地促进了全球经济和科技的发展。全球航线所构成的航空网络，堪称"实体的互联网"，实现了人员、货物、文化和科技在国际和地区间的快速交流，通达快捷的现代航空运输服务已成为全球经济的血脉。航空运输业对全球经济的贡献远不止是航空运输业自身，下述数据有助于说明航空运输业对全球经济的间接和带动作用（主要数据来源自 IATA《2014 年度综述》）：

● 航空运输业：2014 年，全球航空运输业安全运送 33 亿人次旅客和 5 000 万吨货物，提供 5 800 万个工作岗位，创造 24 000 亿美元的经济价值，约占全球 GDP 的 3.4%。

● 航空制造业：航空制造业是少数发达国家的重要产业。例如，2010 年美国航空航天产业就业人数 47.7 万，产值 1 710 亿美元，其中民用飞机及部件产值占一半；航空航天产业的出口产值 780 亿美元，其中民用飞机、发动机、设备及部件出口产值 670 亿美元。航空制造业也向其他国家扩散。例如，65 家以上的日本公司参与波音项目，提供了 2.2 万份直接和间接工作（占日本宇航业就业人数的 40% 以上），35% 的 B787 机体和 20% 的 B777 机体由日本生产。当 A350 XWB 飞机达到全负荷生产时，预计将在全球提供 3.4 万份直接工作和 6.8 万份间接工作。

● 机场等基础建设：航空运输业承担大部分机场等基础建设的成本。2012 年，全球机场投资达 193 亿美元，提供了大量工作机会。

● 货物运输：全球贸易价值的 35% 是由航空运输承担的，每年航空运输承担 6.4 万亿美元的货物运输。例如，依赖于航空运输的肯尼亚切花产业，占肯尼亚经济总量的 1.6%，为肯尼亚提供了 9 万份工作，每年创造 10 亿美元的外汇收入。现代生活的许多方面得益于航空货运，例如，航空货运使得制药业快速提供时间敏感型药品（尤其是疫苗）成为可能；大多数个人电子产品（手机和笔记本电脑等）是通过航空货运构成的供应链进行制造、装配和分销的；阿里巴巴和亚马逊等电商，依赖于航空货运建立起商品供应商与千家万户之间的快递服务。

● 旅游业：52％的国际旅客乘飞机出行,旅游业已成为许多发展中国家的支柱产业。全球旅游业提供了 1.01 亿个工作岗位,对 GDP 的贡献达 2 万亿美元。在非洲,乘飞机到达的海外访客直接支撑起 250 万份工作。

● 海外就业：航空运输业加速了劳动力的流动性。据联合国统计,有 2.3 亿人居住在出生地之外的国家。世界银行 2012 年估计,来自新兴经济体的劳动力汇回家的钱达 4 010 亿美元。

● 海外就读：航空运输业促成了海外就读的热潮。美国商务部数据表明,2012—2013 年度,在美国就读的国际学生超过 80 万,2013 年对美国的经济贡献达 240 亿美元,为美国人提供了 30 万份工作。

● 带动作用：航空运输的突出优势在于远程旅行时的省时和准时。如同信息互联网那样,实体的航空运输网络,加速了人员、货物、文化和科技在国际和地区间交流,刺激了国际贸易和投资,增进了企业的规模化和竞争力。据牛津经济研究院估计,航空业投入 100 万美元的研发费用,对社会产生每年 70 万美元的 GDP 增值贡献。

在中国,航空运输业发展迅速。2004—2014 年的 10 年间,航空旅客周转量年均增长率为 13.5％,在整个运输体系中的份额由 11％提升到 21％(见图 1-1)。2013 年有 3.9 亿人次乘坐飞机出行(人均 0.29 次),航空已成为大众化的交通工具。

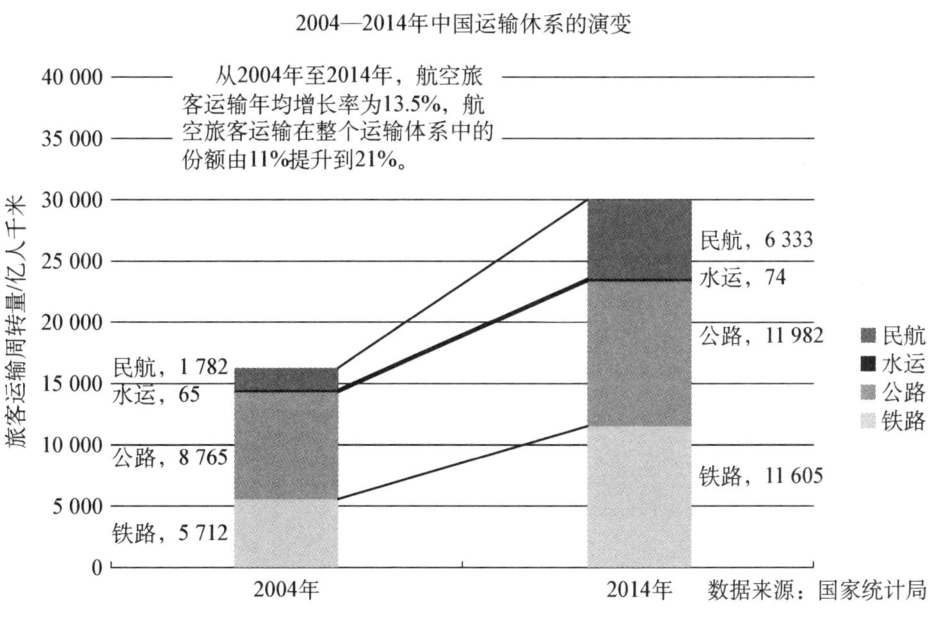

2004—2014年中国运输休系的演变

图 1-1　2014 年中国各种运输方式旅客周转量比例

1.2　经济性在民用飞机发展中的推进作用

空中交通只有提供了不低于其他交通方式的安全性,其运行成本不断降低,使得越来越多的人支付得起机票或运费,航线网络分布广泛而便捷,才能得到快速发展。飞机成为可替代地面和水面交通的、安全舒适、快速便捷、网络化和大众化的交通工具,是近三四十年的事。迄今为止的民用飞机发展史,经历了时间上有所重叠的3个阶段:梦想阶段,以技术创新为主导的发展阶段和以市场经济性为主导的市场化阶段。航空技术的日臻成熟是航空运输业走向大众化和市场化的基础,在市场化阶段,经济性必将成为推动民用飞机发展的主导因素。

1) 梦想阶段

人类对飞行的探索,起源于久远的梦想。希腊神话中,伊卡洛斯借助蜡和羽毛制作的翼翅逃离囚禁,但因过分飞近太阳,蜡和羽毛制作的翼翅受热融化,坠海而亡。阿拉伯人关于“飞毯”的远古童话,至今还是一些卡通片和电影的主题。

在中国,从嫦娥奔月的神话传说(见图1-2),到隋唐时期敦煌莫高窟仕女飞天的壁画,这些对飞天的憧憬,充满中国式的智慧和浪漫色彩。中国明代人万户,是人类第一个尝试用火箭(即古时的爆竹,其原理与今天的火箭相同)飞天的人,这一壮举虽然失败,但其大胆而天才的技术构思使他名留青史。2 300多年前中国伟大的浪漫主义诗人屈原在著名诗歌《九歌·云中君》中唱道:

图1-2　嫦娥奔月的神话

龙驾兮帝服,聊翱游兮周章;

灵皇皇兮既降,猋远举兮云中;

览冀州兮有余,横四海兮焉穷。

翻译成现代语言是这样的:“云中君”乘坐的“龙驾”披着灿烂的天帝服饰,能轻松地遨游四方;它着陆时光彩夺目,起飞时迅捷滑跑升空;遍览九州有余,横跨四海无限。屈原梦想的“龙驾”,不正是今天的飞机吗?

2) 以技术创新为主导的发展阶段

在这一阶段,人类实现了飞天的梦想,飞机在军事上得到广泛应用,并逐渐成为人们出行可依赖的交通工具。

虽然达·芬奇这位意大利文艺复兴时期的天才,在1510年就设计出了飞行器的草图(见图1-3),但是,在经过将近400年后,人类飞行的梦想才变成现实。1903

年12月17日，美国人莱特兄弟在美国北卡罗来纳州驾驶他们经4年努力研制出来的"飞行者"1号试飞成功（见图1-4），开创了重于空气的、可操纵的飞行器的人类飞行的新时代。在航空先驱者中，也有中国人的名字。中国人冯如1907年秋在旧金山奥克兰设厂研制飞机，几经挫折研制出了"冯如2号"飞机，于1911年1月成功试飞。

图1-3　达·芬奇的飞行器设计草图

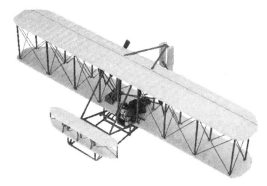

图1-4　莱特兄弟的人类第一架动力飞机

　　航空之路是坎坷的，但充满传奇色彩。20世纪20年代，全球出现了数百家飞机制造商（仅美国就有286家），但成功者寥寥无几。20世纪30年代，空气动力学的研究和风洞试验的运用开始改变飞机的设计过程，双发、悬臂单翼机和金属结构成为主导构型，德国人首先在飞机结构中使用强度比较高的硬铝合金，以替代木材，大幅提高了飞机飞行的速度、高度和机动能力。借助于喷气发动机的发明及在空气动力、结构和材料等方面的技术创新，美国人查克·叶格在1947年驾驶Bell X1实现了首次载人超声速飞行。1949年，第一款真正意义上的商用喷气飞机"彗星"在英国首飞，1952年进入航线运营，虽然因设计缺陷（金属疲劳）使得它损失惨重，却促成了飞机结构设计技术上的重大进步。20世纪60～70年代，航空基础技术取得了突飞猛进的成就。例如，空气动力学在高升力和跨声速阻力设计上取得突破；涡轮风扇发动机模块化设计，使得民用飞机系列化发展成为可能；材料、冶金技术和结构完整性设计的研究成果使飞机的重量和寿命得到极大改善。航空基础技术的成就和适航管理的不懈努力，使得飞机的安全性、性能和经济性不断改善，速度、高度和商载能力的记录被不断刷新，1970年服役的大型宽体客机B747是其中的佼佼者。

　　3）以市场经济性为主导的市场化阶段

　　在这一阶段，虽然技术进步对民用飞机的发展继续起重要的推动作用，但经济性逐渐占据了民用飞机发展战略的主导地位。

　　进入市场化阶段的标志性事件是：美国政府为推进航空运输业的市场化，提高航空公司的效能，1978年开始放松对航空运输业的市场监管，取消了进入航空市场的资金规模限制。1978—1984年，大批新航空公司进入航空市场，这些新航空公司的运行成本比传统航空公司低得多,引发了剧烈的价格竞争,导致了数年的飞机票价快速下降和航空运输增长率的显著提高。实力雄厚的传统航空公司为应对竞争,开始发展"枢纽-辐射"航线网络系统,通过高密度的支线航班,为枢纽集散旅客,利用枢纽和网络优势再次获得市场的支配力和竞争力。除枢纽优势外,传统航空公司开始实施精细的收益管理、电脑预订系统,以及常旅客计划等措施,以提高运输效能和降低运行成本。在此期间低成本航空公司迅猛发展并风靡全球。美国放松管制和航空运输的强劲增长,也导致了欧洲航空市场的基本结构出现重要变化。

　　航空市场的快速发展使飞机制造商赢得了大批飞机订单。降低飞机运行成本的强烈需求,不可避免地使得一些著名的飞机制造商(例如,麦道公司)由于缺乏经济活力而退出了民机市场,民用飞机发展战略从以技术创新为主导转向了以市场经济性为主导。

图1-5　协和式超声速客机

　　1976年,英法合作研制的协和式超声速客机(见图1-5)投入运营,其巡航 Ma 数达2.04,载客90~120名,从伦敦到纽约只需3个小时。曾有人预测民用航空将进入超声速时代。但技术上的辉煌成就难以掩盖其运营成本高和噪声大的严重缺陷,在商业运营中遭遇惨败,仅生产了16架的协和式客机就于2003年退出了市场。与协和式客机几乎同时代的B747宽体客机,载客量是协和式的4倍,而维修成本及燃油成本仅是协和式的一半,卓越的经济性成就了其辉煌。波音B747的竞争对手道格拉斯公司的DC-10和洛克希德公司的L-1011,因过高的研发成本和价格竞争,无法达到盈亏平衡点而败北。采用常规成熟技术、系列化发展的B737和A320系列飞机,由于市场适应性宽和经济性良好,称霸1980年之后窄体机市场30余年,反映航空公司价值取向的深刻变化。这些事实使飞机制造商意识到,民用飞机研发战略必须依托于市场,充分强调市场适应性和经济性设计。

　　进入21世纪以来,航空运输业面临的运行成本压力不断增加,使得航空承运人对提高民用飞机经济性的期望越来越突出。首先是来自经营环境的压力,金融危机、旅客安全、燃油价格和供应、低碳经济、放宽航空管制、消费者结构的变化等全球性问题,使得成本压力越来越大;其次是来自高速铁路等替代交通工具的压力。中国高铁的发展,使航空运输失去了许多高客流量、高收益率市场。此外,航空运输行业内部竞争激烈,富有活力的低成本航空公司迎合了航空运输大众化的趋势,在竞争中不断扩大了其市场份额,使传统航空公司面临巨大的运行成本压力。

　　航空公司以赢利为基本目的,偏好成熟和低成本技术,因而满足当前市场经济和基础建设环境(包括航油、机场、导航和地面支持等)的现代民用飞机的构型变得十分相似。2001 年波音公司推出的新概念飞机"声速巡航机"(sonic cruiser)(见图1-6),具有不同于常规构型的带鸭翼的三角机翼和双垂尾布局,巡航 Ma 数高达0.98。航空公司的反馈意见是:低成本优先于高速度。2002 年波音决定中止开发"声速巡航机",转向开发常规构型的 B787(见图1-7),与空客公司的 A380(见图1-8)进行竞争。

图 1-6　波音公司的"声速巡航机"

图 1-7　波音 787 飞机

图 1-8　空客 380 飞机

　　事实上,民用航空新技术的开发从未停止过。一旦新技术达到了低成本运行的要求,或者某些成本因素发生了重大变化(如必须改用替代燃料),有关新技术将付诸实施。当前引人注目的新航空技术开发项目包括:翼-身融合布局飞机(见图1-9)、连翼布局飞机(见图1-10)、地效客机(见图1-11)和生物燃料和液氢动力飞机等。

图 1-9　翼-身融合布局客机方案

图 1-10　连翼布局客机方案

图 1 - 11　地效客机方案

1.3　民用飞机的研发过程和经济性评估的意义

民用飞机的研发过程,通常分为以下 4 个阶段:

1) 概念设计阶段

在概念设计阶段,设计师依据航空市场和客户需求的调研和分析、可利用的资源和经费分析、设计和制造技术基础的评估、同类机型的竞争评估、适航审定要求,确定飞机设计技术要求,包括:座级、航程、速度、机场适应性、不同商载和航程的飞机系列化发展概念、候选发动机、初步重量和性能估算、进入市场的时机、项目研发里程碑计划、直接运行成本(DOC)评估、目标市场及盈亏平衡点分析等。在该阶段,要求探究最大可能的设计空间,设计多种可替代飞机方案,进行大范围的权衡迭代研究。在该阶段结束、向决策部门提出立项申请时,应选择唯一的候选技术方案,并向潜在客户征求意见。

2) 初步设计阶段

在初步设计阶段,对概念设计阶段提出的候选的技术方案进行细化和优化,民用飞机的优化目标通常是:在满足市场需求的前提下,追求最低直接运行成本。设计工作范围包括:利用计算流体力学(CFD)、选型风洞试验、地面试验和结构分析等对设计方案进行技术参数优化;对关键技术进行专项评定、风险评估和性能担保分析,确定其可行性;确定总体布局、结构布局、系统构架,选择外部合作伙伴;对发动机做出选择并提出了技术性能要求,对飞机各系统提出技术性能要求,并开始招标选择系统供应商。初步设计阶段结束的标志是设计方案冻结。飞机制造商通常要向飞机潜在客户征求对设计方案的意见,在获得客户一定数量的订单后才进入详细设计。

3) 详细设计阶段

在详细设计阶段,要投入大量的财力、物力和人力把初步设计阶段的设计定义变成千万个可供制造的实际零部件。利用计算机辅助设计/制造(CAD/CAM)、定型风洞试验、工程模拟器和"铁鸟"等完成气动、结构、机载系统和动力装置安装的详细设计。完成工程设计决策所需的各种结构、系统试验。系统供应商将派出工程师组成联合工程队进行系统定义和协调。完成工装和工艺设计。该阶段结束时,首架样机完成总装和首飞。

4) 样机制造和合格审定阶段

在样机制造和合格审定阶段,完成用于全机静力试验和疲劳试验的样机的制造和装配,完成用于合格审定试飞的样机的制造和装配,并按合格审定要求试飞,直至取得飞机型号合格证。

表 1-2 和表 1-3 分别列出了取自文献[2]的各类民用飞机研制周期和成本参考数据。这些数据适用于采用成熟技术、相对以往机型有很大继承性的新机研制情况,对于全新研制的新机型,研制周期和成本将明显增加。

表 1-2　典型飞机研制周期

机型	概念设计	初步设计	详细设计	合格审定	备注
通用飞机	4～6 个月	10～12 个月	12～14 个月	6～8 个月	后 3 个阶段共约 24～30 个月
公务机	6～9 个月	12～14 个月	12～16 个月	8～10 个月	后 3 个阶段共约 32～36 个月
支线机	9～12 个月	12～16 个月	12～18 个月	10～12 个月	后 3 个阶段共约 36～42 个月
窄体机	12 个月	12～16 个月	20～24 个月	12～18 个月	后 3 个阶段共约 48 个月
宽体机	24 个月	A380 约花费 5 年			

注:在启动项目之前,通常要对市场和客户需求进行约 1 年的探索性研究。

表 1-3　典型飞机研制成本

飞机座级/涡扇动力	研制成本/万美元	单机成本/万美元
6 座通用飞机	600～1 000	100～200
10 座公务机	2 000～4 000	500～800
50 座支线机	5 000～10 000	2 000～3 000
150 座窄体机	20 000～50 000	4 000～5 000
500 座级大型机	200 000～1 000 000	14 000～20 000

注:成本中包括适航验证成本,但不包括生产启动成本[2]。

飞机制造商研发新机的成本,航空公司购置或租赁飞机的成本,是昂贵的。对飞机研发成本的控制,对飞机运行成本的评估和优化,是现代民用飞机研发过程中的核心任务之一。图 1-12 给出了飞机研发各阶段人工和费用分布。由图 1-12 可以看出,在概念设计阶段,人工和费用的投入很低,到初步设计和详细设计阶段,人工和费用的投入达到峰值;

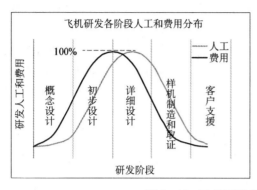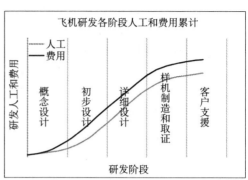

图 1-12　飞机研发各阶段人工和费用分布

图 1-13 给出了飞机研发各阶段对飞机全寿命成本的影响[3]。图 1-13 表明，在概念设计阶段，虽然人工和费用的投入很低，但决定了飞机全寿命成本（包括飞机研制成本＋全寿命运营成本＋处置成本）的 65％。在初步设计阶段结束时，全寿命成本的 85％已基本确定。也就是说，概念设计和初步设计工作，虽然研发的投入有限，但对飞机经济性产生决定性影响；到详细设计和样机制造阶段，希望有效提高飞机的经济性恐怕为时已晚，或将付出沉重的代价。

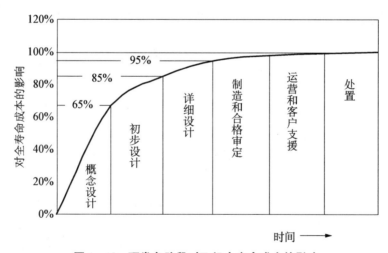

图 1-13　研发各阶段对飞机全寿命成本的影响

图 1-13 给出的结论是毋庸置疑的。在概念设计和初步设计阶段，确定了飞机的市场定位、新技术的选择、总体方案（包括商载、航程和速度能力等设计参数）和系统定义等，飞机的研发成本和直接运行成本实际上已大致锁定。详细设计、样机制造和适航验证只是设法去实现概念设计提出的设计思想而已，对飞机全寿命成本只有局部的影响。所幸的是，在初步设计阶段结束时，研发的经费和人工投入有限。

因此,现代民用飞机制造商在进入详细设计阶段之前,严格执行下述 3 条措施:

(1) 在概念设计和初步设计阶段,进行多方案、多参数的大范围权衡迭代研究,经济性是优化设计的唯一判据。

(2) 在概念设计结束时,设置项目决策点,严格审查项目的技术经济可行性。在项目决策点,要认真向潜在客户征求对项目的意见,切忌闭门造车。

(3) 在初步设计结束并冻结设计方案时,要与潜在客户进行协商,在获得客户一定数量的订单后,才能进入详细设计。

1.4　民用飞机的生命周期和经济性评估的意义

飞机经济性评估,不仅是飞机研发阶段的重要工作,也贯穿于飞机的整个生命周期。

从理论上讲,现代民用飞机只要进行适当的维护可以有很长的使用寿命。飞机的退役往往不是因为使用寿命的限制,而是因为经济性的原因。油价的高涨可能促使燃油效率低、座公里成本高的老旧飞机提前退役;随着机龄的增加,维修成本将增加,继续维修变得越来越不经济;老旧飞机内饰更新的费用可能难以从预期的市场收益获得回报;满足新适航规章所需的改装成本可能过高;环境限制(如无法满足噪声目标)成本难以承受;以上种种经济上的考虑,都可能成为旧飞机退役或被置换的理由。

一般而言,飞机永久退役前的“经济使用寿命”为 20～30 年,但随机型而显著不同。双通道飞机和涡扇支线飞机的经济使用寿命相对较短(为 20～25 年)。较高的维护成本和内饰更新成本使得机龄超过 20 年的双通道喷气客机几乎不再具有投资价值。受燃油价格高位震荡的影响,近年来许多燃油效率低的 50 座及以下的涡扇支线飞机被提前淘汰。单通道飞机由于技术更新周期较长,其经济使用寿命为 25～30 年。某些涡桨支线飞机(如 Fokker 27)使用 35～40 年后依然在商业运营。

民用飞机往往不是“从一而终”,在飞机的经济使用寿命期间,飞机可能数易其主,多次转手。经济性评估是飞机转手、改装、封存或退役决策的重要依据。航空公司手中的飞机,在其生命周期期间,大致可划分为下述 3 个阶段,飞机生命周期每个阶段的时间长短因机型而异,航空公司的经营策略也是重要因素。

1) 第 1 阶段,新飞机服役阶段

新机交付后,第 1 个运营商通常会使用约 15 年。资金充裕的大型骨干航空公司倾向于构建庞大的新机机队,特别是远程双通道喷气客机机队。新飞机的技术先进性、高的派遣可靠性、高标准的客舱舒适性,对于大型骨干航空公司维持高品质商业运营具有重要意义。近几年来,低成本航空公司的发展趋于缩短第 1 阶段的时间,低成本航空公司可能会在新飞机使用 7～10 年后,在飞机大修之前更新机队,因为它们需要高的飞机可靠性来维持其高利用率的运营,新飞机能够使这一点得到保证。经营租赁业的兴起,使得许多小型航空公司使用新飞机成为可能,它们的租赁期通常为 5～7 年。

2) 第 2 阶段,飞机进入二手机市场

当飞机离开其首个服役的航空公司后,进入二手机市场。对于第 1 个飞机运营商来说,把保值潜力高(即"残值"高)的旧飞机投入二手机市场,可以较快地出售或出租,获得可观的投资回报,它们通常会同时引进新机型以实现机型的更新换代和优化配置。许多小型航空公司购买或租赁二手飞机的原因是负担不起新飞机的购机费用,购买或租赁残值高的二手飞机(具有已服役机队庞大、备件来源充足、机务维修便利、客户服务体系完善和性能可靠等特征),是这些资金不宽裕的航空公司的理想选择;一些大型航空公司购买二手机是为了应对市场的变化,迅速增加机队运力或扩大其机队中已经停产那部分飞机的机队规模。在第 2 阶段,机龄在 15 年左右的飞机多数仍用于客运,而有些飞机将被改装为货机。

3) 第 3 阶段,飞机或被改装为货机,或再流通,直至退役

在第 3 阶段,一些老旧客机被改装为货机,全球大多数窄体机货机来自旧客机的"客改货",因为"客改货"可有效降低货运成本。许多老旧客机流通至经济欠发达国家,继续用于旅客运输,或用于其他临时特殊用途。如用于湿租(一种出租人提供飞机、机组、维修及保险等全套服务的租赁方式),老旧飞机的派遣可靠性和利用率偏低,但在经济欠发达国家的航空市场运行仍有其商业价值。飞机最终将被封存或被解体。在多数情况下,航空公司更倾向于把淘汰飞机封存,这样可以保留飞机的账面价值,而且拆解飞机付出的成本比封存飞机更高。长期封存的飞机实际上已退役。

从民用飞机生命周期的简单分析可以看出,进入二手机市场后,飞机经济性是以"残值"来衡量的。飞机残值主要取决于市场流动性,在役飞机数量、飞机后续订单数量、制造商生产能力、营运商数量和地理分布,是衡量市场流动性的基本指标。市场流动性强的机型,其航材备件和发动机供给有望得到长期保证、来源充足且价格稳定,客户保障体系完善,维修便利,机组获得性强,便于在运营商之间转手,因此具有较高的残值。飞机的保值潜力是租赁公司和航空公司选购飞机的重要决策依据。残值高的飞机应具备下述特点,这些特点应在飞机制造商项目研发之初应予以充分关注。

(1)采用具有前瞻性的最新设计制造技术和适航标准,在飞机生命周期内能保持技术性能的先进性和适航性。

(2)市场适应性宽,装载灵活度高,系列化发展,各机型的使用特性、驾驶舱、主结构、发动机和系统配置有高度的共通性和兼容性,容易形成规模大的机队和地理分布广的客户群体。

（3）不因发动机、机载系统、技术规范和重量有多种选择而产生各种衍生型。发动机和机载系统如果选择多供应商,虽然有利于航空公司在系统维修和备件采购中提升议价地位,但是,多供应商不仅会增加飞机研发成本和周期,还将派生出多种衍生型,分割市场,造成残值明显降低。

（4）具有低成本"客改货"潜力的机型,有利于延长经济使用寿命,提升残值。

1.5　本书民用飞机经济性的讨论范围

为了有助于理解民用飞机的经济性分析,表1-4比较了民用飞机和军用飞机的研发要求。军用飞机强调高性能,不仅研制成本高,飞机的使用、保养、维修和培训成本也很高。军方既是产品研制的投资者,也是产品的使用者,军方希望其采购的武器系统,在满足军方性能指标的前提下,武器系统从研发、制造、服役至退役处置的全寿命总成本达到最低,使得该武器系统的总支出控制在经批准的预算之内。因此,军用飞机的经济性目标是全寿命成本(LCC)最低。

表1-4　民用飞机和军用飞机研发要求比较

	民 用 飞 机	军 用 飞 机
设计空间	采用经证实的技术	对开发新技术有强烈需求
审定标准	民用标准	军用标准
运行环境	友善	不友善,具有全天候执行任务能力
安全性	高安全性标准,机组不弹射	强调生存性,机组有弹射能力
飞机性能	执行受空管监控的营业性飞行,低机动性,近稳态操作,发动机无加力燃烧室	按军事任务需求设计,突出高性能,高机动性,可不受监控,发动机可带有加力燃烧室
系统构架	中等复杂,高裕度	很复杂,低裕度
维修性	高可靠性、低维修成本	高可靠性、高维修成本
地面操作	大量采用标准地面设备	采用专用和复杂的地面设备
培训	规范化培训	专门和复杂的培训
经济性	制造商投资开发产品并在市场中销售。按最低DOC设计产品。客户通过飞机经营收益获得现金流回馈	军方既是产品研发的投资者,也是产品的使用者。强调最低全寿命成本(LCC),没有现金流回馈

民用飞机是由飞机制造商投资开发、在航空市场销售而获利的市场化产品。航空公司通过购买、经营租赁或融资租赁获得飞机的所有权或使用权,依靠飞机运营收益获得现金流回馈。由于民用飞机是一种高价值、市场化的实物资产,许多航空租赁公司应运而生,它们从飞机制造商购得飞机,为市场提供各种方式的飞机租赁服务以赢取收益。航空公司在购进新飞机时,考虑到资产优化管理,也会把置换出的旧飞机投入二手机市场。各种机龄的新旧飞机在市场中流通,为各类航空公司提供机动灵活的运力。一些旧客机可能被改装为货机,再一次进入市场。

因此,民用飞机的经济性分析所涉及的范围和内容,比起军用飞机来说,似乎要复杂得多。

从本质上来看,航空公司投资、管理和运营民用客机,其核心要求是飞机的运行成本尽可能低,使得旅客机票和货运的收益扣除运行成本后的利润空间尽可能大。因此,民用飞机经济性分析的基础,是分析飞机的运行成本。飞机制造商投资开发民用飞机时,以直接运行成本(DOC)最低作为飞机参数优化的目标。

图1-14给出了常见的民用飞机运行成本分类方法。从机型成本分析的角度来看,飞机的总运行成本,可划分为直接运行成本和间接运行成本。从机队经营成本分析的角度来看,又把直接运行成本和间接运行成本进一步划分为固定成本和变动成本。这两种分析方法各有各的用处。

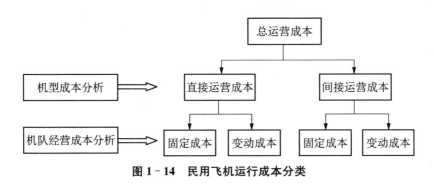

图1-14　民用飞机运行成本分类

1) 机型成本分析法

机型成本分析法相对简单,适用于单一机型的经济性分析。对民用飞机的直接运行成本和间接运行成本的划分,航空业内并无统一的规定。一般来说,直接运行成本由财务成本、燃油成本、空勤成本、起降费、地面操作成本、导航费和维修成本等项目构成;间接运行成本包括机票预定和销售、广告和宣传、行政管理、地面资产和设备的租赁、维修和折旧等成本。

间接运行成本基本上取决于航空公司的经营,与具体的机型关系不大,而直接运行成本主要取决于飞机设计特性。因此,在飞机制造商研制民用客机时,通常以直接运行成本最低来优化各种设计参数,也把直接运行成本分析运用于同类机型的竞争分析。航空公司在购机选型时,或对不同机型进行航线经济性对比分析时,或利用“成本指数”优化巡航速度时,也会采用直接运行成本分析(或机型成本分析)模型。在利用直接运行成本分析模型时,通常要在典型(或标准)的假设前提下进行,以便获得合理可比较的分析结论。例如,对于不同的机型,或设计优化中不同的设计参数,采用相同的飞机的年利用率、平均航段距离、上座率、客舱舒适性标准和备份油标准等进行直接运行成本对比分析。

2）机队经营成本分析法

机型成本分析是经营成本分析的基础。航空公司通常拥有不止一种机型,经营各种航线,市场环境存在周期性和非周期性变化,采用机队经营成本分析法对于成本管理更为直观和实用。把飞机运行成本划分为固定成本和变动成本,分析人员易于对各项成本进行管理和控制,可以随时依据市场和资源的具体情况,对机队配置和航线计划做出优化和调整。

本书将以飞机直接运行成本分析为主线,讨论影响民用飞机经济性的各种因素,介绍民用飞机经济性分析方法及其在飞机优化设计、飞机运行优化、竞争分析,以及飞机融/投资和资产管理等方面的应用,也将涉及飞机定价、飞机全寿命成本、飞机租赁和残值等方面的内容。值得注意的是,民用飞机经济性评估受到不断变化的市场环境、经济政策、技术进步、适航标准和运营模式等各种因素的影响,伴随着众多难以定量分析的不确定性。因此,民用飞机经济性分析具有强烈的地区性和时间性,不存在一种一劳永逸的、适合所有情况的精确定量评估模型和方法。

参考文献

[1] Oxford Economics. Aviation—The Real World Wide Web［R］. 2009.

[2] Kundu A K. Aircraft Design［M］. Queen's University Belfast,2010.

[3] Willcox Karen. Aircraft Systems Engineering:Cost Analysis［J］. Sep. 2004

[4] Cost Analysis Improvement Group. Office of the Secretary of Defense, Operating and Support Cost-Estimating Guide［S］. Oct. 2007.

[5] 中华人民共和国国家统计局.中华人民共和国 2013 年国民经济和社会发展统计公报［R］.2013.

[6] 保罗・克拉克.大飞机选购策略［M］.邵龙,译.北京:航空工业出版社,2009.

[7] IATA. Annual Review 2014［R］. June 2014.

2 影响飞机经济性的因素

2.1 影响飞机经济性的四类因素

各类交通运输方式的市场地位和未来发展前景,取决于"四性"(安全性、经济性、舒适性和环保性)这组核心指标。现代航空运输与其他交通运输方式相比,在舒适性、安全性和环保性方面,具有一定的比较优势:

(1)舒适性:曾经是官员和商贾专属地,如今走向大众化的航空运输系统,在旅客候机、行李托运、客舱设施和服务诸方面,为乘客提供了优于其他出行方式的舒适性。旅行时间是舒适性的关键指标之一,快速而平稳的空中旅行(尤其是远程旅行),突显出航空的舒适性优势。

(2)安全性:航空技术的进步、航空基础设施的完善、严格的适航法规和高标准的安保措施,使得今天的航空运输在安全性上具有明显优势(见图2-1)。

(3)环保性:人类对生态灾难的忧虑,使得各国政府对碳排放的限制变得越来

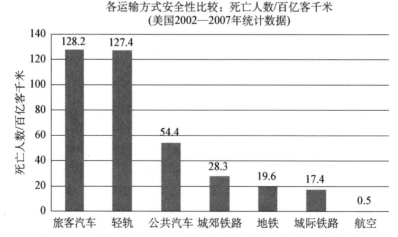

图 2-1 各种运输方式安全性比较(数据来源:美国运输统计局)

越紧。表2-1比较了目前各种交通方式的每客百千米耗油量。航空运输虽然不及客运火车,但与目前占主导地位的公路交通方式(公交大巴和汽车)相比,在油耗和排放方面具有一定的比较优势。A380飞机的燃油效率,不超过每客百千米油耗3 L。

表2-1　各种交通方式每客百千米油耗数据比较

交通方式	每客百公里 平均耗油/L	每客百公里 最低耗油/L	备注
自行车	0.24	0.24	以16 km的时速骑自行车1 h消耗408 kcal①,或25.5 kcal/km,用于骑车净消耗20 kcal/km。1 L燃油含8 366 kcal热量
行走	0.34	0.34	20 min行走1.6 km消耗75 kcal,其中30 kcal用于生存,45 kcal用于行走
跑步	0.75	0.75	跑步速度16 km/h,每小时消耗1 088 kcal,即68 kcal/km,跑步净消耗62.5 kcal/km
新能源汽车	2.13	0.67	
摩托车	3.28	2.08	
客运火车	3.29	1.24	美国数据。在美国,火车上座率较低
飞机	5.52	4.39	2008年美国国内航线数据,上座率79.6%
公交大巴	6.14	0.71	上座率差异较大
汽车	6.59	2.08	假设平均乘客1.58名

在"四性"中,经济性是限制航空运输发展的薄弱环节,也就是说,改善经济性是现代航空运输发展的核心要求。

虽然航空运输业对全球经济增长的推动作用从未像今天这样突出,而它遭遇到的经济性压力和发展阻力同样突出。航空运输业是高投入、高成本、低利润和高风险的产业。据国际航空运输协会(IATA)统计(见图2-2),进入21世纪以来,全球航空运输业遭受了2001年"9.11"事件和2008年金融危机的重创,多数航空公司严重亏损。2013年,航油价格平均为每桶125美元,航空运输业总收入7 080亿美元,税后总利润106亿美元,净利润率仅为1.5%,航空公司从每个旅客身上平均获利3.4美元。而在2012年,航油价格平均为每桶130美元,税后总利润为61亿美元,净利润率仅为0.9%。

飞机的运行环境条件千变万化,有合适的环境才谈得上市场开拓,有市场才谈得上经济性,有政策保障才谈得上收益。航空业创造财富和推动经济的能力取决于价值链上的每一个因素。研究民用飞机经济性,不是简单地去计算在特定条件下飞机的直接运行成本(DOC)和收益。除了航空公司自身的经营因素外,影响民用飞机经济性的客观因素可归纳为以下4类,即市场因素、政策因素、机型因素和技术因素

---

① 1 kcal=4.18 kJ。

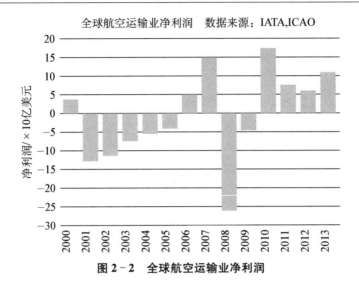

图 2-2　全球航空运输业净利润

（见表 2-2）。这 4 类因素的影响并不是独立的,相互之间存在内在联系。本章将分别讨论影响飞机经济性的这 4 类因素。

表 2-2　影响飞机经济性的 4 类因素

市场因素	政策因素	机型因素	技术因素
国民经济发展	适航条例	商载(座级)-航程	气动技术
航空市场需求量	环境保护条例	高度和速度	发动机技术
宏观市场环境特点	安全监管	机场性能	结构和材料
航空基础设施	产业政策	舒适性	航电/电气
行业竞争(低成本航空)	税收政策	维修性	机械系统/电传
替代交通的发展	票价政策	飞机利用率	制造技术
排放和噪声限制	航线经营权	购机或租赁	系列化发展
客流量、航班频率	机场和导航收费	飞机残值	
上座率、机票折扣率	租赁和贷款政策		
油价、劳务费率			

2.2　影响飞机经济性的市场因素

　　航空市场的需求,是飞机开发商推出新机型并从市场获得商业利益的立足之本。航空公司必须深入研究航空市场特点,选择适合的机型和经营模式,才能从运营中获得理想的经济效益。

　　1) 国民经济发展和航空市场需求量

　　市场需求量是航空产品获得经济效益的基础。飞机制造商启动新飞机研发项目,或航空公司制订航线规划和机队策略,必须对目标航空市场的未来需求做出合

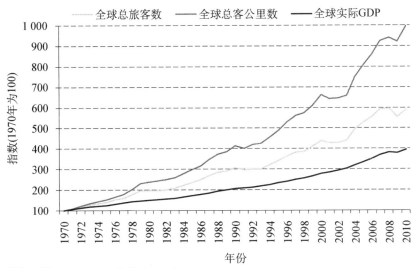

数据来源：ICAO,IMF,航升(Ascend)。

图 2 - 3　国民经济发展与航空运输业发展的相关性

理的判断和可信的预测。

　　国民经济的发展是航空市场发展的主动力。图 2 - 3 表明,航空运输业的发展很大程度上依赖于国民经济(GDP)的增速,据 IATA 统计,在过去 20 年,全球航空旅客运输的平均增速是 GDP 增速的 1.8 倍。此外,旅游业的发展、居民可支配收入的提高、城市化进程、航空基础设施的改善、替代交通的发展和产业政策的刺激等宏观经济环境因素,都对航空市场的发展产生直接影响。中国商用飞机有限公司(COMAC)发布的 2013—2032 年全球航空市场预测表明(见图 2 - 4),未来 20 年,经济发展潜力巨大的亚太地区,将取代北美地区成为全球最大的航空市场;中国的新机需求量占全球

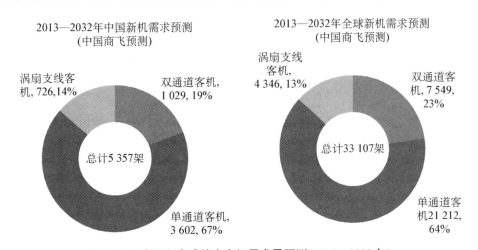

图 2 - 4　中国和全球航空市场需求量预测(2013—2032 年)

市场的 16％，这为中国飞机制造商提供了自主研发民航飞机的难得的市场机遇。

对航空市场需求量、新研发机型的目标市场分享量、目标售价和盈亏平衡点的评估，是新研发机型初步设计结束时做出"go-ahead"决策的重要依据。图 2－5 给出了××飞机盈亏平衡点分析结果，其中飞机的研制成本和制造成本可以依据初步设计参数和以往型号研发的经验数据来估算；目标售价可以依据飞机经济性评估和同类竞争机型的市场现价来评估；飞机销售收益应依据目标售价扣除销售成本和售后服务成本来确定。目标市场分享量大于盈亏平衡点的架数，是判断项目经济性的最低标准。

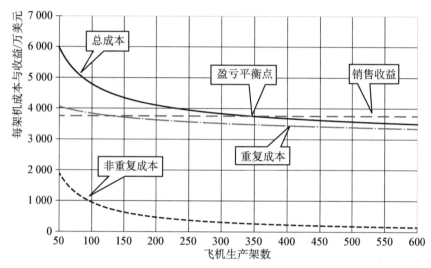

图 2－5　××飞机盈亏平衡点分析

2）航空运输的宏观市场环境

飞机制造商和航空公司要对飞机目标市场的宏观市场环境做充分的调查研究，以期飞机和服务产品最大限度地适应市场的宏观环境要求，达到最佳的经济效益。航空运输的宏观市场环境，可归纳为 7 个方面：人口环境、自然环境、经济环境、基础设施环境、政治法律环境、社会文化环境和科学技术环境。

（1）人口环境。

人是市场行为的直接和最终对象，在其他市场条件既定或相同的情况下，人口总量和城市化的程度决定航空市场的容量和潜力。

（2）自然环境。

自然环境特点既可能是市场机遇，也可能是市场风险。"千岛之国"的印度尼西亚，具有发展支线航空的天然条件。中东的航空公司利用其地处亚洲、欧洲和非洲交界的地缘优势和石油的资源优势，大力发展枢纽航空，成为宽体机的重要市场。中国西部遍布高原山川，人口密度低，建高铁或建高速公路不如建机场，发展地面交通不如发展航空运输。高温/高原的自然条件使得多数现役支线机在中国西部必须减载运营,以致亏损严重,而具有高温/高原适应性的飞机在这里有巨大的市场机遇。昆明和乌鲁木齐是由自然环境特点形成的地区航空枢纽,根据我国"一带一路"的发展战略,适宜构建地区性"枢纽-辐射"航线网络。西南重镇昆明,紧邻一批著名的旅游热点,东连客源丰富的沿海经济带,南达东南亚多个有经济发展前景的国家,航空枢纽的地位日趋突出。曾经是丝绸之路经济带腹地的新疆,地广人稀,资源丰富,乌鲁木齐既是进出新疆各城市的必经之地,也是中国连接中西亚各国的航空枢纽,国际支线航空的发展已成为当地经济发展的重要推动力。

(3) 经济环境。

经济体制、经济周期、发展阶段、经济政策体系、税收政策、借贷款利率、政府的管制与调节取向、航空运输产业市场和竞争态势、国际经济背景(如航油油价和美元汇率)、居民可支配的收入水平、机票价格体系,所有这些经济环境因素,无不对航空运输市场和经济性产生广泛和直接的影响。如图 2‑6 所示,航空运输市场与人均GDP(国内生产总值)之间存在紧密的关联性。

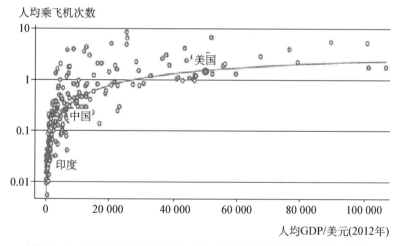

图 2‑6　人均乘坐飞机次数与人均 GDP 的关系(资料来源:空客)

航空产业是一个高资金需求和高风险的国际性产业,需要活跃的金融市场来支持。银行的商业贷款和通过资本市场发行的债券,是航空公司和租赁公司购机的主要资金来源,可利用的其他资金来源还包括政府的出口信贷和飞机制造商的融资等。2008 年,雷曼兄弟公司破产引发的金融危机,致使很多银行不愿意给航空公司购机贷款,一些资本市场的关闭切断了航空公司和租赁公司的大规模融资的渠道,融资成本上升,全球航空运输业遭受了重创。

一些大型航空公司在其飞机资产管理中,经常利用各地区和国家经济状态存在差异的因素。它们的飞机通常只运行 10 年左右,以维持高品质的商业运营,然后把置换出的旧飞机转送到二手飞机市场,这些旧飞机通常进入资金短缺的第三世界国家的航空公司。

由于石油输出国组织欧佩克对原油价格的强大支配力,以及中东和北非地区的社会和政治动荡,航油价格快速上升(见图2-7),使得航油成本成为飞机直接运行成本中最大的单项成本。市场的回应十分清晰:航空公司加速淘汰高油耗的旧机型,单座运行成本较高的50及以下座级的小型喷气支线机逐渐退出了航空市场,也为飞机制造商推出高燃油效能的先进机型创造了市场机遇。

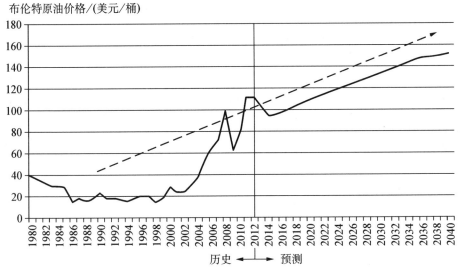

布伦特原油价格/(美元/桶)

图2-7　原油价格的历史数据和预测(资料来源:空客)

(4) 基础设施环境。

机场、空管系统和航油供应等基础设施的不充足和低效能,不能满足航空运输市场发展的需求,已成为对航空运输市场和经济性有持续性影响的制约因素。

快速增长的航空市场,给空中交通管理(ATM)的基础设施建设带来了很大压力。为提升空域的效能,亚太地区提出了名为"亚洲无缝化空域"的计划,其主要目的是通过对服务进行标准化管理,统一各种规章制度,确保亚太地区的ATM能够彼此协作,来提高空域的容量。美国的"新一代航空运输系统"(Next Gen)以及欧洲的"欧洲航空一体化"(Single European Sky,SES)也处于发展阶段。SES项目计划在2020年前达到以下4个高标准:在有需求的地方提高3倍运能;在安全系数方面提高10个百分点;飞行对环境的影响减少10%;减少至少一半的由乘客负担的ATM服务费用。

为满足航空运输业发展的需要,中国计划新增机场97个(以2006年为基数),到2020年,民航运输机场总数将达到244个。在北京大兴2014年动工建设的新机场将于 2017 年投入运营,以缓解首都机场的客流量压力。伦敦希斯罗机场和香港国际机场等也提出了增加第三跑道以适应未来发展的计划。

在航班拥挤的机场,其运营的航班(尤其是高峰时刻的航班)多为高收益航班,因而这些机场的航班时刻是航空公司的重要资源。为了公正、公平和有效地利用机场资源,2012 年中国民航制定了《民航航班时刻管理暂行办法》,规范航班时刻的分配和管理。美国联邦航空局制定了准许高航班密度机场的国内航班时刻在市场上以货币的形式买卖的规定。

在航班拥挤的枢纽机场,空管系统的流量控制,是航班延误或取消的重要原因,造成航空公司很大的经济损失。表 2-3 给出了欧洲航管(Eurocontrol)用于评估航班延误、取消或转场成本的推荐值。有些地区机场密度较低、可选的备降机场较远,要求携带较多的备份油,可能造成附加的经济负担。当机场的跑道长度较短时,或机场跑道的着陆等级数(PCN)较低时,可能限制飞机的商载,从而影响经济性。局部战争可能造成某空域限制飞行而绕飞,造成额外的耗油和时间损失。

表 2-3 欧洲航管用于评估航班延误、取消或转场成本的推荐值

成本项目	欧洲航管推荐值/2004 年欧元	备 注
航班延误成本	€ 72/min	延误 15 min 以上的平均成本(15 min 以内的延误成本按 0 考虑)
航班取消成本	€ 6 380/次	因机场能见度低于 I 类盲降而取消定期商业航班的成本。未考虑货物延误的影响
转场成本	€ 4 552/次	定期商业航班转场的平均成本。假设:时间损失 50 min,旅客 43 名,延误成本€ 66/min,旅客时间价值€ 38/客·小时

(5) 政治法律环境。

政治和法律环境与经济因素之间存在互相联系和制约的关系。一般来说,政治环境不直接影响经济活动,但在消费观念、生活方式等方面具有一定影响。在国际商务领域,国与国之间的政治关系可能超越一般经济利益关系,对产品进出口、国际投资及技术经济合作产生重大的制约。法律对经济活动和市场行为具有直接的强制作用。因此,企业在对市场战略方向和国际合作等重大问题做决策时,应当充分考虑政治法律因素的影响。

政治和法律环境对于高科技含量、高投资风险的航空制造和航空运输业来说,其影响尤为突出。美国和欧洲拥有完整的飞机制造商和供应链体系、完整的适航法规和验证体系,以及完善的航空融资、租赁和保险法律体系。美国和欧洲的航空产品基本垄断了全球航空运输市场,并利用其强大的融资和租赁体系把产品推销到世界的每一个角落,美国和欧洲适航当局颁发的飞机适航证已经成为国际航空市场准入的"通行证"。利用技术出口限制、适航法规和环保法规来抑制中国航空产业的发展,是欧美政府维持其企业竞争力常用的非竞争手段。先进航空技术产品的出口限制政策、鼓励航空产品出口的国家优惠信贷政策,或为保护本国产业而颁发的航空产品进口高征税政策,对飞机研发成本、飞机销售或运行经济性产生不可忽视的影响。航空技术出口或航空产品销售的成本和风险,可能因出口国的政局稳定性或政治干预可能性而大为提高,也可能因同盟国或友好国家之间的市场开放而大为降低。

(6) 社会文化环境。

信仰和价值观、道德和行为准则、消费观念和生活方式,民俗和习惯、语言文字,这些软环境因素不具强制的约束力,但其对旅客的行为方式和消费观念的影响无所不在。不同的民族文化区域,不同的旅客群体,对机票价格、客舱舒适性、客舱娱乐系统和照明、客舱餐食和服务有不同感受和要求,从而对飞机运行经济性产生影响。

(7) 科学技术环境。

人才资源、科研投入、科研政策、技术方向和科技普及,是影响竞争力的要素。科技进步影响资源利用、生产方式和消费需求,对航空公司的经营产生潜移默化的影响。我国飞机进入非洲市场的经历表明,飞机制造商必须加强对当地飞机运营人员的培训和技术支援,以保障飞机的有效和安全运营。

总之,不同的市场区域,有不同的宏观市场环境,同一款飞机在不同的市场,会有不同的经济性。即使在同一个市场用同一款飞机运行,由于经营模式不同,或面对不同的细分市场,也会有不同的经济性。因而对于不同的市场,应该建立不同的运行经济性分析模型,并考虑经营模式的影响。图 2-8 比较了 A320 飞机在美国和中国市场的直接运行成本的分析结果,平均距离假设为 500 n mile[①]。从该图可以看出,两者的直接运行成本的定义不同(在美国餐饮费和地面操作费等计入间接运行成本);在中国,征收民航发展基金;在美国,机场作为公益设施收费低廉,导航不收费,空勤成本很高。

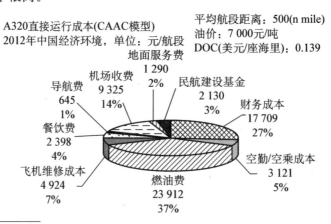

① n mile 即海里,1 n mile=1 825 m。

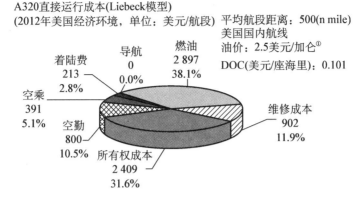

图2-8　A320飞机在美国和中国市场直接运行成本比较

3）客流量、航班频率和上座率

客流量是航空公司获得经济效益的基础和投入运力的依据。众所周知，机型尺寸越大，座公里的直接运行成本越低，航空公司的赢利空间越大。按常理判断，飞机尺寸应随运输量增加而增加，但实际情况要复杂得多。虽然大机场的拥挤和延误日趋严重，在美国和欧洲航空市场，每个起落平均旅客数超过100人的机场并不多见。航空运输量的需求虽然逐年在增长，但飞机平均座位数并未明显增长。这种现象的缘由涉及市场的竞争环境、高航班频率的利益，以及机场容量的分配等诸多因素。一般来说，飞机座位数的选择取决于航线特性（市场竞争程度、客流量和航线距离），几乎与机场特性（跑道数、是否是枢纽机场和航班时刻的衔接性）无关。

简单讨论一下飞机座位数、客流量、航班频率及上座率之间的相互作用是有必要的。飞机的平均座位数取决于两种因素的平衡：一种因素是现有航线客流量的增加，该因素导致加大机型或提高航班频率；另一种因素是开辟新航线的需求，该因素意味着引进低于平均座级的飞机。航空公司应对现有航线需求增长理论上有3条途径：增加航班频率、加大机型和提高上座率。不过，航空公司虽然通过收益管理、常旅客计划和提高旅客服务水平等措施力求提高上座率，在经济上最合算，但上座率达到75%～80%之后，意味着丧失部分旅客市场。因此，航空公司不会把提高上座率作为应对运输量增长的基本措施。

对于一个无弹性（即无竞争）的市场，当市场需求增加1%时，如果既考虑航空经营者利益（它希望加大机型），又考虑旅客利益（它希望增加航班频率），那么航班频率和机型尺寸将各增加0.5%，这就是著名的"平方根定律"（square-root rule）。在竞争市场环境条件下，当市场需求增加时，则会出现另两种情况：对于一个垄断市

---

① 1美加仑（USal）＝3.785 4升。

场(或独飞市场),航空经营者将仅考虑加大机型来增加收益,不会去关注旅客利益;对于一个充分竞争的市场,航班频率将是一种赢得市场份额的重要的竞争手段,它会阻止机型尺寸的增加。当假定上座率不变时,对于市场需求增加1%的响应,航班频率的弹性可能达到0.75,而机型尺寸的弹性可能为0.25。

提高航班频率是航空公司最重要的竞争手段之一。航空运输的核心价值是"省时"。旅客的旅行时间是途中时间、地面延展时间和等待航班时间之总和。"等待时间"定义为"旅客优选的出发时间与最近可利用航班时刻之差"。增加航班频率,缩短旅客"等待时间",对于旅客有巨大的吸引力,对于那些对时间敏感的公商务旅客尤其如此。当然,加大机型也能缩短旅客等待时间,因为增加了座位的可获得性。但相比之下,增加航班频率对于缩短旅客等待时间的作用要大得多。

如果在某一航线运行的机型过大,因而日航班频率偏低,旅客等待时间过长,他可能转而选择其他替代交通方式(如高铁或公路)出行,或选择其他航空公司的航班,上座率必然受到影响,甚至需要用高机票折扣率来招揽旅客,航空公司的经济利益将受到严重损害。除航班频率外,高的航线覆盖率和高的航班衔接率,也是缩短旅客旅行时间的重要手段。现代航空运输的高航班频率、高航线覆盖率和高航班衔接率,充分体现了航空的时间价值,让旅客体验到航空的快捷和通达,是航空运输业存在和发展的基础。

表2-4给出了市场规模与机型选择的一般关系。机型的选择必须与市场规模及竞争态势相适应,机型偏大或偏小对飞机运行经济性产生不利影响。

表2-4 市场规模与机型的选择

市场规模	日单向客流量	适合机型
快线市场	≥1 000	宽体机,窄体机
大运量市场	400～1 000	窄体机
中等运量市场	200～400	窄体机,支线机
瘦薄市场	50～200	支线机
缝隙市场	<50	螺旋桨支线机

4) 行业竞争和低成本航空公司的兴起

差异化是应对激烈的行业竞争的重要手段。不同的航空公司有不同的市场定位,针对不同的客户群体,选择不同的机型和客舱布局,采取不同的运营模式,对成本控制和提高收益有不同的着眼点。例如,英航(British Airways)面对成熟的欧美航空市场,采取豪华型三舱布局(见图2-9),对市场全面出击,走高品牌和高收益路线。中国三大航空公司(国航、东航和南航)立足于相对年轻而快速成长的中国航空市场,倾力构建和完善中国国内和连接全球的航线网络,凭借网络的力量扩展市场份额,其客舱布置具有大众化和商闲兼顾的特色(见图2-10),着眼于航空市场的主体。以低成本经营著称的瑞安航空公司(Ryanair Airlines),其机队几乎全由清一色的 B737 - 800 构成(2012 年统计有 298 架),客舱均为排距 30 in[①]、189 座的高密度单舱布局(见图 2 - 11),市场目标是低票价群体。2004 年创建的春秋航空,定位为廉价航空公司,以旅游市场为主体目标,以"让更多的普通大众坐得起飞机"为经营理念,通过单一机型(A320)、单一客舱(180 座单一经济舱布局)、提高飞机利用率(达到 14 h/d)、客票差异化、客票网上直销(不进中国民航 GDS 预订系统)和减少客舱免费服务项目等经营措施减低成本,平均上座率达到 95.4%,在低成本运作上取得了不俗的业绩。

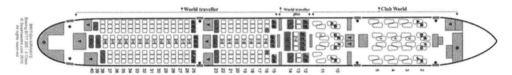

图 2 - 9　英航 B777 - 200 三舱(275 座)布局(资料来源:Seat Maestro)

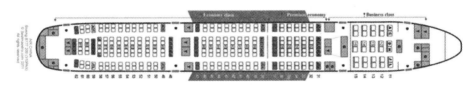

图 2 - 10　国航 B777 - 200 三舱(310 座)布局(资料来源:Seat Maestro)

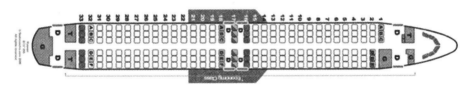

图 2 - 11　瑞安航空公司 B737 - 800 单舱(189 座)布局(资料来源:Seat Maestro)

美西南航首创的低成本运营模式,对全球航空市场带来了很大的影响,以致对远程高铁旅客市场带来一定的冲击,低成本航空的市场份额逐年上升。低成本运营模式的基本特点,除了春秋航空所实施的单一机型、单舱高密度布局、高客座率、高日利用率、机票直销(无销售佣金支出)、简单的收益管理和无免费餐饮服务之外,还包括:服务项目(餐饮和托运行李等)从票价中分离出来另行收费、使用二线机场以降低起降费和缩短过站时间等措施。图 2 - 12 比较了低成本航空与全服务航空的运行成本。

---

① in 即英寸,1 in=0.025 4 m。

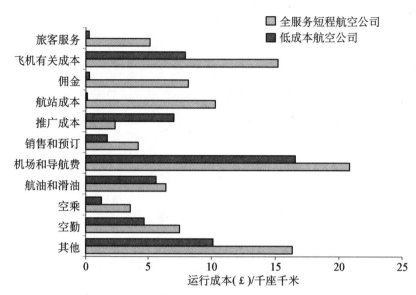

图 2‑12　低成本航空与全服务航空运行成本比较（2004 年英国统计数据）

5）航空联盟

航空联盟是近年来在航空市场不断扩大、行业竞争日趋激烈的背景下，为充分利用资源和降低运行成本而出现的航空公司间的联合体。主要的全球性航空联盟有"星空联盟"、"寰宇一家"和"天合联盟"等。

"代码共享"是航空联盟的主要特色，航空公司无须增加额外的航班，就可以利用协议航空公司的航线网络，把自己的服务网络延伸到更多的目的地。航空公司希望借助"代码共享协议"，在协议航空公司之间相互借力，提升竞争力，获得更多的市场份额，提高经济效益，应对激烈的航空市场竞争。航空联盟具有两面性，当航空市场足够大时，"代码共享"可使航空公司和旅客受益。反之，边际成本的上升快于边际收益的上升，航空公司的利益或将受损。

"代码共享"，指的是两家或两家以上航空公司依据"代码共享协议"共享同一个航班。你从某家航空公司订购机票，实际上乘坐的可能是由另一家协议航空公司运营的不同航班编号（即"代码"）的航班。旅客可以方便地从一家航空公司订购从 A 地到达 B 地、然后从 B 地转机到 C 地的机票，包括行李也是联运的，为旅客带来便捷。大多数旅客和旅行社偏好直接连接的航班，"代码共享"正好满足了这一要求，尽管从 B 地转机到 C 地可能是另一家公司承运的。对于航空公司来说，如果两家协议航空公司运营同一条航线，"代码共享"意味着航班频率的增加，有利于提升市场竞争力；对于未提供服务的市场，航空公司利用"代码共享"把服务延伸到该市场，意味着扩展了航线网络。当然，航空公司也将按"代码共享协议"把自己的运能无偿地让给协议航空公司。

6) 替代交通的发展

借助于高科技,未来消费者可选择的替代航空的交流方式,不仅有高铁这种真实的模式,也有视频电话会议这种虚拟的模式。不过,在替代方式中,高铁对航空运输的影响最大。根据《中国铁路中长期发展规划》,到 2020 年中国将建成"四纵四横"铁路快速客运通道以及 3 个城际快速客运系统,客运专线达 1.3 万千米,客车速度可达到每小时 350 km。中国的高铁网络将覆盖中国民航 62% 的市场。

人们在出行时,是选择飞机还是高铁,必然会从时间、票价和舒适性三者的综合判断中依据自己的需求做出选择。航空运输的核心价值在于"省时",高铁的替代性首先要看时间上有无竞争性。当铁路以时速 100 km 运行时,它作为航空运输替代品的作用是微乎其微的,但是,当铁路以时速 300~350 km 运行时(即"高铁"),票价有明显优势的高铁,作为航空运输替代品的作用就不可小觑了。据研究,对于 800 km 航程以内的航线(约占中国民航航班总数的 30%),虽然高铁的 350 km 的时速远不及民航飞机 800 km 的平均时速,但是由于民航运输的地面延展时间(包括市区与机场间的交通时间、办理乘机手续及安检的时间、候机时间、提取行李时间及频繁发生的航班延误)远长于高铁的地面延展时间,航空运输的时间优势将荡然无存,高铁的替代性很强。对于航程 800~1 200 km 的航线(也约占中国民航航班总数的 30%),高铁的替代性中等。对于长程航线,航空运输的时间优势依然存在,高铁的替代性不明显。

来自高铁的竞争,引发了中国民航业多年来难以见到的优化航线网络、优化机型和运力配置、强化市场开发和收益管理、降低运行成本和改善旅客服务的努力,航空运输的经济性问题受到了前所未有的重视。中国民航在长航线和国际航线上加大了运力的投入,在高客流量城市对航线上开设对旅客有很强吸引力的高密度"空中快车",凸显航空运输的时间优势;加速机场地面处理流程,推行自助值机柜办理登机牌,缩短旅客在地面花费的时间;建立空地联运,缩短旅客的旅行总时间;改善空管系统,提高空域容量和复杂气象条件下的运行保障能力,把航班延误这一航空运输弱势的不利影响降低至最低。

7) 燃油价格

1973 年爆发第 1 次石油危机,市场上的原油价格,从每桶 3 美元涨到 13 美元。1978 年的第 2 次石油危机,使得原油价格从 1978 年的每桶 13 美元猛增至 1980 年的 34 美元。1990 年的第 3 次石油危机,使得原油价格急升至 42 美元。图 2-13 给出了美国航空市场油价和燃油成本的波动和变化图线。

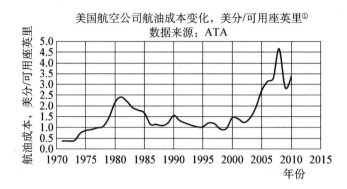

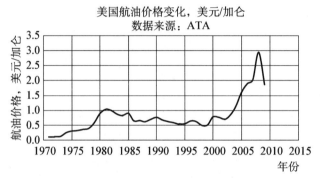

图 2 - 13　美国航空市场油价和燃油成本的变化

高油价已使得燃油成本成为飞机运行成本中最大的成本项。高油价加速了航空公司老旧机队的更新，导致许多航空公司破产、兼并或重组，使得单位油耗高的小型喷气支线机停产。高油价也导致了飞机制造商不断开发新的节能技术(减阻、减重和节油)和寻求替代能源。

化石燃料是种不可再生的、储量有限的重要资源，原油价格经常成为国际政治上重要的武器。因此，石油价格的波动和变化不定必将继续困扰航空业。

2.3　影响飞机经济性的政策因素

包括航空市场监管、适航法规、环保法规、税收政策、产业政策、租赁和贷款法规、机场和导航收费政策等在内的政策，是政府规范市场行为和维持经济可持续发展的法规措施，对飞机运行经济性产生制约性影响。

1) 航空市场监管与"天空开放"趋势

自 1945 年芝加哥公约设定了民用航空规章框架以来，国际航线的准入受到全球范围内多达 3 500 多份双边航空服务协议的制约，国际航空运输业处于高度管制之中。

---

① 1 英里(mile)＝1 609.3 米(m)。

1978 年,美国放宽了国内航空市场准入和航线准入的限制,大量新航空公司进入市场,形成激烈的市场竞争,有效降低了航空营运成本,原本居高不下的机票价格大幅下降,航空客流量快速增加,航线网络由简单的"城市对"模式逐渐走向更为有效的"枢纽-辐射"模式,市场规模迅速扩大。此后,放宽航空管制的趋势在全球各区域逐渐扩展开来。美国和荷兰于 1992 年签署了首份"天空开放"协议后,国家间和地区间多边"天空开放"的趋势一直在不断扩大。但是,全球仍有许多地区的航空运输业处于政府严格管控和缺乏市场竞争的状态。

放宽航空管制,国家间航空运输市场的开放,其根本目的是吸引投资,引入市场竞争,改善经营方式,优化资源配置,降低经营成本,繁荣航空市场,使消费者受益。"天空开放"既引发了航空运输企业间的竞争,也引发了国与国之间民族产业间的竞争,"天空开放"的浪潮必将加速中国民航体制改革和法制化的进程,提升企业的国际竞争力,有效降低航空营运成本。

2) 环保法规

尽管人类活动对我们地球气候影响程度的科学辩论还在继续,但社会和政府层面上对环境保护问题已达成共识:减少人类对环境的破坏刻不容缓,必须在保护地球生态环境的条件下寻求经济可持续发展。

每燃烧 1 t 航油,将产生 3.149 t CO_2 和 1.23 t H_2O。表 2-5 给出了几种主要飞机排放物应付出的代价(欧美称之为"影子价格",即"shadow price"),这些值基于政府间气候变化专门委员会(IPCC)提供的估算。

表 2-5 飞机排放的代价(2001 年欧元)

	中	低	高
CO_2/(欧元/吨)	31.6	10.5	52.5
H_2O/(欧元/吨)	8.8	2.9	14.7
NO_x/(欧元/千克)	3.8	1.3	6.3

得益于航空基础技术的进步,过去 40 年间,飞机的每客座燃油效率提高了 70%,相应地每客座 CO_2 排放量降低了 70%。今天的航空运输业,制造了 2% 的全球人为 CO_2 排放。依据航空运输量的增速测算,40 年后,航空运输业的 CO_2 排放比例将增至 3%。完全依赖化石燃料的航空运输业不断增长的对全球气候的影响,引起了人们对飞机 CO_2 排放的关注。欧盟的碳排放税政策于 2012 年起延伸到航空领域,对所有起降点为欧盟机场的航班按耗油量征收排放税。虽说欧盟的碳排放税政策不具普遍性,但预示着航空运输业的发展将面临日趋严厉的环保法规。

航空制造商和运营商应对低碳经济和环保法规所引起的经济压力,将有两条路径。一条路径是在使用传统航空燃油的条件下,继续通过新技术开发提高飞机的燃油效率,或引进燃油效率高的新飞机,提高运输效率。另一条路径是用生物燃料来部分取代或基本取代航空燃油,但生物燃料经济性的有效提高还需要时日。可以预料,低碳经济将促进飞机设计、运行和能源技术的发展。

3) 安全监管

运营安全始终是航空监管的核心。大量人流过往机场,人群聚集在狭小空间内,易于成为恐怖分子和其他形式犯罪的目标。人员高度集中的客机,遭受袭击后致命率及影响度高,恐怖分子甚至把劫持的飞机和乘客作为实施恐怖活动的更为可怕的武器,因而劫持飞机对恐怖分子具有极大诱惑。机场安检的目的,是为了防止可疑袭击者将武器或炸弹带入机场或飞机,使机场和飞机免受恐怖袭击,消除旅客对安全的顾虑。直接攻击民用客机也是恐怖分子的罪恶目标,有关分析指出,从经济上来说,恐怖分子在美国击落一架大型客机,将造成所有飞机停飞 2.5 天,飞机损失 10 亿美元,航空公司及有关损失 16 亿美元,公务及休闲旅客损失 47.5 亿美元,即飞机停飞 2.5 天共损失 63 亿美元。

2001 年,美国"9.11"恐怖袭击之后,全球航空运输安全形势变得极为严峻,安全监管的要求大幅度提高。机场和飞机为严格安全监管投入了比以往多得多的人力、设备和时间,这些费用通过航空公司转嫁给了乘客。严格的安全监管对旅行的成本和时间产生重要影响,或降低潜在的航空运输需求,或使部分旅客选择其他出行方式。图 2-14 给出了 IATA 提供的可接受的安检排队时间的旅客调研结果。

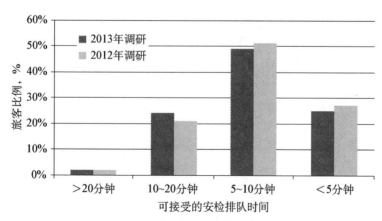

图 2-14　可接受的安检排队时间的旅客调研结果(数据来源:IATA)

4) 适航法规

适航法规是综合考虑保障航空安全,维护公众利益和促进航空运输业发展的要求,由适航管理机构代表国家(或国家联盟)制定的法令性文件。例如,美国联邦航空局(FAA)制定的联邦航空条例,欧洲航空安全局(EASA)制定的适航法规,以及中国民航局(CAAC)制定的中国民用航空条例。

适航机构依据对发生的航空故障和事故的调查和评估,会对适航条例进行适时的补充或修订。表 2-6 列出了 FAA 用于适航条例修订的成本-效益评估的经济价值数据(2007 年)。对适航条例的补充或修订,有利于提高飞机的运行安全性,但可能对飞机的研制成本或运行经济性带来不利影响。有些老旧飞机可能因满足新适航条例的改装成本过高而提前退役。

表 2-6　FAA 用于适航条例修订成本-效益评估的经济价值数据(2007 年)

物理量	数值/美元	参考年份
旅客时间价值/(美元/小时)		
航空公司		
因私出行	23.3	2000
商务出行	40.1	2000
平均	28.6	2000
通用航空		
因私出行	31.5	2000
商务出行	45	2000
平均	37.2	2000
旅客死亡(指为避祸愿意付出的价值)	3 000 000	2001
旅客受伤(指为避祸愿意付出的价值)		
每个伤者受伤害的价值		
轻度	6 000	2001
中度	46 500	2001
重度	172 500	2001
危重	562 500	2001
极危重	2 287 500	2001
30 天后死亡	3 000 000	2001
每个受害者的其他成本(医疗和法律等)		
轻度	2 500	2001
中度	7 100	2001
重度	21 200	2001
危重	111 600	2001
极危重	300 000	2001
30 天后死亡	132 700	2001

5) 税收政策

税收对于飞机制造商来说,是一种制造成本;对于购置飞机的航空公司来说,是一种营运成本。税率高低及其变动反映了税收调节经济和市场行为的程度。

在俄罗斯,政府对于俄罗斯已有生产的支线飞机的进口征收重税,对于俄罗斯尚未成功研发的大型客机的进口采用低税收政策。

在中国,增值税的税率通常为 17%,在加入 WTO 之后,货物进口关税通常在10%以内。当进口民用飞机时,飞机的使用空重不同税率是不同的。当飞机的使用空重高于 25 t(大致对应于 100 座以上的客机)时,征收 5％的增值税和 1％的进口关税,这种低税率政策有力地支持了我国航空运输业发展干线航空。当飞机的使用空重低于 25 t(大致对应于 100 座以下的支线客机)时,征收 17％的增值税和 5％的进口税,采用这种正常税率政策的目的,在于适度限制中国有研发能力的支线飞机的进口,支持国产民用飞机的发展。对于航材(即飞机零备件)进口来说,则不论飞机大小,不论航材用于进口飞机还是国产飞机,均按产品种类征收增值税和进口税。对于国产民用飞机,国家可能提供税收减免的优惠政策,支持尚处于初步发展阶段的民族民用航空制造业,鼓励航空公司运营国产飞机。

6) 机场、导航和民航发展基金等收费政策

在不同的国家或地区,机场的起降费、地面服务费和导航费等收费政策有很大差异,对民用飞机的运营成本带来较大影响。

图 2-15 给出了 ATA(美国航空运输协会)公布的 2010 年美国航空公司飞机运行成本构成数据。从该图可以看出,在美国,导航不收费,机场起降收费低廉(占总运行成本的 2.3％)。美国政府把机场定性为"不以营利为目的、为社会提供公益服务的公共产品,是城市基础设施",机场归政府所有,由政府负责投资、建设和管理,机场管理机构多为事业化而非公司化机构,作为发展地方经济和为公众提供出行条件的重要基础设施进行管理。

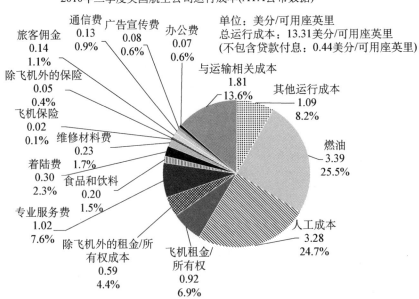

图 2-15　美国航空公司飞机运行成本的构成（2010 年）

中国机场和航站设施由国家投资建设,但运行是经营性质的,收费偏高,征收民航建设基金,不利于旅客支付能力较低的西部地区航空运输业的发展。国产民机的运行刚起步,目前的购机税费减免和国家财政补贴政策仅使得国产飞机直接运行成本降低约 2.5%,更有效的国家政策支持是必要的。

中国政府制定了一系列支持支线航空发展的优惠政策,以扶持相对落后的国内支线航空。例如,乘坐国内支线航班的旅客,免征民航发展基金(国内航班旅客的民航发展基金收费标准是每人次 50 元)。

7) 融资和租赁政策

全球航空公司和租赁公司每年耗资数百亿美元采购民用客机,其中绝大部分资金来自银行和资本市场的融资,持续为这些交付飞机提供融资是航空业繁荣的重要保证。全球飞机租赁公司的机队规模从 20 世纪 70 年代的不足 100 架,增长至今天的 7 000 余架(见图 2-16),飞机租赁业务的强劲增长,要归功于飞机租赁将飞机所有权产生的风险和回报,与飞机运营产生的风险和回报分离开来。活跃的新机和二手机租赁市场,有利于航空公司的机队优化配置、资产管理和增值运作,以及旧机的改装或转手等,使得许多小型航空公司使用新飞机或获得租金低廉的二手机成为可能。在过去的十多年中,有大量的金融机构、银行、保险公司和私募公司进入航空租赁市场,它们是资金的提供者(融资租赁),也可能是飞机的提供者(经营租赁),它们从航空租赁市场获得丰厚的回报,繁荣了航空运输业,也有力地支持了本地区的航空制造业。

飞机融资租赁市场发展,得益于资金雄厚的北美、西欧及日本等地区优质的金

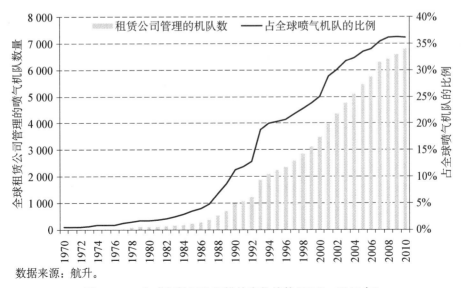

数据来源:航升。

图 2-16 全球租赁机队规模的变化趋势(1970—2010 年)

融服务系统和配套的税负减免政策,利用诸如售后回租融资租赁、杠杆融资租赁和风险融资租赁等多种节税租赁的运行方法,有效地降低航空公司购机的资金成本或飞机的租金。例如,金融租赁公司在爱尔兰开展航空租赁时,增值税实际税率为零,所得税税率为12.5%,设备的税收折旧率为每年12.5%,并且不考虑资产的经济寿命。低税负和优质的金融服务,推进了爱尔兰航空租赁业的发展,400万人口的爱尔兰,2011年航空租赁的收益达到830亿欧元。

我国的航空租赁业刚刚起步,融资环境、租赁服务、税收优惠与征管配套政策等尚有待完善,期待政府出台有效的税改减负的措施来鼓励我国航空租赁业的发展。我国航空租赁业的壮大,将不仅有利于树立我国航空运输业强国的地位,也将有利于发展我国航空制造业。

值得一提的是,飞机租赁公司为了使得飞机能够很快地出租或出售,并从中获利,要求所选购的飞机具有高的保值潜力(即"残值"高),这类飞机具有以下特征:①采用先进技术;②已服役机队庞大,并有后续订单;③地区分布广,机队不是过度集中于某个地理区域;④系列化发展,不同机型有高度的共通性;⑤具有低成本"客改货"的潜力。具有这些特征的B737、A320和B777等机型因此成了飞机租赁公司手中最大的机队。国产民用客机要成为飞机租赁公司的热门选择,还需要走很长的路。

2.4　影响飞机经济性的机型因素

机型因素(座级、航程能力、速度、机场适应性和舒适性等)是影响经济性的核心因素。航空公司依据目标市场的需求和经营战略选定机型。

1) 座级和航程

飞机的座级和航程能力,从技术角度来看有一定的相关性。座级大的客机,起飞重量大,为飞机提供升力的机翼的面积必然比较大,因而载油能力和航程能力就比较大,反之亦然。我国北京—上海、北京—广州和上海—广州3条航线,航空客流量巨大,而航线距离分别只有1 089 km、1 880 km和1 202 km,航空公司希望有一款短程宽体机来运营这3条航线。但是,现役宽体机无法满足这一市场需求,除了已停产的B767-200的设计航程稍短(7 300 km)外,其他宽体机的设计航程均在1万千米以上。

座级和航程能力大的飞机,单位座公里的运行成本比座级和航程能力小的飞机要低,其主要原因是:当运行的航程比较长时,每日的起降次数少,需付出的起降费和地面服务费比较低;每日耗费在地面的过站时间(不带来收益)比较短,飞机的有效利用率(带来收益)比较高;耗油率低而速度高的巡航段比例比较大,因而单位座千米的燃油成本比较低。此外,无论座级大小,现代飞机都是两人驾驶体制,大座级飞机的单位座公里空勤运行成本比较低。图2-17显示了美国各机型平均航距和座英里成本比较的统计数据。

飞机座级和航程能力的选择,应该符合市场规模(客流量)和航线距离的需求,

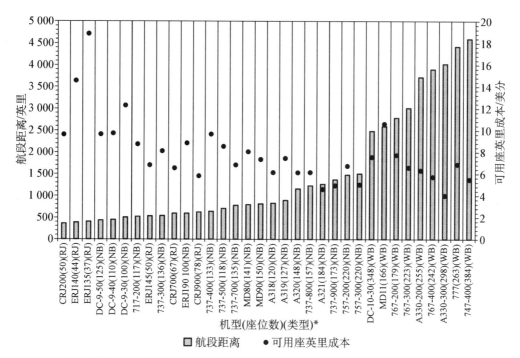

* RJ,喷气式线机；NB,窄体机；WB,宽体机

图 2-17　各机型平均航距和座英里成本比较（美国 2009 年 10 月—2010 年 9 月统计数据）

否则,将影响飞机的运行经济性,下面的实例可以证实这一看法。305 座的远程宽体机 B777-200,在国际航线上运营有良好经济性,如果单纯在短程航线上运营,则远不如 160 座的窄体机 B737-800。表 2-7 比较了 B777-200 与 B737-800 飞机在短程航线上运行的经济性,分析采用了相同的分析模型和相同的运行环境条件,平均航线距离假设为 1 500 km（模拟运行京沪穗航线）。在短航线上,B777-200 失去了高利用率的优势,失去了耗油率低和速度高的优势,较高的燃油成本、维修成本和起降费使得 B777-200 的座公里成本比 B737-800 高 15%。

表 2-7　B777 与 B737 短程航线运行经济性比较（2012 年中国运行经济环境）

飞机型号	B777-200	B737-800
运行条件		
航线距离/km	1 500	1 500
航线类型	一类航线	一类航线
起飞机场等级	1.1	1.1
降落机场等级	1.2	1.2
座位数	305	160

（续表）

飞机型号	B777‑200	B737‑800
旅客上座率/%	100	100
DOC/航段（元/航段）		
所有权成本	48 808	23 683
机组费	7 182	4 878
燃油费	84 000	34 692
飞机维修成本	12 951	6 863
餐食费	7 379	3 650
导航费	2 578	825
机场收费	19 094	8 166
地面服务费	2 842	1 330
民航发展基金	6 901	3 450
总计（元/航段）	191 734	87 537
DOC(元)/座千米	0.419	0.365
DOC/座千米比较	15%	基准

2）机场适应性

美国的航空基础设施先进,经验证的、能用于 9 座以上民航飞机起降的机场 551 个（2010 年统计数据）,高密度的机场分布使得可选择的备降机场距离较近,飞机起降几乎不受高温、高原或短跑道等条件限制,典型的高原机场是丹佛机场,标高 1 655 m。欧洲的机场条件类似于美国。机场适应性问题在欧美并不突出,因此,在欧美的飞机运行经济性讨论中,很少提及机场适应性的影响。

中国民航的通航机场有 209 个（2015 年数据）,机场分布密度低（尤其是在中国西部）,有时使得可选择的备降机场距离很远。如图 2‑18 所示,在中国现有高原机

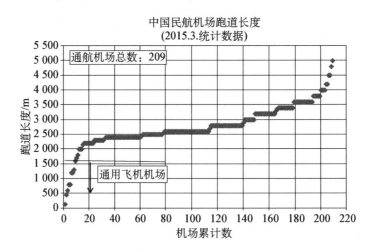

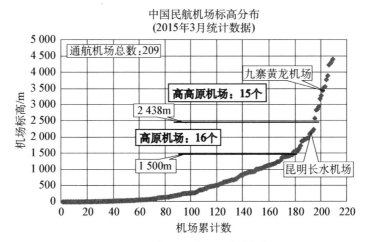

图 2‑18 中国民航机场统计数据

场(标高 1 500~2 438 m,包括标高 2 104 m 的地区枢纽昆明机场)16 个,高高原机场(标高 2 438 m 以上,包括标高 3 448 m 的九寨沟机场)15 个。这些高海拔机场基本都在中国西部,且大多伴随有热天高温气象条件。中国西部地形复杂,修建高速铁路和公路难度高、投资大,发展航空运输受到重视。因此,高温/高原机场适应性对飞机运行经济性的影响,在中国是必须充分考虑的课题。

高温/高原机场条件对飞机起飞或着陆带来怎样的影响呢? 我们假设飞机在标高 3 448 m 的九寨沟机场起飞,以便从技术上来分析这一问题。在 3 448 m 的高度上,当环境气温是标准大气条件(即 −7.4℃)时,大气密度只有海平面的 70.8%;如果环境气温是比标准大气条件高 30℃(即 22.6℃),大气密度只有海平面的 63.7%。200 n mile/h 的校正空速(飞行员依据校正空速飞行)在海平面时真空速也是 200 n mile/h,但在 3 448 m 的高度上所对应的真空速是 236.2 n mile/h。当大气密度下降时,飞机发动机的推力将因为得不到足够的氧气而下降。真空速的增加,意味着飞机起飞滑跑的距离将增加,或者意味着要求机场的跑道长度更长。

为了满足不利的机场条件(高温、高原、短跑道或低 PCN* 值跑道)下运行的要求,飞机设计师可以安装更大推力的发动机、增大飞机的机翼面积,或提高增升装置的效率,这必将导致增加飞机的重量,提高飞机和发动机的购置成本,付出相应的运行经济性代价。

实际上很少有专为高温、高原或短跑道条件设计的民用飞机。飞机制造商一般通过对现有机型的系列化改型来满足特殊的机场适应性要求,这类改型措施包括: 加大发动机推力、缩短机身以减少客座数和商载、降低载油量以限制起飞重量、提高起落架

---

* PCN,道面分类值,描述道面无限制使用承载强度的一个无量纲数字,Pavement Classification Number 的缩略语。

刹车能力以缩短起降距离。中国民航对飞机在高高原机场运行规定了严格的标准,包括:飞机需要做氧气和增压系统改装,要求发动机满足《120 分钟 ETOPS 标准》,对飞行机组的资质有严格的要求。总之,机场适应性可能导致严重的经济性代价。

3)飞行速度

常识告诉我们,降低飞行速度可以省油,但是,省油并不是衡量运行经济性的唯一标志。事实上,耗油和时间(即飞行速度)都是运行经济性的重要因素。

图 2-19 为涡扇支线机与涡桨支线机座公里直接运行成本(DOC)随轮挡距离的变化曲线。由图 2-19 可以看出,在短航程(<500 km)时,耗油率低而速度也相对较低的涡桨飞机,其座千米 DOC 比涡扇飞机低,显示出省油带来的经济性优势;当航程增加时,速度高而耗油率也相对较高的涡扇飞机逐渐显示出了速度带来的经济性优势,座千米 DOC 逐渐下降并明显低于涡桨飞机。这一结论解释了以下两个现实情况:①速度低的涡桨飞机往往在短程航线上运营,速度高的涡扇飞机常用于长程航线上;②为了获得经济性优势,远程客机不断追求高的巡航速度,现役远程宽体客机(如 B787)的巡航 Ma 数达到了 0.85。

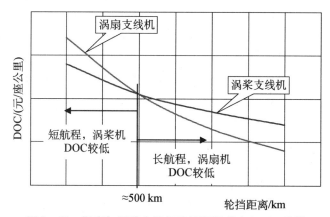

图 2-19 涡扇与涡桨支线机直接运行成本(DOC)比较

飞行时间和飞行耗油是影响飞机运行成本的两个重要方面。选择高的飞行速度,将省时但费油;选择低的飞行速度,将省油但费时。当油价上升时,省油的重要性会增加;反之,当油价下降时,省时的重要性会增加,因此存在一个如何合理选择飞行速度的问题。为此现代民用客机引入了"成本指数"这一新概念,在飞行管理系统中把"成本指数"作为控制参数来优化飞行速度。"成本指数"的定义是:与时间有关的运行成本(单位是"元/分钟")和与燃油价格(单位是"元/千克燃油")之比,单位是"千克燃油/分"。燃油价格涨跌,"成本指数"将随之变化,飞行员可以据此选择最佳巡航 Ma 数。

4)客舱舒适性

客舱舒适性主要体现在客舱的横切面积、客舱布局(包括座椅类型和宽度、座椅排距、过道宽度、顶部行李厢、衣帽间、洗手间和厨房配置等)和旅客娱乐设施配置上。大的客舱横切面积将导致飞机高的机体重量、高的飞行阻力和高的发动机推力需求,高的客舱舒适性要求将导致高的客舱改装成本和减少客座数,这些都将造成飞机运行成本的提高。当预期的收益足以抵消成本的增加时,航空公司将会选择高的客舱舒适性。

客舱布局通常分为头等舱、商务舱、豪华经济舱(economy plus)和经济舱,以满足各类旅客的需求。航空市场中各类旅客群体的支付能力、对舒适性追求和对价值观的理解有很大差异,公商务旅客群体对舒适性较为敏感但对票价不敏感,旅游休闲旅客群体则对票价较为敏感但对舒适性不敏感。航线距离和飞行时间越长,对客舱舒适性要求将越高。低成本航空公司经常选择高密度全经济舱布局以达到低成本运作的目的。因此,机型的选择、客舱布局和旅客娱乐设施配置的决策取决于航线距离、航空公司的目标市场和战略定位。

2.5 影响飞机经济性的技术因素

追求高性能的军用飞机对最新技术有强烈需求,而民用飞机的客户仅热衷于成熟的、对飞机安全性和经济性带来改善的新技术。航空技术进步,是改善飞机运行经济性最根本的途径。

1) 技术进步对飞机运行经济性的影响

借助于航空基础技术(气动技术、动力装置技术、结构和材料技术、航空电子技术、制造技术、维修性和可靠性技术等)的进步,现代民用飞机的运行经济性有了极大的提高。如图 2 - 20 所示,1960—2000 年的 40 年间,发动机的耗油率降低了40%,飞机的每座耗油降低了70%。

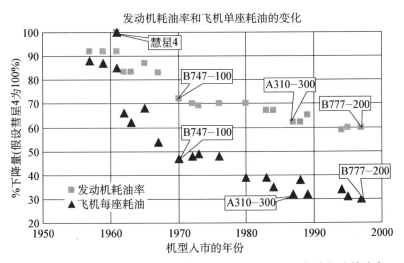

图 2 - 20　1960—2000 年入市飞机的发动机耗油和飞机每座耗油的演变

2) 影响运行成本的主要技术参数

从飞机直接运行成本角度来看，先进技术只有体现在下述技术参数的改善上，才能有利于提高经济性：采用先进的气动设计技术，提高气动效率、降低气动阻力和提高巡航速度；采用先进的结构设计技术和新材料、借助重量轻的成品系统降低飞机使用空重；采用高燃油效率动力装置降低耗油率；采用可靠性和维修性设计技术，降低维修成本，提高飞机派遣可靠性和利用率；采用成熟技术和系列化发展概念控制研制成本和飞机售价。表 2 - 8 列出了影响运行成本的主要技术参数及其影响。

表 2 - 8　影响成本的主要技术参数

影响成本的技术参数	对运行成本的影响
飞机座位数（商载能力）	商载是航空公司的收益来源。商载越大，最大起飞重量越大，运行成本（燃油成本、起降费、导航费、地面操作收费和民航发展基金）增加
飞机设计航程	设计航程越大，最大起飞重量越大，运行成本增加
最大起飞重量（MTOW）	影响推力需求、耗油量、起降费、导航费、民航发展基金等
最大零油重量（MZFW）	影响最大商载能力（最大商载 = MZFW - OEW），商载是航空公司的收益来源
使用空重（OEW）	OEW 被称为"无效载荷"，OEW 增加，商载能力将降低。要求 OEW 最小化
耗油率和轮挡耗油	气动设计、发动机和结构设计的综合体现。涉及燃油成本等
飞行速度和轮挡时间	速度越高，单位时间内飞行的航段数越多，或飞行距离越大，收益则越高。但速度收益应与其他成本支出综合考虑，即利用"成本指数"进行优化
过站时间	地面服务设计影响过站时间。过站时间影响飞机有效利用率，从而影响成本
维修性	维修间隔和工时影响维修成本。维修成本是决定飞机经济寿命的主要因素
可靠性	可靠性影响飞机的遣派率和利用率，从而严重影响成本
飞机售价	新技术发动机和新材料等可能提高研制成本和售价，因而影响所有权成本

3) 系列化发展对运行成本的影响

系列化发展是降低现代民用飞机研发成本，降低飞机运行成本的有效设计手段，有利于实现四大优势；

（1）市场优势：飞机产品的系列化发展，可以利用同一系列飞机的产品差异化和扩展性设计，适应不同市场和客户需求，延伸和拓展产品市场。

（2）运行成本优势：同一系列飞机在气动设计、驾驶舱、动力配置和系统构架上有高度的一致性,因而各机型在空地勤培训、备件、维修和产品支援诸多方面具有高度的共通性或兼容性,有利于运力优化配置和降低机队运行成本。

(3)拓展租赁市场的优势:系列化的飞机产品有较大市场和客户群,因而残值较高,是航空租赁业者偏好的低投资风险产品,有利于客户通过租赁市场进行融资和租赁、资产管理和资源优化配置。

(4)设计成本优势:系列化发展有利于航空制造商降低设计成本,加速产品进入市场。系列化研发的衍生型飞机,大量采用已研制的基本型飞机的部件、成品和系统,或仅做局部设计更改,设计成本降低。表 2-9 列出了系列化研发的设计成本降低因子。

表 2-9 系列化研发的设计成本降低因子(假设全新设计的成本为 100%)

成本项目	工程设计/%	制造工程/%	工装设计/%	工装制造/%	试飞和支持/%
机翼	20	50	5	5	50
尾翼	20	50	5	5	50
机身	20	50	5	5	50
起落架	20	50	5	5	50
发动机安装	20	50	5	5	50
系统	20	50	5	5	50
客/货舱	20	50	5	5	50

A320 系列飞机是系列化设计的典范。表 2-10 显示了 A320 系列飞机各机型的设计特色,图 2-21 显示了 A320 飞机 DOC 分析。可以看出,系列化设计使得 A320 飞机的市场适应性宽,具有良好的运行经济性。

表 2-10 A320 系列飞机各机型的设计特色

机型	座级/(双舱/单舱)	发动机	设 计 特 色
A321	185/220	CFM56-5 V2500	加长型(比 A320 长),强调经济性。航程能力 3 000 n mile,增加 24%座位和 40%货舱,增加推力,加强起落架,机翼后缘修形,加大和移动应急出口。最高 MTOW 为 93 t
A320	**150/180**	**CFM56-5** **V2500**	**基本型,兼顾市场适应性和经济性。航程能力 3 000 n mile。最高 MTOW 为 77 t。有 352 架在中国民航运行(2012 年)**
A319	124/142	CFM56-5 V2500	缩短型(比 A320 短),强调机场和航线的适应性。航程能力 3 700 n mile,减小推力,修改后货舱,取消翼上前应急出口,最高 MTOW 为 75.5 t。已成为中国高原机场运营的主力机型
A318	107/117	CFM56-5 PW6000	最短构型(比 A319 短),填补窄体机与支线机之间的座级空白。航程能力 3 250 n mile,加长垂尾翼尖,重新设计货舱。最高 MTOW 为 68 t

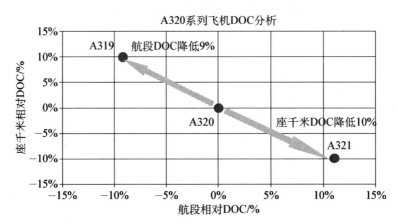

注：中国 2012 年经济环境，平均航段距离 650 n mile。

图 2-21 A320 系列飞机 DOC 分析

参考文献

［1］ GRA, Incorporated (Economic Counsel to the Transportation Industry). Economic Values for FAA Investment and Regulatory Decisions，A Guide，Contract No. DTFA 01-02-C00200［S］. Oct. 3,2007.

［2］中国民航局飞行标准司.航空承运人高原机场运行管理规定［S］.2007.

［3］Eurocontrol. Standard Inputs for Eurocontrol Cost Benefit Analyses［S］. Feb. 2005.

3 飞机定价和研制成本

3.1 飞机的成本、价值与价格

价格不等同于成本,也不等同于价值,但它们之间存在紧密的相关性。

对于飞机制造商来说,价格(price)是最敏感的赢利杠杆,成本(cost)的投入必须与销售价格带来的收益相关联。用航空公司的眼光来看,价格是制造商给出的最清晰的销售意愿信号,航空公司不会把价格与成本相关联,而是把价格与价值(value)相关联,它要根据市场和需求来评估该飞机的实际价值,并通过"货比三家"获得最低价格。

飞机的基本价值,取决于飞机的内在物理因素。例如,飞机的座级、设计航程、速度、燃油效率和技术特点等。飞机的价格,是航空公司为购置飞机愿意付出的货款。航空公司愿意承受的价格,不仅取决于飞机的基本价值,还取决于航空公司所面对的外在因素。例如,经济发展环境、市场需求、油价和环保法规等。这些不断变化的外在因素对飞机的基本价值产生重要影响,飞机只有在相适应的市场才能充分发挥其价值。例如,一架宽体机在客流量不够高的航线上运营,其价值将大打折扣;高油价可能使单位耗油高的小型喷气支线机失去市场价值。毫无疑问,只有价格体现了飞机在客观市场中的真实价值(称为"市场价值")时,航空公司才能产生购机意愿。

飞机成本,主要取决于飞机的设计,是飞机制造商制造一架飞机所付出的费用,它等于重复成本(即制造成本,包括人工和质量控制成本,以及材料、发动机和机载成品的采购成本)和分摊到每架飞机上的非重复成本(即投资巨大的研发成本)的总和。随着飞机产量的增加,每架飞机的成本逐渐下降。理论上可以找到一个"盈亏平衡点",在这个点上,飞机的价格等于飞机的成本。高的价格目标,使得达到盈亏平衡点的销售量降低,但可能难以赢得客户。飞机价格的退让,将使得达到盈亏平衡点的销售量相应增加,甚至无法回收研发的投入。因此,对于飞机制造商来说,向目标市场和客户展示飞机的价值,以寻求最大赢利为目标合理选择价格,达到足够的销售量,是至关重要的。

3.2　飞机价格定义

1) 目录价(list price)

飞机制造商对外公布的飞机价格被称为目录价。目录价是制造商依据产品的定价策略制定的,并跟随市场和经济态势的变化适时作调整。由于商用飞机是全球化竞争的产品,统一对外公布的目录价必须考虑各种各样的市场和经济条件所可能达到的上限,必须考虑客户对飞机构型选择引起的价格变化,要为价格协商提供空间,因此目录价往往远高于正常的成交价。极少飞机是按目录价成交的,可以把目录价看作是价格协商的起点。图3-1以A320飞机为例显示了飞机目录价与平均售价逐年变化的历程。图3-2显示了部分空客飞机目录价与市场价资料值。

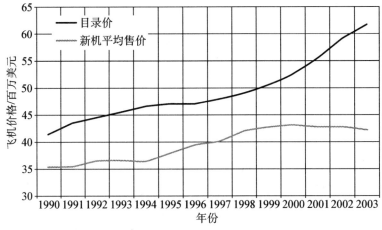

图3-1　A320飞机目录价与平均售价逐年变化历程

2) 合同成交价(contract transaction price)

客户可以根据自己的需求选择飞机构型、发动机、备件和服务项目,从签署合同到飞机交付可能会持续数年时间,在此期间各种经济指数可能出现变化,因而合同成交价的构成往往比较复杂。一般而言,合同成交价采用下述方式来构成:

(1) 买卖双方商定的飞机"基价"(base price)。合同中双方商定的每架飞机的"基价",指的是由飞机《标准技术说明书》(*Standard Specification*)所定义的飞机标准构型和推力系统条件下、签署合同当时的飞机价格。"基价"中包含机体基价和推力系统基价,不包含客户采购设备(buyer furnished equipment,BFE)(例如,座椅和厨房插件等),不包含客户选装设备或功能(例如,风切变气象雷达和ETOPS等设备或功能)。

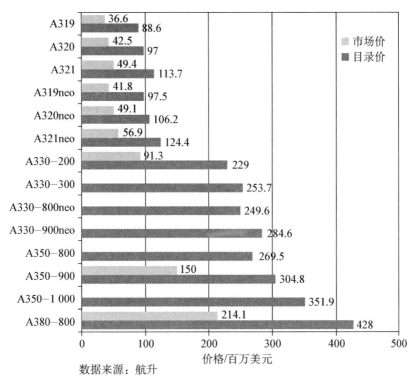

数据来源：航升

图3－2　空客飞机目录价与市场价资料值（2015年）

（2）客户通过《技术说明书更改通告》（*Specification Change Notice*，SCN）来确定自己的需求相对于飞机《标准技术说明书》定义的飞机标准构型的偏离。根据双方签署的书面协议《技术说明书更改通告》，商定所有 SCN 项目在签署合同当时的基价。

（3）把每架飞机的机体和所有 SCN 项目的基价，按照合同指定的机体价格修正公式，修正到该飞机的交付期。机体价格修正公式通常依据从美国劳工部获得的数据测定的经济指数（主要是劳务指数和材料指数）来建立，也可以按双方约定的方法来修正飞机价格。应当附带说明的是，公众可以从美国劳工部网站获取历年来每月的各种经济数据。

（4）把装机推力系统的基价，按照合同指定的修正公式，修正到该飞机的交付期。推力系统的价格修正公式通常依据从美国劳工部获得的数据测定的经济指数（主要是劳务指数、材料指数和能源指数）来建立，也可以按双方约定的方法来修正装机推力系统的价格。

（5）一架飞机的最终合同成交价是下述各项之总和：按照机体价格修正公式修正到该飞机交付期的机体和所有 SCN 项目的价格；按照推力系统的价格修正公式修正到该飞机交付期的推力系统的价格；以及该合同条款达成的任何其他协议所导

致的任何款项(例如,客户服务项目附加费)。显然,每架飞机的最终合同成交价由于交付期不同可能是不一样的。当订单量比较大时,后面交付的飞机可能获得较大的价格折让。

合同成交价是难以从公开资料中获取的商业机密,航空公司的议价地位和能力不同,或者订单量不同,或者签署合同的时机不同,所达成的合同成交价可能大不相同。为了对新机和二手机市场的旧飞机的价值进行评估和预测,为航空公司和其他客户提供飞机价值的咨询服务,国际上的飞机价值评估专业机构(例如,Ascend Advisory,航升咨询公司)引入了一些专用的描述飞机价值的术语,它们虽然不同于实际的飞机价格,但有助于航空公司和制造商对所关心的机型的价值或可能的市场价格做出合理的判断。最常用的是"基本价值"(base value)和"市场价值"(current market value),列出如下(在第五章中将详细讨论)。

3) 基本价值(base value)

飞机基本价值,指的是当飞机处于开放的、不受约束的、供求合理平衡的稳定市场环境中,并假定飞机被"高效和最佳"使用的情况下,评估者对飞机潜在经济价值的判定。飞机的基本价值,是按照飞机价值的历史趋势和对未来价值趋势的预测确定的,并且假设具备意愿、能力和相关知识的各方之间,在谨慎行事、没有强迫的情况下,以及在销售中拥有合理的时间段进行公平的现金交易。

4) 市场现值(current market value)

飞机的市场现值,指的是评估者认定的、飞机处于当时感知的市场环境下所可能产生的、最可能的交易价格。市场价值假定,该飞机按"高效和最佳"使用来评估,销售交易的各方具备意愿、能力、谨慎行事和相关知识,没有匆忙销售的不寻常压力,交易应该在公开的、不受约束的市场以公平交易为基础进行协商,可以是现金交易或其他等价交易,有充分的时间向准买家进行有效的展示。

依据基本价值与市场现值的定义,可以看出它们的主要差异在于:基本价值是在供求平衡的前提下飞机的潜在经济价值,而市场现值是当时的市场状态下飞机最可能的实际交易价。

3.3　飞机定价方法

1) 市场竞争与定价

根据经济学理论,在完全竞争市场中,任何一家企业都不大(例如,稻谷和小麦生产),生产相同的产品,都无法影响价格,不存在价格竞争。事实上工业生产几乎不存在完全竞争市场。当一家企业具有一定程度地控制某一行业的产品价格的能力时,该行业就处于"不完全竞争"(imperfect competition)之中。不完全竞争市场主要有 3 种类型:垄断(monopoly)、寡头(oligopoly)和垄断竞争(monopolistic competition)。

（1）垄断：这是不完全竞争的极端情况。制造商受到政府特许经营权的保护或专利权的保护（例如，某些药品的生产），生产没有代用品的产品，成为完全控制某一产业的唯一生产商，对产品价格的控制程度很高，但通常受到政府管制。

（2）寡头：寡头产业在制造业、交通和通信部门中较为普遍。在寡头市场中，产品的差别很小或者没有差别（例如，航空公司的航班服务），少数寡头中的任一寡头都能够影响市场价格。例如，在航空运输市场中，一家大航空公司降低票价，可能引起所有竞争者降低票价，引发价格战。

（3）垄断竞争：今天的商用飞机市场属于垄断竞争市场，具有垄断竞争的特征。其主要特征是，任何一家飞机制造商都没有显著优势的市场份额，各家飞机制造商生产具有差别的产品（差别表现在座级、航程、起降性能、客舱舒适性、噪声、发动机耗油和排放特性等方面），对产品价格具有有限的控制力。商用飞机市场被细分为宽体机、窄体机、喷气支线飞机、螺旋桨飞机和货机等市场，各种有差别的产品有自己所对应的细分市场。制造商对差异化的产品制定出差异化的价格，产品的差异化有时还包含地理位置、企业品牌形象，以及广告宣传等的影响。

全球大型商用飞机市场由美国的波音和欧洲的空客这两大"霸主"垄断，巴西航空工业公司（Embraer）和加拿大庞巴迪（Bombardier）主宰全球喷气支线飞机市场，螺旋桨飞机市场则以法意的 ATR 公司和庞巴迪公司唱主角。这些航空产品的出口国的政府都把航空产业作为国家的核心能力给予强大的支持，掌握着飞机适航标准的制定权，而且对它们的先进航空技术出口设置非贸易壁垒，试图利用研发新机的高门槛把中国民机产业拒之门外。美国工业政策专家哈里森 2011 年撰写的国会研究报告《对民用飞机行业中波音和空客双霸主地位的挑战》（*Challenge to the Boeing-Airbus Duopoly in Civil Aircraft*）中，对中国民机产业的崛起表示了忧虑。

在这种垄断竞争市场中，这些大企业成为产品的价格领袖，航空公司的议价能力十分有限，购置飞机基本上是"二选一"。刚进入商用飞机市场的中国航空工业，运用价格手段的余地很小，实际上主要是尾随波音和空客的飞机价格水平来制定自己的定价目标。

价格是反映市场供求关系的重要参数，是引导需求的基本手段，也是企业竞争力的表现形式，价格策略的制定，受制于环境、市场、竞争和成本。根据垄断竞争市场的特点，应考虑下述定价约束和市场机会：

（1）产品差异化：产品差异化是垄断竞争市场的重要特征，是赢得市场的重要手段。例如，为中国西部研发适合高温/高原型喷气支线机（例如，中国商飞的ARJ21飞机），该产品在市场上具有某种程度的"唯一性"，可避开其他产品的直接价格竞争。如果研发与垄断企业同质的产品，将不属于"垄断竞争"性质，而可能陷入

"寡头竞争"的泥淖,与强大的对手进行直接的价格竞争。

(2)连带服务的销售模式:一些新进入航空市场的航空公司,或者发展中国家实力薄弱的航空公司,或者是开拓新市场的航空公司,它们在购置飞机时关注的重点不一定是飞机的价格,往往是飞机的运营保障。为这些航空公司提供"飞机＋服务"的差异化产品,提供附加的技术培训、备件服务、维修支持和技术保障等,有助于开拓新市场。

(3)企业的成本水平和财务状况:"价格优势"是指刚进入国际市场的我国航空业经常想到的市场措施,但受到企业成本水平的约束。应该注意到,目前的主流机型(A320、B737、A330 和 B777 等)的销售量均已达数千架,生产成本已很低,能够不断降低价格且保持一定的利润。留给我们的价格空间十分有限。

(4)市场占有率:价格与市场占有率通常呈反比关系。高定价未必获得高赢利,高市场占有率未必实现高收益,应以寻求最大赢利为目标。尚不够强大的中国航空工业,希望在欧美传统市场通过价格优势来获得部分市场占有率,或许是困难的。在国外市场的开拓中,需求量偏低、西方飞机制造商关注度低、但发展潜力巨大的新兴市场(亚太、非洲和拉美地区)将是优先的市场开拓方向。

(5)企业和品牌形象:企业和品牌形象是一种竞争力,定价在一定程度上反映了企业和品牌形象。在不短的一段时期内,强势的西方飞机制造企业将继续引领产品标准和价格走向,创立中国企业和品牌形象尚须时日,这对中国飞机制造企业的定价决策是一种无形的约束。

(6)政策法规:国家政策法规对国产民机产业的扶持,有利于开拓国内市场。利用国家为支持国产民机出口提供的出口优惠信贷,向发展中国家出口产品,具有一定的吸引力,是可利用的非价格竞争手段。

2) 定价方法

定价方法包括成本定价、需求定价和竞争定价。

(1)成本定价。

以"成本＋利润"为定价依据,称为成本定价。在计划经济年代,我国的飞机制造业以仿制为主,自主研发机型或改型机型靠国家投资,制定飞机价格的基本依据是:制造成本(即材料成本与工时成本之和)＋5％管理费,飞机价格要经国家批准,故称之为"国批价格",是一种典型的成本定价。现代商用飞机市场竞争激烈,成本定价的方法已难以立足于市场。成本定价忽略了航空公司的需求和市场的竞争,造成成本居高难下,产品缺乏竞争力。

国内外的军用飞机仍采用成本定价,因为军用飞机不在市场中竞争和销售(外销飞机除外),其用户是军方。军方既是产品研制的投资者,也是产品的使用者,为了使得该武器系统从研发、制造、服役至退役处置的总支出控制在经批准的预算之内,军方采用"全寿命成本(LCC)"方法来管理和控制成本。

（2）需求定价。

以目标市场消费者愿意接受的价格水平为基本，同时考虑"成本＋利润"的要求作为定价依据，称为需求定价。由于消费者愿意接受的价格水平是多层次的，因而目标市场的价格和产品类别也有高、中、低档之分。这种定价方法多适用于日用消费品（例如，鞋类和服装等）市场，不适用于飞机定价。

（3）竞争定价。

以参与或避免竞争为目的，以竞争者价格为依据确定本企业产品价格，称为竞争定价。假设某一竞争机型的价格为1 000万美元，本企业的同类机型的价格低于1 000万美元，这体现了参与竞争；如果本企业的同类机型的价格高于1 000万美元，其目的是避免直接的价格竞争，竞争中的垄断者正是以这种姿态引领价格的走向。

竞争定价是商用飞机的基本定价方法。具体来说定价可分3步走：第1步，收集和分析竞争机型的价格数据，确定竞争机型的市场价格；第2步，依据技术性能数据，分析和比较本企业飞机和竞争机型的目标市场适应性和经济性，清晰展示本企业飞机的竞争性；第3步，根据竞争分析结论、市场分享量目标和本企业的营销策略，确定本企业飞机的基本价格和价格策略。

价格策略指的是，以本企业的战略目标和成本控制为依托，对不同的目标市场和目标客户区别定价，最大限度地扩大市场和收益。常采用的价格策略包括以下几点。

（1）启动客户价格折让：为了开拓新机型的市场，制造商给予启动客户价格折让。

（2）数量价格折让：为了扩大市场，大订单给予数量折让。信誉高的航空公司和租赁公司，由于一次成交数量大可能获得较低的合同成交价。

（3）客户差价：某些客户由于各种原因从竞争对手转向本企业，本企业可能给予客户特殊价格折让。在向某些政局动荡或经济落后国家销售时，货款回收风险高，销售成本高，售后服务成本可能也很高，需要在飞机价格上考虑销售风险、销售成本和售后服务成本的增加，可能造成合同成交价远高于正常水平。

（4）时间差价：市场上升期，飞机的市场价值提升，制造商将推高售价；市场衰退期，飞机的市场价值下降，制造商将压低售价。

（5）产品差价：试飞用的飞机、积压未售出的飞机、客户退货的飞机、将停产的机型，将不可能以正常售价出售。

3）技术参数对价格的影响

如图3-3所示现役飞机基本价值随最大起飞重量的变化，图3-4显示了现役支线机基本价值随最大起飞重量的变化。当缺乏某机型的价格数据时，可以利用飞机的最大起飞重量和这些图线，对价格做出粗略判断。

从图3-3和图3-4可以看出，决定飞机价格的第一级参数是座位数和航程（座位数和航程要求大致决定了飞机的最大起飞重量），因为航空公司的收益取决于座

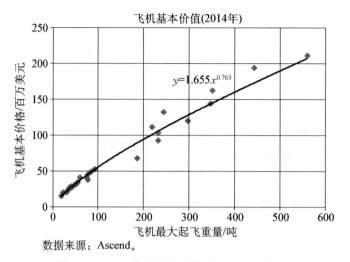

数据来源：Ascend。

图 3-3 飞机基本价值随最大起飞重量的变化

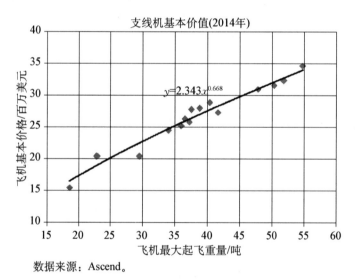

数据来源：Ascend。

图 3-4 支线机基本价值随最大起飞重量的变化

位数和航程。第二级参数是运行成本、速度和舒适性。第三级参数是飞机的残值和机队的共通性等(见表 3-1)。

表 3-1 决定飞机价格的主要因素

军机	商用飞机
基于成本定价	基于竞争定价
价格＝成本＋利润	价格取决于其市场价值：

（续表）

军机	商用飞机
	● 飞机性能（座级、航程、速度） ● 运行成本（DOC） ● 竞争能力（与同类竞争机型比较） ● 旅客诉求（舒适性、舱内噪声） ● 残值（订单量、市场流动性和机队共通性等）

　　图3-5给出了B737-800和A320-200飞机的市场价值。飞机航程能力的增加，反映在最大起飞重量的增加上，因而飞机的价格相应增加。图3-6给出了

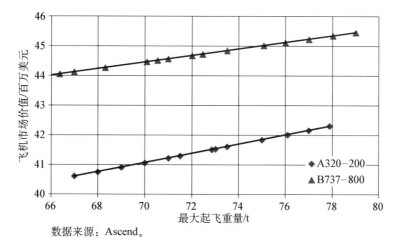

数据来源：Ascend。

图3-5　B737-800和A320-200飞机市场价值比较

（2014年制造，标准构型，2014年7月价值评估）

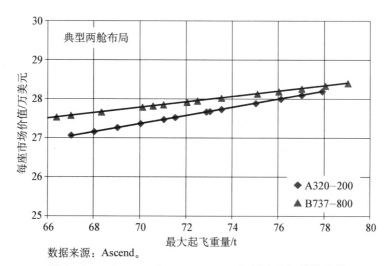

数据来源：Ascend。

图3-6　B737-800和A320-200飞机单座市场价值比较

（2014年制造，标准构型，2014年7月价值评估）

B737-800 和 A320-200 飞机的单座市场价值。目前窄体机的单座价格在 27～28 万美元之间(2014)。B737-800 和 A320-200 飞机单座价格的差异反映市场评估的差异,可能的原因是:B737-800 具有"客机改货机"的能力;B737-800 的残值和重量效率相对较高;在 DOC 评估上,B737-800 略占优势。图 3-7 给出了选装设备对 A320-200 飞机市场价值的影响。

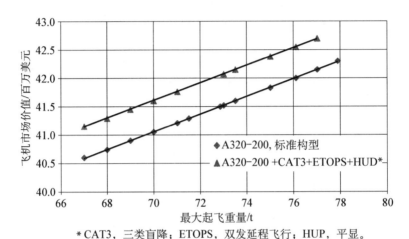

* CAT3,三类盲降;ETOPS,双发延程飞行;HUP,平显。
数据来源:Ascend。

图 3-7 选装设备对 A320-200 飞机市场价值的影响

(2014 年制造,2014 年 7 月价值评估)

3.4 飞机研制成本分析

1)前言

飞机研制成本评估,是项目可行性研究的一项重要工作。研制成本评估的主要依据,是以往机型研制的实际统计数据,利用这些统计数据的回归分析建立的成本估算模型,并考虑拟采用的新技术、新材料和新工艺对研制成本的影响。

中国民用飞机制造业起步于仿制及其改进改型,可利用的全新机型开发成本的实际统计数据十分有限,欧美的成本统计数据和估算模型是否能够"为我所用",须仔细探讨。在我们利用欧美成本统计数据和估算模型来评估项目研发成本时,下面几个问题是可能遇到并值得注意的。

(1)通货膨胀影响。

由于通货膨胀影响,不同时期的机型研发成本难以进行直接比较。一般利用消费者价格指数(CPI)把不同年份的机型研发成本的历史数据修正到相同年份,然后进行比较分析。

(2)研发周期影响成本。

如果投资力度不足,项目时断时续;或者技术不成熟,研发周期延长;或者与供应商技术协调不畅,耽搁进度,将增加额外的研发成本。现代商用飞机的研发周期一般按5～6年来考虑。研发成本估算,通常按研发项目启动当年的现值来"静态"评估,未来几年的通货膨胀因子另行考虑。

(3) 不同时段生产的飞机,它们的单机成本不同。

随着飞机生产数量的增加,每架飞机所分摊的非重复成本将降低,由于熟练指数效应,每架飞机所分摊的重复成本也不断降低。因此,不同时段生产的飞机成本不宜直接进行比较分析。

(4) 技术引进、厂房和设备改造的费用。

当飞机制造商启动新机型的研发时,我们假设飞机制造商已基本具备这款新机型研发的软件和硬件能力,所有拟采用的新技术、新材料或新工艺都已经验证是可行的,关键技术和诀窍已掌握,可能增加的成本和研发周期是可预期的,否则,就难以进行研发成本的合理评估。当缺乏核心设计能力或为了提升设计能力,需要技术引进时,技术引进的费用和周期不应纳入型号研发成本;同样,当制造能力不足,需要厂房和设备改造时,厂房和设备改造的费用和周期也不应纳入型号制造成本。对工程研发和生产可行性评估不足是一些项目超预算甚至半途而废的主要原因。

(5) 共通性影响。

当研发的新项目与过去成功机型有一定继承性时,或者研发的新项目是已研发项目的衍生机型时,由于可以沿用以往成熟的设计和验证方法,甚至可以采用已研发和生产项目的部件、成品和系统,或仅做局部设计更改,研发成本将有效降低。表3-2列出了共通性引起的研发成本降低因子[6]。

表 3-2 共通性引起的研发成本降低因子(假设全新研发的成本为100%)

成本项目	工程设计/%	制造工程/%	工装设计/%	工装制造/%	支持/%
机翼	20	50	5	5	50
尾翼	20	50	5	5	50
机身	20	50	5	5	50
起落架	20	50	5	5	50
发动机安装	20	50	5	5	50
系统	20	50	5	5	50
客/货舱	20	50	5	5	50

2) 飞机研制成本定义

飞机全寿命成本定义为下述4项按顺序的,但互有重叠的成本之和:

(1) 研发成本(非重复成本,non-recurring cost)。

研发成本是仅发生一次的成本,故称"非重复成本",包括各设计阶段(概念设计、初步设计和详细设计)的机体研究、设计、发展和评估成本。更详细地说,包括设计研究和综合;风洞、样机和推进系统试验;部件、子系统、静力和疲劳试验件的试验;可靠性分析;工装的设计和制造;图纸、工艺程序和材料技术要求的编制和维护;整个生产过程中的持续工程支持;适航验证和试飞。

(2) 制造成本(重复成本,recurring cost)。

制造成本是指每架飞机都发生的成本,故称"重复成本"。包括原材料、发动机和设备成品的采购;机体制造;飞机总装;产品质量控制和批生产试飞等。

(3) 运行成本(operating cost)。

运行成本包括运行期间的财务成本(折旧、利息和保险)、现金成本(燃油、空勤、维修、起降和导航费等)和间接运营成本(航站和地面费用、商载保险、订票、销售推广和综合管理)。

(4) 处置成本(disposal cost)。

对于军方采购的装备系统来说,处置成本主要是指装备的非军事化、去毒化或长期贮存的成本。对于商用飞机来说,旧飞机可能在二手机市场流通,被转售或租赁给其他用户运营,或改装成货机,或最终被封存/解体。因此,处置成本可理解为飞机的"残值"。

研发成本(非重复成本)和制造成本(重复成本)之和被定义为研制成本。每架机的平均研制成本,将随着飞机生产数量的增加而不断降低。

飞机制造商在研制成本的投入上,受到全寿命成本中后两项(运行成本和处置成本)的影响。20 世纪 60 年代,美国军方为装备系统采购的目的,提出了"最低全寿命成本"的装备系统研发准则,要求所采购的装备系统,在使用性能满足军方需求的基础上,装备系统从研发、制造、运行,直至退役处置的全寿命周期内的总成本达到最低,而不是尽可能低的研制成本。军方既是装备系统研发的投资者,也是装备系统的使用者,"最低全寿命成本"的优化准则,促使制造商在开发新产品之初,就综合考虑产品服役后的运行、维护和退役处置成本,把装备系统在全寿命周期内的总成本控制在经批准的经费总预算之内。

商用飞机普遍采用"最低直接运营成本(DOC)"的研发优化准则。因为航空公司是通过飞机经营获得正的现金流回馈来获得收益的,只有"最低 DOC"才能获得收益的最大化。飞机保值能力(即残值),受到设计和市场的双重影响,也是航空公司选型的重要指标,它实际上被隐含在"最低 DOC"中。这就是说,军机的"最低全寿命成本"准则,和商用飞机的"最低 DOC"准则,从经济性角度来看实质上是相当的。

3) 飞机研制成本分析方法:兰德模型

由美国著名的兰德公司(RAND Corporation)1987 年公布的、为飞机概念设计阶段建立的飞机研制成本估算模型 DAPCA Ⅳ[4],是兰德公司 1976 年发表的 DAPCA Ⅲ模型的更新和扩展版。该模型提供了飞机研制成本与主要设计参数的关系式,在模型建立中考虑了包括战斗机、轰炸机和运输机等在内的多种类机型,适用于在项目研发初期,尚缺乏详细设计和制造数据时的研制成本的估算。下面对这一模型及其应用做一介绍。

(1) 兰德模型的计算方程式和参数定义。

下面给出的计算方程式,对 DAPCA Ⅳ 模型做了两处非实质性的改动。第一,DAPCA Ⅳ 模型要求给出发动机成本,而此处给出了发动机成本计算方程式[5],读者可选择直接给出发动机采购成本,也可选择利用该方程式计算。第二,DAPCA Ⅳ 模型要求给出"航电系统研发成本",此处改为要求给出"每架机航电系统采购成本"。理由是:中国商用飞机制造商从市场采购航电系统,它们可以方便地确定航电系统采购成本,但是要给定航电系统总研发成本则是困难的。

$$H_E = 4.86W_E^{0.777}V^{0.894}Q^{0.163}$$

$$H_T = 5.99W_E^{0.777}V^{0.696}Q^{0.263}$$

$$H_M = 7.37W_E^{0.82}V^{0.484}Q^{0.641}$$

$$H_Q = 0.076H_M,对于货机;或 H_Q = 0.133 H_M,对于其他机型$$

$$C_D = 45.42W_E^{0.63}V^{1.3}$$

$$C_F = 1\,243.03W_E^{0.325}V^{0.822}FTA^{1.21}$$

$$C_M = 11.0W_E^{0.921}V^{0.621}Q^{0.799}$$

$$C_{eng} = 1\,548(0.043T_{max} + 243.25M_{max} + 0.969T_{turbine\ inlet} - 2\,228)$$

$$C_T = H_ER_E + H_TR_T + H_MR_M + H_QR_Q + C_D + C_F + C_M + C_{eng}N_{eng} + C_{avionics}Q$$

式中物理量含义如下所述。

H_E:工程研发工时。包括机体的研究、分析、设计、评估和优化,以及系统综合和项目管理等所耗费的工时。更明确地说,风洞模型、样机和推进系统试验;部件、子系统、静力和疲劳试验件的实验室试验;图纸、工艺流程和材料技术要求的编制和维护;以及可靠性分析等都包含在内。还包含整个生产过程中持续性的工程支持(包括客户支持和可能的设计完善)。工程研发主要发生在研发阶段,持续性工程支持延续至整个生产阶段。H_E 表达式中与生产架数有关的因子"$Q^{0.163}$"描述了持续性工程支持耗费的工时随生产架数的变化。

H_T:工装工时包括装配型架、工具、夹具、模具、仿形模、量具、操作设备、试验和校验设备等的计划、设计、制造、装配、安装、修改、维修、重做、数控加工的编程,以及生产阶段的工装支持等所耗费的工时,并假设,工装的材料成本包含在工装设计制造小时费率(R_T)之中。H_T 表达式中与生产架数有关的因子"$Q^{0.263}$"描述了持续性工装支持耗费的工时随生产架数的变化。

H_M:制造飞机时的直接劳务工时。包括飞机主结构的成型、机加、装配、部装和总装,采购部件(液压、电器、气动管路、发动机、航电和各类子系统)的安装等所耗费的工时。

H_Q：质量控制工时指的是为保证所要求的标准得到满足所耗费的工时。包括工夹具、部件、组件和总装的验收检验、过程中检验和最终检验；可靠性试验和故障报告的评估。

C_D：研发支持成本（美元），是研发阶段中的制造支持非重复成本。包括样机、模型、铁鸟、结构试验件，以及研发阶段各类试验件的人工和材料成本（不包括完整的试飞飞机）。

C_F：演示适航性的试飞成本（美元）。包括工程计划、试飞设备、执行试飞、燃油和滑油、数据处理、工程和制造支持、设备租赁、飞行员费用。试飞飞机的成本包含在生产成本的估算中。

C_M：制造材料（建造飞机所需的原材料、半成品和标准件等）及采购的成品设备（电动机、发电机、电池、起落架、液压、气动和环控系统等）成本（美元）。发动机和航电系统采购成本另行考虑。

C_{eng}：发动机生产成本（美元）。C_{eng} 的方程式适用于涡喷发动机，对于涡扇发动机，生产成本应比该方程式的估算值高 $15\%\sim20\%$。

C_T：研发和生产总成本（美元）。

W_E：飞机使用空重磅（1 b，1 b＝0.453 6 kg）。无油、无商载时的飞机重量。

V：最大速度节（kn，1 kn＝1 n mile/h）。

Q：生产架数。

FTA：试飞飞机架数（通常为 2～6 架）。

N_{eng}：生产架数×每架机发动机台数。

T_{max}：发动机最大推力（1 b）。

M_{max}：发动机最大 Ma 数。

$T_{turbine\ inlet}$：涡轮进口温度（°R，兰氏温标*，用华氏度数表示的绝对温标）。

$C_{avionics}$：每架机航电采购成本（美元）。

R_E：工程设计小时费率。

R_T：工装设计制造小时费率（含制造材料成本）。

R_M：制造飞机小时费率。

R_Q：质量控制小时费率。

（2）兰德模型的材料修正因子。

DAPCA Ⅳ模型中的工时估算，基于铝合金飞机的设计和制造。当飞机大量采用其他材料来制造时，应考虑其他材料设计和制造难度的增加，对工时估算做修正。建议的材料工时修正因子，如表 3-3 所示。

---

* 兰氏温度与摄氏温度的换算：°R ＝ ℃×1.8＋491.67。

表 3-3 材料的工时修正因子

材料	修正因子
铝合金	1.0
石墨环氧复合材料	1.5～2.0
玻璃纤维	1.1～1.2
钢	1.5～2.0
钛合金	1.7～2.2

（3）兰德模型的小时费率。

DAPCA Ⅳ 模型中的小时费率，指的是包括工资、雇员福利、间接费用和行政管理成本在内的总小时费率，通常雇员工资接近于总费率的一半。DAPCA Ⅳ 模型中给出的小时费率（1986 年的平均值）为

工程设计小时费率（R_E）：59.1 美元；

工装设计制造小时费率（R_T）：60.7 美元（含制造材料成本）；

制造飞机小时费率（R_M）：50.1 美元；

质量控制小时费率（R_Q）：55.4 美元。

当应用 DAPCA Ⅳ 模型时，应考虑通货膨胀影响，把上述小时费率和有关的采购成本修正到相应的年份上。通常把消费者价格指数（CPI）的变化用作小时费率和有关采购成本的修正因子。表 3-4 显示了美国消费者价格指数历史数据。

表 3-4 美国消费者价格指数(CPI)历史数据(1982—1984 年为 100)

年份	CPI 年平均	年份	CPI 年平均	年份	CPI 年平均
1970	38.8	1985	107.6	2000	172.2
1971	40.5	1986	109.6	2001	177.1
1972	41.8	1987	113.6	2002	179.9
1973	44.4	1988	118.3	2003	184.0
1974	49.3	1989	124.0	2004	188.9
1975	53.8	1990	130.7	2005	195.3
1976	56.9	1991	136.2	2006	201.6
1977	60.6	1992	140.3	2007	207.3
1978	65.2	1993	144.5	2008	215.3
1979	72.6	1994	148.2	2009	214.5
1980	82.4	1995	152.4	2010	218.1
1981	90.9	1996	156.9	2011	224.9
1982	96.5	1997	160.5	2012	229.6
1983	99.6	1998	163.0	2013	233.0
1984	103.9	1999	166.6		

（4）兰德模型的算例分析。

表 3-5 和图 3-8 显示了兰德模型的一个模拟算例 A 的计算结果。算例 A 中飞机构型假设如下：飞机空重 41.255 t，最大速度 472 kn（节），发动机最大推力

表 3-5　兰德模型的算例 A 计算结果（1986 年，美国）

输入参数						
空重/lb	W_e	90 952				
最大速度/kn	V	472				
产量	Q	5	50	100	200	300
试飞飞机数	FTA	5				
总生产量×每架机发动机数	N_{eng}	10	100	200	400	600
发动机最大推力/lb	T_{max}	25 000				
发动机最大 Ma 数	M_{max}	0.82				
涡轮进口温度	$T_{turbine\ inlet}$	2 273				
航电成本/万美元	$C_{avionics}$	200				
工程研发工时费率/（美元/小时）	R_E	59.1				
工装工时费率/（美元/小时）	R_T	60.7	（含材料成本）			
质量控制工时费率/（美元/小时）	R_Q	55.4				
制造工时费率/（美元/小时）	R_M	50.1				
计算						
工程研发工时/万小时	H_E	1 107	1 611	1 804	2 019	2 157
工装工时/万小时	H_T	473	868	1 041	1 249	1 390
制造工时/万小时	H_M	474	2 075	3 235	5 045	6 542
质量控制工时/万小时	H_Q	63	276	430	671	870
研发支持成本/万美元	C_D	18 089	18 089	18 089	18 089	18 089
试飞成本/万美元	C_F	5 621	5 621	5 621	5 621	5 621
制造材料成本/万美元	C_M	6 721	42 311	73 617	128 085	177 091
发动机生产成本/万美元	C_{eng}	232	232	232	232	232
工程研发成本/百万美元		654	952	1 066	1 193	1 275
工装工时成本/百万美元		287	527	632	758	844
制造工时成本/百万美元		238	1 039	1 621	2 527	3 278
质控工时成本/百万美元		35	153	238	372	482
非重复成本/百万美元		1 179	1 716	1 935	2 189	2 356
重复成本/百万美元		373	1 947	3 259	5 508	7 523
总成本/百万美元		1 552	3 663	5 194	7 697	9 878
每架机成本/百万美元		310.3	73.3	51.9	38.5	32.9

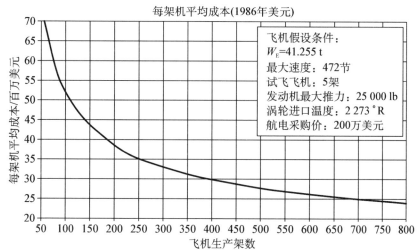

每架机平均成本(1986年美元)

飞机假设条件：
W_E=41.255 t
最大速度：472节
试飞飞机：5架
发动机最大推力：25 000 lb
涡轮进口温度：2 273°R
航电采购价：200万美元

图 3 - 8 兰德模型的算例 A 计算结果（1986 年，美国）

25 000 磅,涡轮进口温度 2 273°R,试飞飞机 5 架,航电采购价 200 万美元/架。

算例的 A 主要计算结果如下：包括 5 架试飞飞机在内的研发成本 15.52 亿美元(1986 年美元,不包含批生产后持续性的工程支持和工装支持成本)。研发总工时 2 118 万小时(不包含研发支持和试飞工时),若按研发周期 6 年、每人每年工作 250 天、每天工作 7 小时计算,需配置研发人员数平均每天 2 017 人。

(5) 兰德模型的推广。

当我们把兰德模型推广应用到中国飞机制造商的新机研发时,应注意到下述 4 点。

a. 前文我们提到,当飞机制造商启动一款新机型的研发时,假设飞机制造商已基本具备这款新机型研发的软件和硬件能力。这就是说,我们可以沿用兰德模型的研发工时数(即工程设计工时 H_E,工装工时 H_T,制造工时 H_M,质量控制工时 H_Q)的估算方法。

b. 研发人员的小时费率,应依据中国具体情况来确定。在下面的算例中,我们假设：研发人员的平均年薪为 15 万元(包括所有福利),每年工作 250 天、每天工作 7 小时,美元/人民币兑换率 6.1,计算得到小时费率为 14.05 美元/小时。考虑到间接费用和管理成本约与直接小时费率相当。因此,总小时费率取 28 美元/小时。

c. 中国飞机制造商新机研发时,材料、系统和成品将在国际市场采购,因此,C_M(制造材料成本)和 C_{eng}(发动机生产成本)可以继续沿用兰德模型的估算方法,但应考虑消费者价格指数(CPI)修正。根据表 3 - 4 我们得到：$(CPI)_{2013年} = 233$,$(CPI)_{1986年} = 109.6$,把 1986 年的计算结果修正到 2013 年,CPI 修正系数为 2.13。

d. C_D(研发支持成本)和 C_F(试飞成本)既涉及人工成本,也涉及材料成本。材

料成本因 CPI 修正而增加 2.13 倍,而中国的人工小时费率不足欧美的 30%。在缺乏可信的分析方法之前,我们粗略地认为,两者影响大致相互抵消,可以继续沿用兰德模型的估算方法而不作任何修正。

表 3-6 和图 3-9 显示了兰德模型的模拟算例 A 的计算结果。算例 A 中的飞机构型与图 3-7 完全相同,但对应于 2013 年中国的新机研发条件。主要计算结果如下:包括 5 架试飞飞机在内的研发成本 10.62 亿美元(2013 年美元,不包含批生产后持续性的工程支持和工装支持成本)。研发总工时 2 118 万小时(不包含研发支持和试飞的工时),若按研发周期 6 年、每人每年工作 250 天、每天工作 7 小时计算,需配置的研发工作人数平均为每天 2 017 人。如果给出了每架机的平均销售收益,可以在图 3-9 上确定出该研发项目的盈亏平衡点。

表 3-6 兰德模型的算例 A 计算结果(2013 年,中国)

输入参数							
空重/磅(lb)	W_e	90 952					
最大速度/节(kn)	V	472					
产量	Q	5	50	100	200	300	400
试飞飞机数	FTA	5					
总生产量×每架机发动机数	N_{eng}	10	100	200	400	600	800
发动机最大推力/lb	T_{max}	25 000					
发动机最大 Ma 数	M_{max}	0.82					
涡轮进口温度/°R	$T_{turbine\ inlet}$	2 273					
航电成本/万美元	$C_{avionics}$	425.1					
工程研发工时费率/(美元/小时)	R_E	28					
工装工时费率/(美元/小时)	R_T	32(含材料成本)					
质量控制工时费率/(美元/小时)	R_Q	28					
制造工时费率/(美元/小时)	R_M	28					
计算结果							
工程研发工时/万小时	H_E	1 107	1 611	1 804	2 019	2 157	2 261
工装工时/万小时	H_T	473	868	1 041	1 249	1 390	1 499
制造工时/万小时	H_M	474	2 075	3 235	5 045	6 542	7 867
质量控制工时/万小时	H_Q	63	276	430	671	870	1 046
研发支持成本/万美元	C_D	18 089	18 089	18 089	18 089	18 089	18 089
试飞成本/万美元	C_F	5 621	5 621	5 621	5 621	5 621	5 621
制造材料成本/万美元	C_M	14 286	89 933	156 474	272 248	376 411	473 683
发动机生产成本/万美元	C_{eng}	493.2	493	493	493	493	493

（续表）

工程研发成本/百万美元	310	451	505	565	604	633
工装工时成本/百万美元	152	278	333	400	445	480
制造工时成本/百万美元	133	581	906	1 413	1 832	2 203
质量控制工时成本/百万美元	18	77	120	188	244	293
非重复成本/百万美元	698.5	966	1 075	1 202	1 286	1 350
重复成本/百万美元	364	2 263	4 002	7 146	10 074	12 878
总成本/百万美元	1 062	3 229	5 078	8 348	11 360	14 228
每架机成本/百万美元	212.5	64.6	50.8	41.7	37.9	35.6

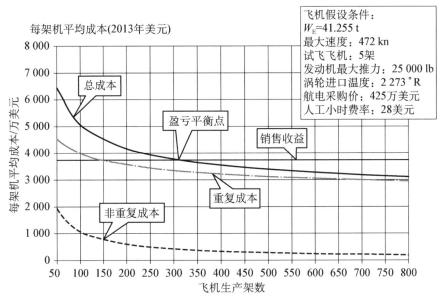

图 3-9　兰德模型的算例 A 计算结果（2013 年，中国）

4）飞机研制成本分析方法：麻省模型

麻省理工学院航空航天计算设计实验室的 Karen Willcox 和 Jacob Markish 提出的飞机研制成本分析方法，此处称之为"麻省模型"[6,7]，实际上是在兰德模型基础上的一种延伸。麻省模型以一些现役商用喷气飞机的实际研发成本统计数据分析为基础，把利用兰德模型得到的研发和制造成本，进一步分解到各结构部件和成本单元上，以便把研发和制造成本评估应用于飞机的优化设计分析。该模型还探讨了研发过程中成本（或工时）随时间变化的分布形态，考虑了熟练曲线对制造成本的影响。因此，麻省模型对于多个单位共同参与新机研发、合理控制研发和生产成本，具有一定的参考价值。

应该顺便提及的是,在兰德模型中,使用空重和最大速度是估算飞机研制成本的两个基本技术参数。现代商用喷气飞机的最大速度差异不大,因而麻省模型略去了速度因素,仅利用使用空重来估算飞机研制成本,因为重量是唯一与飞机所有部件研发和制造相关联的核心技术参数。

下面对麻省模型及其应用做一简要介绍。

(1) 飞机按组/部件分解成若干个成本模块。

如图3-10所示,飞机按组/部件分解成若干个成本模块。根据需要可以多层次分解。例如,机翼可以进一步分解为中央翼、外翼和翼尖等。

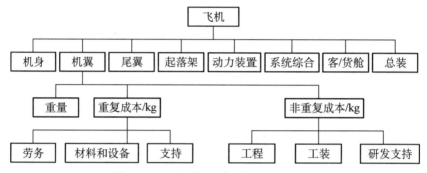

图3-10 飞机按组/部件分解成本模块

应该注意到,总装和系统综合虽然不是真正的"组/部件",却是重要的成本构成部分,因而列为单独的成本模块。总装的"重量",对应于"飞机使用空重",系统综合所对应的"重量"是所有系统重量的总和,"动力装置"重量包括发动机、短舱和挂架,"客货舱"重量包括客货舱内安装的系统和成品。

(2) 对于每个成本模块,确定单位重量的非重复成本。

各成本模块的单位重量的非重复成本,可利用过去项目历史数据的回归分析来确定。然后依据项目开发的实际情况,应用"修正因子"(例如,新技术因子、复杂性因子、复合材料因子和共通性因子等)做适当修正。如表3-2所示系列化研发非重复成本降低因子和表3-3显示的新材料工时修正因子可供参考。

图3-11显示了商用飞机各组部件重量占全机使用空重比例的统计平均值(数据来源包括MD82、DC-10-30、B737-200、B747-100和A300-B2等机型)。图3-12显示了商用飞机按部件分解的非重复成本的统计平均值。

我们仍然采用前述算例A来分析。飞机使用空重41.255 t,利用图3-10可以把使用空重分配到各组部件上。从表3-6的兰德模型的算例A计算结果得到算例A的非重复成本(不包括5架试飞飞机)为6.985亿美元,利用图3-12可以把非重复成本分配到各组部件。于是,我们可得到如表3-7所示的、基于喷气客机研发成本统计数据分析的、按部件的单位重量非重复成本。

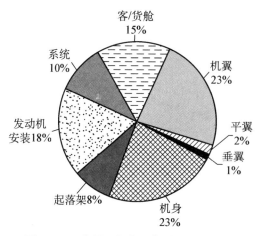

图 3-11　商用飞机各组部件重量占全机
　　　　　使用空重比例的统计平均值

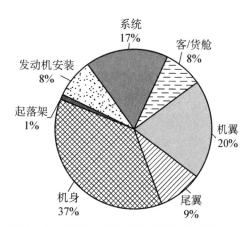

图 3-12　商用飞机按部件分解的非重复
　　　　　成本统计平均值

应当说明的是,在分析中,算例 A 的非重复成本似乎"漏"了持续性工程研发和工装支持的非重复成本。这部分非重复成本与产量有关,只能在重复成本分析中考虑。

表 3-7　算例 A 单位重量的非重复成本

部件	工程设计 60.0%	制造工程 10.0%	工装设计 6.0%	工装制造 16.0%	试飞 8.0%	总计
						单位:美元/公斤
机翼	8 834	1 472	883	2 356	1 178	14 723
尾翼	30 476	5 079	3 048	8 127	4 064	50 794
机身	16 342	2 724	1 634	4 358	2 179	27 237
起落架	1 270	212	127	339	169	2 116
发动机安装	4 515	753	452	1 204	602	7 525
系统	17 270	2 878	1 727	4 605	2 303	28 783
客/货舱	5 418	903	542	1 445	722	9 030

表 3-7 显示的各部件"单位重量非重复成本"按适当比例又进一步分配到下述五个研发成本单元上:工程设计、制造工程、工装设计、工装制造和试飞。由于中国航空业的工时成本与欧美有较大差异,非重复成本的分配比例未采用"麻省模型"给出的值,而是采用表 3-6 的兰德模型的计算结果,并把"研发支持成本"归入"工程设计成本"。各成本单元的定义如下:

a. 工程设计:机体设计/分析,构型控制,系统综合,研发支持。

b. 制造工程:把工程设计图样转化为生产制造图样。

c. 工装设计：型架、工夹具、模具和量具等的设计。

d. 工装制造：型架、工夹具、模具和量具等的制造。

e. 试飞验证。

（3）熟练曲线影响。

在重复成本计算中，应考虑熟练曲线影响。随着生产架数的增加，每架机的生产加快，材料浪费减小，重复成本降低，这就是熟练曲线影响。熟练曲线的计算方程如下：

$$Y_X = Y \cdot X^n$$

式中：Y——生产首架飞机的工时数（或成本）；

Y_X——生产第 X 架飞机的工时数（或成本）；

X^n——生产第 X 架飞机的熟练曲线系数；

n——$n = \log b / \log 2$；

b——熟练曲线因子。b 的典型值：制造取 0.9，装配取 0.75，材料取 0.98。$b = 0.9$ 的含义是：产量每翻一番，生产时间（或成本）按因子 0.9 降低。

图 3-13 显示了典型的熟练曲线。熟练曲线对重复成本有重要影响，因此受到制造商的重视。熟练曲线因子与员工的素质、团队合作和稳定、竞争机制、技术培训及生产管理等诸多因素有关。

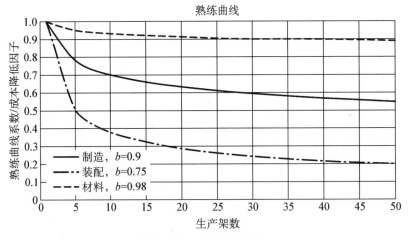

图 3-13 典型熟练曲线

（4）对于每个成本模块，确定单位重量的重复成本。

与单位重量的非重复成本分析一样，各成本模块的单位重量重复成本，可利用过去项目历史数据的回归分析来确定。然后依据项目开发的实际情况，应用"修正因子"(例如新技术因子、复杂性因子和复合材料因子等)做适当修正。如图 3-14 所示,商用飞机按部件分解的重复成本的统计平均值。

　　由于熟练曲线影响,重复成本分析,首先要确定出首架机的重复成本,然后计算出随后生产中每架机的重复成本。麻省模型并不直接利用兰德模型的首架机重复成本计算结果,而是利用兰德模型前 100 架飞机的重复成本计算结果,利用假设的熟练曲线因子 b (制造取 0.85,材料取 0.95,其他取 0.95)和前一节"熟练曲线影响"中给出的公式,导出第 100 架飞机的重复成本,然后反推出首架机的重复成本。对于算例 A,首架机重复成本的分析结果是 4 762 万

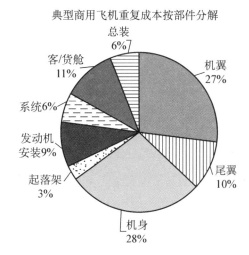

图 3-14　商用飞机按部件分解的重复成本统计平均值

美元。应该注意到,在分析计算中我们已加进了在非重复成本计算中"漏"掉的持续性研发和工装支持的重复成本。

　　利用图 3-14 可以把使用空重分配到各组部件上,但增加了一个"总装"的组/部件,总装所对应的"重量"是"使用空重"。利用图 3-14 把首架机重复成本分配到各组部件,于是,我们可得到如表 3-8 所示的、基于喷气客机制造成本统计数据分析的、按部件的首架机单位重量重复成本。

　　表 3-8 中各部件"单位重量重复成本"按适当比例又进一步分配到下述 3 个重复成本单元上:劳务成本、材料成本和其他成本。由于中国航空业的工时成本与欧美有较大差异,重复成本的分配比例未采用麻省模型给出的值,而是利用兰德模型前 100 架飞机的重复成本计算结果反推出首架机的重复成本,各成本单元的定义如下:

表 3-8　算例 A 首架机单位重量的重复成本

部件	劳务 43%	材料 43%	其他 14%	总计
	单位:美元/千克			
机翼	589	581	185	1 355
尾翼	1 673	1 651	525	3 848
机身	611	603	192	1 405
起落架	188	186	59	433
发动机安装	251	248	79	577

（续表）

部件	劳务 43%	材料 43%	其他 14%	总计
	单位：美元/千克			
系统	301	297	94	693
客/货舱	368	363	115	847
总装	30	30	9	69

a. 劳务成本：制造；装配；总装。

b. 材料成本：原材料；外购产品和设备（发动机和航电系统除外）。

c. 其他：质量控制；持续性研发和工装支持。

（5）飞机研发成本（非重复成本）和首架机制造成本（重复成本）。

依据算例 A 的部件重量假设和表 3 - 7 的单位重量非重复成本，可以得到如表 3 - 9 所示的非重复成本的分配结果。显然，试飞等研发成本不能按部件拆分，所列有关数据无实际意义。依据算例 A 的部件重量假设和表 3 - 8 的单位重量重复成本，可以得到如表 3 - 10 所示的重复成本的分配结果。

各组部件和成本单元的非重复成本和重复成本分配，对于多个单位共同参与新机研发，合理控制研发和制造成本，有实际参考意义。

从表 3 - 9 得出的算例 A 的研发成本是 7.153 6 亿美元，从表 3 - 10 得出的算例 A 的首架机重复成本是 4 663 万美元，与兰德模型得到的结果相比有所差异。麻省模型在兰德模型的基础上进一步考虑了各组部件重量和成本的影响，理论上可信性应该更高些。

表 3 - 9　算例 A 非重复成本的分配

部件	重量/kg	工程设计 60%	制造工程 10%	工装设计 6%	工装制造 16%	试飞 8%	总计 100%	研发成本比例/%
		单位：万美元						
机翼	8 800	7 774	1 296	777	2 073	1 036	12 956	18
尾翼	1 080	3 291	549	329	878	439	5 486	8
机身	8 900	14 545	2 424	1 454	3 879	1 939	24 241	34
起落架	2 275	289	48	29	77	39	481	1
发动机安装	7 500	3 386	564	339	903	452	5 644	8
系统综合	5 700	9 844	1 641	984	2 625	1 313	16 406	23
客/货舱	7 000	3 793	632	379	1 011	506	6 321	9
总计	41 255	42 921	7 154	4 292	11 446	5 723	71 536	100

表 3‐10　算例 A 首架机重复成本的分配

组部件	重量/kg	劳务	材料	其他	总计 单位：万美元	重复成本比例/%
机翼	8 800	518	512	163	1 193	26
尾翼	1 080	181	178	57	416	9
机身	8 900	544	537	170	1 251	27
起落架	2 275	43	42	13	98	2
发动机安装	7 500	188	186	59	433	9
系统	5 700	172	169	54	395	8
客/货舱	7 000	258	254	81	593	13
总装	41 255	124	123	39	286	6
总计		2 027	2 001	636	4 663	100

（6）盈亏平衡点分析。

根据前面一节的非重复成本和重复成本计算结果，可以得到如图 3‐15 所示的图线。飞机销售量越大，每架飞机分摊的非重复成本将越低；因熟练曲线斜率（熟练曲线因子 b：“劳务”和“其他”取 0.85，“材料”取 0.95）的影响，随着飞机销售量的增加，每架飞机的重复成本也降低。因此，随着产量的增加，单机总成本是下降的。在图 3‐15 上画出了销售收益线，平均销售收益的假设如表 3‐11 所示。于是可以在图中确定出飞机的盈亏平衡销售量。

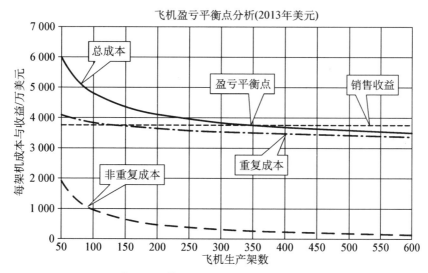

图 3‐15　麻省模型的算例 A 计算结果（2013 年《中国经济环境》）

表 3 - 11 算例 A 的平均销售收益假设

平均销售收益分析		备　注
单机基本价格/万美元	4 200	依据竞争定价方法确定飞机基本价格
成交价平均折扣/折让率	5%	包括：市场促销、启动客户折让、订单量折让、附加折让和特别折让等
销售成本	0.2%	包括国内外销售代理、销售机构和销售推广的支出
飞机交付费用	0.20%	包括客户接待和飞机移交中的各种费用
销售中的索赔和诉讼费等	0.0%	
客户服务支出	5%	包括客户培训、技术支持和现场服务等
单机平均销售收益/万美元	3 763	飞机售价—销售成本、成交折扣和售后费用

盈亏平衡点的含义是，在该点上制造商的成本投入与飞机销售收益相等。飞机项目投资者希望盈亏平衡销售量尽可能的低，飞机售价取决于市场不取决于制造商，因此制造商要求尽可能地压缩成本投入。

这里的盈亏平衡点分析，仅仅是基于现值的简单的"静态"分析。实际的盈亏平衡点分析要复杂得多，必须考虑项目的研制周期、投资收益率、CPI 引起的飞机销售价的变化和项目的市场前景等诸多动态的不确定因素。尽管如此，这种"静态"盈亏平衡点分析有许多实用价值，可以用于各种参数敏感性的快速分析。例如，先进技术的采用，飞机销售价格的评估，发动机和系统采购价的变化，员工的素质对熟练曲线斜率的影响，客户服务的成本，都可以通过盈亏平衡点分析来判断对新机项目的影响。

（7）非重复成本随时间变化的分布形态。

商用喷气客机项目从项目启动到首架飞机交付的研发周期约为 5～6 年，项目管理人员希望知道在研发周期内研发成本（工时或现金流）按时间的分布需求。麻省模型依据以往喷气客机研发项目的非重复成本分布形态的统计数据，对于每一个成本单元（工程设计、制造工程、工装设计、工装制造和试飞），采用正态分布曲线方程简化描述为

$$c(t) = K\, t^{\alpha-1}(1-t)^{\beta-1}$$

式中：t——无量纲时间；

　　$c(t)$——无量纲成本；

　　K——各成本单元的权重（%总非重复成本）；

　　α,β——常数，描述各成本单元成本分布形态的形状参数。

表 3 - 12 显示了算例 A 非重复成本分布形态的有关参数。α、β、各成本单元的起始时间和持续时间，来自以往喷气客机研发项目非重复成本分布形态的统计数据。K 取自表 3 - 7。

表 3‑12 算例 A 非重复成本分布形态的有关参数

	工程设计	制造工程	工装设计	工装制造	试飞
权重/(%总非重复成本)	0.6	0.1	0.06	0.16	0.08
起始时间	0	0	0.22	0.27	0
持续时间	1.00	0.85	0.45	0.50	1.00
α	2.2	2.5	3.5	3.0	1.5
β	3.0	3.0	3.0	3.0	1.5

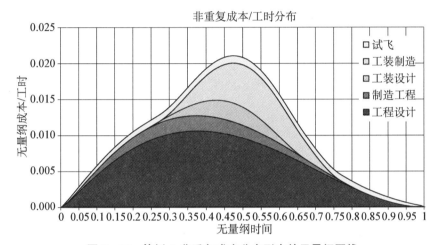

图 3‑16 算例 A 非重复成本分布形态的无量纲图线

图 3‑16 显示了算例 A 非重复成本分布形态的无量纲图线,图 3‑17 显示了相应的"S"形累积曲线。无量纲图线经简单转换,就可以得到实际的"时间‑非重复成本"图线。假设研发周期预计为 6 年(即 72 个月),将图 3‑16 的横坐标分为 72 等

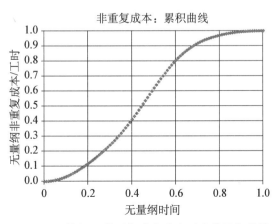

图 3‑17 算例 A 非重复成本分布形态的累积曲线

分,每一等分对应于1个月,所对应各成本单元的无量纲成本数(纵坐标)乘以总非重复成本,就是该月各成本单元的研发成本需求。

参考文献

[1] 萨缪尔森. 诺德豪斯. 经济学[M]16版. 萧琛,译. 北京:华夏出版社,1999.

[2] Harrison Glennon J. Challenge to the Boeing-Airbus Duopoly in Civil Aircraft:Issues for Competitiveness [R]. Congressional Research Service,July,2011.

[3] Cost Analysis Improvement Group,Office of the Secretary of Defense,USA. Operating and Support Cost-Estimating Guide [S]. October 2007.

[4] Hess RW Romanoff,et al. Aircraft Airframe Cost Estimating Relationships [M]. Rand Corp.,Rept. R-3255-AF,Santa Monica,CA,1987.

[5] Raymer Daniel P. Aircraft Design:A Conceptual Approach [M]. AIAA Education Series,1989.

[6] Markish J. Valuation Techniques for Commercial Aircraft Program Design [M]. S. M. Thesis,MIT,June 2002.

[7] Willcox Karen. Aircraft Systems Engineering:Cost Analysis [M]. MIT Aerospace Computational Design Laboratory,Sep. 2004.

4 飞机直接运行成本分析方法

4.1 飞机直接运行成本分析的意义

在航空公司引进飞机的购机投资-效益评估中,在飞机制造商的飞机优化设计中,都把飞机直接运行成本分析方法,作为飞机经济性分析的基本工具。

1) 飞机直接运行成本分析是航空公司购机投资-效益评估的基础

航空公司引进飞机,并保证飞机正常运行,需要巨额资金投入,航空公司的投资和融资安排,除了要满足引进飞机本身的资金需求外,还要满足各种后续投资(购买初始备件和备份发动机、购买飞行训练模拟器、改建或扩建机库等)的需求,涉及各类非运营业务的统筹规划和投入(机务维修业务的扩展或转包、飞行训练模拟器培训和飞行员培训的扩展或转包、被置换飞机的出租或出售等);航空公司必须评估飞机引进引起的机队变化和网络效应对航空公司未来的市场、成本和收益带来的各种影响,评估新机型的期末残值,甚至包括预测通货膨胀、货币汇率和油价变化可能带来的利弊。在这些颇为复杂的投资-效益评估中,与飞机技术性能直接有关的飞机运行成本和收益分析,是航空公司飞机选型决策的核心环节,是航空公司购机投资-效益评估的基础。

不同的航空公司的运营环境和商业模式有所不同,同一款机型在不同的航空公司运营可能有不同的成本和收益。如果把与机型运行无关或关系不大、但与运营环境和商业模式关系密切的"间接运行成本"分离出去,形成"飞机直接运行成本分析"模型,那么,这样的分析模型对于各类航空公司普遍适用,不局限于某种运营环境或商业模式,可以更为清晰地反映飞机本身的优劣和设计特点,有利对不同的机型进行对比分析。因此,航空公司普遍采用"直接运行成本分析"作为飞机经济性分析的基本方法。

2) 飞机直接运行成本分析是飞机制造商飞机设计优化的工具

某新型复合材料用于飞机主结构,将带来减重和降低维修成本的好处,但引起采购成本的提高;安装某高涵道比涡扇发动机,高涵道比将降低耗油率,但大的风扇直径要付出阻力和重量的代价。对这些设计技术问题的决策，飞机设计师往往以客户运行成本最低为基本设计准则，综合权衡和优化各设计参数对运行成本的影响。飞机直接运行成本分析方法，把与运营环境和商业模式关系密切，但与机型运行无关或关系不大的"间接运行成本"分离出去。这样，能够直接反映出飞机各种设计参数（飞机结构重量、飞行速度、发动机推力、气动阻力和油耗、可靠性和维修性设计等）对飞机运行经济性的定量影响，因而它作为飞机制造商设计优化和竞争分析的一种基本工具得到广泛的应用。

事实上，飞机直接运行成本分析方法是这样一种数学模型，它建立起了飞机主要技术参数（飞机的座位数或商载、起飞和着陆重量、航程和相应的耗油及航时、维护性和可靠性等）、航空公司的主要运行参数（机队规模、年利用率、上座率和航段距离等）、经济环境参数（飞机起降费、地面操作费和导航费的收费标准、维修劳务费率和燃油价格等）、与飞机各项直接运行成本之间的函数关系，能够在设定的条件下对飞机的直接运行成本做出分析，评估飞机的经济性。

4.2　飞机运行成本的分类

飞机总运行成本（total operating cost，TOC）可划分为两类：一类是与机队运行有关的成本，主要取决于飞机的设计，称为"直接运行成本"（direct operating cost，DOC）；另一类是与机队运行无关或关系不大、但与运营环境和商业模式关系密切的成本，主要取决于航空公司的运营，称为"间接运行成本"（indirect operating cost，IOC）。建立飞机直接运行成本分析模型，首先要确定哪些运行成本是直接运行成本。

"直接运行成本"与"间接运行成本"的分类看似简单，但航空运输业界并无统一和明确的定义可遵循。表4-1、表4-2和表4-3分别列出了国际民航组织（International Civil Aviation Organization，ICAO）、欧洲航协（Association of European Airlines，AEA）和美国航协（Air Transport Association of America，ATA）规定的航空公司成本分类。这3个分类法都不把购机的贷款付息纳入运行成本，从飞机运营人的角度来看，购机产生的贷款付息是融资的需要，贷款条件与飞机的运营效能并无关联，是一种非运行成本项目。这3个分类法都把有关旅客、行李、航站和地面服务的成本列入间接运行成本，在ATA的直接运行成本项目中，甚至不包含机场收费和导航收费，这样使得飞机直接运行成本分析变得相对简单。但是，在与旅客、行李、航站和地面服务成本中，有一部分是与飞机设计有关的直间接运行成本，多数航空公司都关注设计对它们的影响。

表4-1 国际民航组织(ICAO)的航空公司成本分类

运行成本	直接运行成本	航班运行 ● 机组工资和费用 ● 飞机燃油和滑油 ● 飞行设备保险 ● 飞行设备租金 ● 机组培训 ● 其他飞行费用
		维修和大修
		折旧和分摊 ● 飞行设备 ● 地面资产和设备 ● 其他
	非直接运行成本	使用费和航站费用 ● 着陆费和有关机场收费 ● 航路设备收费 ● 航站费用
		旅客服务
		订票、销售和推广费用
		综合管理费
		其他运行费用
非运行成本	资产退役导致的收益或损失	
	净利息支付	
	附属公司的收益或损失	
	政府补贴支付	
	其他非运行成本项目	

表4-2 欧洲航协(AEA)的航空公司运行成本分类

直接运行成本	间接运行成本
空勤 航油和滑油 飞行设备保险 维修和大修 折旧 租金 机场收费 导航收费	航站和地面费用 空乘 旅客服务 商载保险 订票和销售推广 综合管理

表 4‑3 美国航协（ATA）FORM41 规定的航空公司成本分类

管理类成本		● 所有人员（综合管理人员、飞行人员、机务维修人员和其他人员）的工资、附加福利（如年金、教育、医疗、休养和退休安排）和工资税 ● 器材和材料（燃油、滑油、部件、旅客餐食及其他）采购费 ● 服务项目（广告和促销、通信、保险、维修、佣金及其他）采购费 ● 着陆费、租金、折旧及其他费用
功能类成本	飞机运行（直接运行成本）	● 飞行操作：空勤成本、燃油成本 ● 维修成本：日常维修和定检的劳务和材料成本 ● 机体和发动机大修成本 ● 折旧和摊销成本
	地面运行	● 飞机地面操作和着陆费 ● 旅客、行李和货物的机场服务费 ● 促销和机票销售费（机票预定、售票处和旅行社佣金等）
	系统运行	● 旅客服务费（旅客餐食、空中服务和乘务员成本） ● 广告和宣传 ● 综合管理费 ● 与获得收益有关的运输成本（支付给支线航空合作伙伴的费用、额外行李费用和其他杂项管理费）

各个航空公司习惯于使用自己的成本细分方法。它们通常对"直接运行成本"与"间接运行成本"的分类兴趣不大，而是从财务管理的角度出发，把运行成本划分为"固定成本"和"变动成本"两类。随运输量（飞行小时、起降数、运输周转量或旅客数）变化的成本称为"变动成本"，不随运输量变化的成本称为"固定成本"。中国航空公司运行成本的典型分类，如表 4‑4 所示。

表 4‑4 中国航空公司运行成本的典型分类

变动成本	固定成本
燃油成本	飞机和发动机折旧
机务维修成本	高价件折旧
起降成本	飞机租金
餐食/机供品成本	发动机租金
客舱服务费	保险费
民航基金	租机利息
飞行小时费	空勤人工成本
驻组相关成本	飞行训练费
航班延误费	销售成本
行李货物邮件赔偿费	综合管理成本
代理手续费	其他固定成本
电脑订座费	
联程航班食宿费	
湿租飞机变动成本	

从表4-4可知,从财务管理的角度出发编制的运行成本统计数据,难以直接用于机型经济性评估或机队规划的目的,这不仅是因为在运行成本统计数据中并未清晰界定直接运行成本和间接运行成本,而且有些成本项目是整个机队统筹管理和安排的,难以按机型或航班核算或分摊运行成本。

ATA于1944年公布了首个得到广泛认可的飞机直接运行成本估算方法,其最终修订版是1967年公布的,简称ATA67方法。ATA67方法评估的直接运行成本仅包括美国航空市场所关注的基本项目:空勤、燃油和滑油、机体保险、维修和折旧,因此该方法的适用范围仅限于进行机型的比较分析。后来出现的各种飞机直接运行成本估算方法,对直接运行成本项目做了较大的合理扩充,增加了贷款付息、起降费、导航费和空乘成本等,使得航空公司的机队规划人员和飞机制造商的设计师们能够更为详细地分析飞机技术性能与运行成本的关系,对飞机的经济性做出更为全面的判断。

表4-5列出了用于直接运行成本分析的典型成本分类,本章将对该表所列的直接运行成本项目进行逐项讨论。在表4-5中,"民航发展基金"是中国航空市场特有的直接运行成本项目。

表4-5   用于直接运行成本分析的典型成本分类

直接运行成本	间接运行成本
财务成本	航站和地面费用
● 利息	商载保险
● 折旧	订票和销售推广
● 保险	综合管理
燃油成本	
飞行机组成本	
客舱空乘成本	
维护成本	
● 机体维护材料成本	
● 机体维护工时成本	
● 发动机维护材料成本	
● 发动机维护工时成本	
机场收费	
地面服务费	
导航费	
餐饮费	
民航发展基金	

4.3 与运行成本分析有关的设计参数简述

飞机良好的经济性来自出色的设计。飞机直接运行成本与飞机的设计之间存在着紧密的联系,因而在讨论飞机直接运行成本分析方法之前,深入了解那些影响直接运行成本的主要设计参数,是有益的、也是必要的,它们是建立成本分析模型的基础。这些设计参数包括:飞机设计重量、轮挡性能、商载航程、起降性能和客舱布置等。

1) 飞机设计重量

虽然今天的飞机优化设计准则,已从早期的"最低重量"转变为"最低 DOC",但是作为重于空气的飞行器,重量仍然是飞机设计的核心参数,对飞机经济性至关重要。飞机各设计重量定义如图 4-1 所示,简述如下:

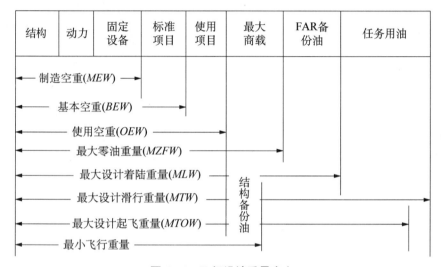

图 4-1　飞机设计重量定义

(1) 制造空重(manufacturer's empty weight,MEW)。

$$MEW = 机体结构重量 + 动力装置重量 + 内设和系统设备重量$$

在飞机初步设计阶段,飞机构型和客户需求存在许多不确定性,机型评估时往往会在初步给定的 MEW 的基础上增加 1%,以适当考虑可能发生的变化。

(2) 基本空重(basic empty weight,BEW)。

$BEW=MEW+标准项目$

"标准项目"指的是那些难以归属特定飞机构型的某个系统、相对独立的重量项目,相同飞机构型,它们是固定的。通常包括:不可用燃油和液体、发动机和 APU 滑油、厕所液体和化学品、灭火器和应急氧气设备、厨房和餐柜的结构、附加电子设备等。BEW 实际上是客户化之前的飞机总重。

(3) 使用空重(operating empty weight,OEW)。

$OEW=MEW+标准项目+使用项目$

"使用项目"指的是运营商运营所必须携带的人员、设备和物品(含买方采购设备）。通常包括：空勤、空乘及其行李、手册和导航设备、客舱和厨房可拆卸的使用设备（如旅客座椅和厨房插件）、食品和饮料、有效载荷之外的可用液体（如厨/厕用水）、防护性供氧设备、氧气瓶和面罩、救生筏/救生背心和应急发射器、货物装卸系统和集装箱等。许多制造商也把标准项目和使用项目合并统称为使用项目。表 4-6 以 A320 系列飞机为例说明了使用空重和使用项目。不同的航空公司有不同的运营目标，可能选择不同的使用项目，因而同一机型飞机的使用空重可能不同。

表 4-6 使用空重和使用项目实例（A320 系列飞机）

单位：kg	A318	A319	A320-200	A321
MEW	35 750	36 587	37 646	42 394
座位数	124	134	164	199
不可用燃油	65	65	65	70
发动机、APU、IDG 滑油	63	53	53	53
厨/厕用水	93	101	123	150
废物箱	10	10	10	10
文件工具包	19	19	19	19
旅客座椅（含救生衣）	1 302	1 407	1 722	2 090
厨房结构	230	230	230	330
食品	496	536	656	800
应急设备	235	247	250	322
撤离设备	185	185	185	250
防护性供氧设备	10	12	12	14
氧气瓶和面罩	12	16	16	16
灭火瓶	7	9	9	12
扩音器	3	3	3	3
手电	2	2	2	3
应急斧	1	1	1	1
急救包	7	7	7	7
空勤/空乘/儿童/备份救生衣	11	12	15	16
空勤/空乘重量	395	470	470	620
使用项目总计	3 146	3 385	3 848	4 786
OEW	38 661	39 725	41 244	46 858
MZFW	53 000	57 000	61 000	71 500
最大商载	14 339	17 275	19 756	24 642

使用空重是飞机装载有效负荷之前的重量，因而也称为"废重"。它在一定程度上体现出飞机的运载能力，与飞机售价存在某种程度的相关性（见图 4-2）。利用这种相关性，可以对飞机价格做出粗略判断。

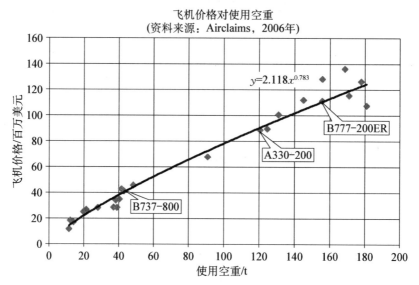

图 4-2　飞机使用空重与价格的关系

在服役过程中,飞机会因积攒污垢、机体维修、客舱改装、新适航条例要求的改装,以及执行服务通告等因素引起使用空重增加,机体会因表面污损和变形引起气动阻力增加,发动机的推力和耗油特性也会衰退,因此,在飞机直接运行成本分析中,分析人员往往会在给定的 OEW 的基础上增加 2% 的余度,以便模拟飞机使用到中等寿命时的经济性。

（4）最大设计零油重量（maximum design zero fuel weight，MDZFW）。

最大设计零油重量定义为可用燃油（或其他特定的可用液体）在飞机指定部位装载之前允许的飞机最大重量。它是机身壳体和中央翼结构的设计重量。在结构分析中,允许用"结构备份油"来减轻载荷。此时,飞机的最小飞行重量＝使用项目＋结构备份油重量。

最大设计零油重量的技术含义可以这样来理解:飞机在空中时,由左右机翼的升力来平衡全机重量,升力在翼根处产生巨大的弯矩。当机翼内油箱有燃油时,燃油重力方向与升力方向相反,可减小翼根处的弯矩。因此,零燃油状态是最临界的结构设计状态,它限制了飞机的商载能力。

依据定义,最大商载＝MZFW－OEW。也就是说,如果增加 OEW,商载能力将降低。假设航空公司打算运营九寨沟航线（机场标高 3 448 m）,飞机需要进行高原改装（包括改装刹车系统和加装旅客应急氧气系统等）,OEW 将增加 200 kg,那么飞机商载能力将相应降低 200 kg,航空公司要付出经济代价。

（5）最大设计起飞重量（maximum design takeoff weight，MDTOW）。

最大设计起飞重量定义为起飞滑跑起点处的飞机结构允许的飞机最大重量。

飞机交付给航空公司时,飞机的推力、航程和客座数可能按客户要求作调整,把这一重量改称为"最大起飞重量"(MTOW)。飞机运营时的机场收费,通常以 MTOW 为基准来征收的。

起飞重量可能进一步受到跑道长度、道面承载能力(以"着陆载荷等级"表示)、机场高度、环境温度和障碍物等因素的限制。一旦机场条件限制了起飞重量,将限制飞机的商载或航程,严重影响飞机的经济性。因此,机场适应性是飞机经济性评估的重点之一。

(6) 最大设计滑行重量(maximum design taxi weight, MDTW)。

最大设计滑行重量是受到飞机强度和适航要求限制的飞机地面机动时的飞机最大重量,是飞机在静态和地面转弯模态下起落架及支撑结构的设计重量。

(7) 最大设计着陆重量(maximum design landing weight, MDLW)。

最大设计着陆重量是受到飞机强度和适航要求限制的着陆时飞机最大重量,是飞机在着陆下沉模态下(设计下沉率通常取 10 ft/s)起落架及支撑结构、襟翼及支撑结构、部分机翼、平尾、后机身的设计重量。飞机交付给航空公司时,飞机的推力、航程和客座数可能按客户要求作调整,把这一重量改称为"最大着陆重量"(MLW)。

着陆重量可能进一步受到跑道长度、道面承载能力(以"着陆载荷等级"表示)、机场高度、环境温度和障碍物等因素的限制。一旦机场条件限制了着陆重量,将限制飞机的商载或航程,严重影响飞机的经济性。

2) 任务飞行剖面、备份油和轮挡性能

与追求高性能的军机不同,强调安全性的民用客机是按照经适航批准的任务飞行剖面和备份油政策来执行航班飞行的,并由此得到飞行的航程、时间和耗油等与运行成本有关的性能数据,飞机气动设计、结构设计和动力设计的优劣,将最终体现在这些数据上。

(1) 任务飞行剖面(mission flight profile)。

民用飞机典型任务飞行剖面如图 4-3 所示,飞行剖面的各阶段的要求说明如下。

A. 暖机和滑出。发动机的工作状态是"地面慢车"。

B. 起飞和初始爬升至 1 500 ft(1 ft=0.304 8 m)。发动机以"正常起飞"状态工作。

C. 从 1 500 ft 爬升至初始巡航高度。飞机通常以《飞行手册》规定的爬升速度程序爬升,发动机工作状态为"最大爬升"。对于喷气飞机来说,飞行高度 1 500～10 000 ft 时,爬升速度通常为 250 kn(校正空速)(接近于爬升梯度最大的速度);飞行高度 10 000 kn 以上时,爬升速度通常为 280～300 节(校正空速)(接近于爬升率最大的速度),直至达到巡航 Ma 数。

D. 以选定速度和飞行高度层巡航。巡航速度的选择对飞机油耗和运行经济性带来影响。当选择"最大航程巡航速度"(maximum range cruise speed)时,省油但航时较长,对运行经济性并不是最佳选择;当选择"远程巡航速度"(long-range cruise speed,LRC)时,单位航程巡航耗油将增加 1‰,但巡航速度将明显提高,接近于最佳运行经济性,在 DOC 分析中,通常采用 LRC 巡航方式;在出现航班延误时,飞行员可能选择"最大速度巡航"(maximum cruise speed),此时耗油率将明显增加。巡航高度层的选择也对飞机油耗和运行经济性带来影响。巡航高度越高越省油,但是,民航飞机的巡航高度必须符合飞行高度层配备的规定,而且巡航高度层的选择必须满足下述适航要求:在所选择的高度层上,飞机具有足够的全发爬升能力(支线机要求有 300 ft/min 的爬升率,干线机要求有 500 ft/min 的爬升率)。因此,在长航程,选择阶梯巡航(step cruise)较为经济,每个阶梯的高度差为 2 000 ft(按缩小的垂直间隔标准)。在短航程的情况下,如果巡航段的距离不足轮挡航程的 30%,应该降低巡航高度层,以尽可能减少高耗油的爬升段的不利影响。显然,航程越短,巡航高度越低,高耗油爬升段的比例越高,燃油效率越低。

E. 从巡航高度下降至 1 500 ft。飞机通常以《飞行手册》规定的下降速度程序下降,发动机工作状态为"飞行慢车"。对于喷气飞机来说,飞行高度 10 000 ft 以上时,下降速度通常为 280~300 kn(校正空速);飞行高度 10 000~1 500 ft 时,下降速度通常为 250 kn(校正空速)。

F. 进场和着陆。发动机工作状态为"飞行慢车"。实际进场和着陆情况是复杂的,每个机场都有严格的进近航路和飞行操作要求。在 DOC 分析中,通常按照在 1 500 ft 高度上待机 8 min 来处理。

G. 滑进。发动机的工作状态是"地面慢车"。

(2) 轮挡时间(block time,BT)。

从飞机滑动前撤除轮挡滑行起飞,直至着陆滑行停稳后安放轮挡为止,所经过的全部时间(即图 4-3 中从 A 至 G 段所需的全部时间)称为轮挡时间。轮挡时间包

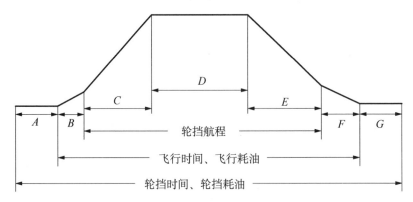

图 4-3 民用飞机典型任务飞行剖面

括地面滑行时间和飞行时间。在分析中,经常粗略地假设:A 段为 10 min,G 段为 5 min,地面滑行总时间为 15 min,即轮挡时间＝飞行时间＋0.25 h。

应该顺便提及的是,在"飞行时间"(flight time)内,飞机机体承受飞行负荷,发动机处于主要工作状态。飞机完成一次任务飞行称为执行一个"飞行循环"(flight cycle),飞机机体和发动机承受一次交变的飞行负荷。因此,"飞行时间"和"飞行循环"是维修成本分析中的两个基本参数。当飞机的平均轮挡航程比较短时,每年的飞行循环数比较多,维修成本将增加。

(3) 轮挡耗油(block fuel, BF)。

从飞机滑动前撤除轮挡滑行起飞,直至飞机着陆滑行停稳后安放轮挡为止,发动机和 APU(辅助动力装置)所消耗的全部燃油称为轮挡耗油。

APU 耗油,指的是飞机在两次飞行之间的过站期间,APU 为飞机系统工作、客舱空调和照明等提供能源所消耗的燃油。在 DOC 分析中,一般取 APU 地面工作 30～45 min 所消耗的燃油。也有人把 APU 耗油纳入间接运行成本而不计入轮挡耗油,因为在地面上可以使用地面电源来提供能源而不用 APU。

(4) 轮挡航程(block range 或 stage length)。

图 4-3 中的爬升段(C 段)、巡航段(D 段)和下降段(E 段)所飞越的水平距离之总和,称为轮挡航程。

在本章中其他地方提到的"航程"和"航段距离"等指的都是轮挡航程。"平均轮挡航程"是飞机经济性分析中的重要概念。航空公司某机型的机队按照给定的航线网络运行,按航班频率加权平均的航段距离即为该机型的平均轮挡航程。

图 4-4 示例给出了飞机轮挡性能(A320 飞机,依据《飞行操作手册》估算)。

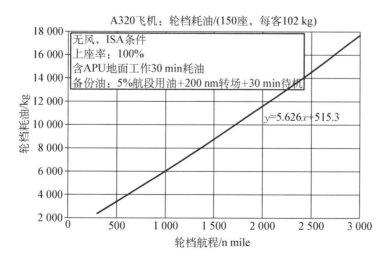

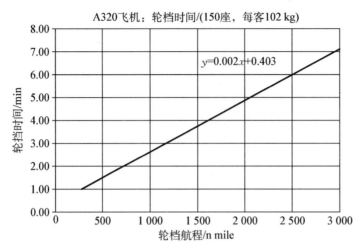

图 4 - 4　飞机轮挡性能实例(A320 飞机,依据《飞行操作手册》估算)

（5）备份油政策（reserve fuel policy）。

飞机必须携带符合适航要求的备份油,这将影响飞行重量,从而对飞机的轮挡性能产生影响。备份油一般要考虑 3 部分要求:在目的地机场上空等待着陆用油,飞往备降机场的用油,以及航线机动油。

分析时常用的备份油标准:对于干线飞机,采用"1 500 ft 高度待机 30 min 用油＋飞往 200 n mile 备降机场用油＋5％航段用油"的标准;对于支线飞机,采用"1 500 ft 高度待机 45 min 用油＋飞往 200 n mile 备降机场用油"的标准。在实际航线分析时,必须考虑飞往最远备降机场的用油,而不是 200 n mile。

（6）风和温度。

在经济性分析中,一般不考虑航路的风和温度影响,即假设:风速＝0,国际标准大气(ISA)条件。当然,在临界设计要求中经常要考虑风和温度影响,例如,风对飞机航程能力的影响是不小的,在分析飞机的航程能力时,常常把"69 节逆风"(出现概率 85％)作为航线适应性的设计准则。

3）商载-航程

商载和航程是与航空公司收益直接有关的两个重要参数,商载-航程图(见图4 - 5)展示出了飞机的商载和航程能力,图中的飞机商载和航程数据,是利用前面已详述的飞机设计重量、任务飞行剖面和轮挡性能的分析数据确定的。

表 4 - 7 显示了商载-航程图中各特征点参数的定义。其中,"转场航程"是零商载和最大油量条件下的航程,仅用于考察飞机转场时的航程能力。"最大起飞重量满油航程"是最大起飞重量和最大油量条件下的航程,当飞机改装成对商载要求不高但对航程期望较高的公务机时,可能对这一指标感兴趣。航空公司关注的重点是

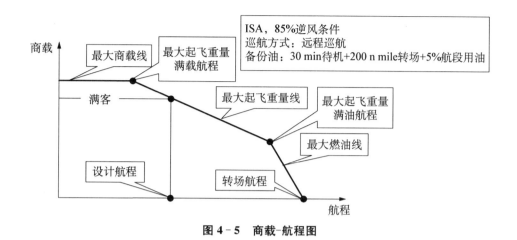

图 4-5 商载-航程图

"设计航程",满客时的航程能力是航空公司飞机选型和衡量飞机航线适应性的主要指标,也是制造商在飞机经济性优化设计时的设计点。

表 4-7 商载-航程图中各特征点参数的定义

	最大起飞重量满载航程	设计航程	最大起飞重量满油航程	转场航程
商载	最大商载	满客	MTOW - OEW - 最大油量	零商载
载油量	MTOW - OEW - 最大商载	MTOW - OEW - 满客	最大油量	最大油量
起飞重量	MTOW	MTOW	MTOW	OEW+最大油量

(1) 设计航程(design range)。

设计航程指的是飞机在满客和最大起飞重量起飞条件下的航程能力。制造商可以通过不同的客舱布置、利用机身的加长或缩短,以及在最大设计起飞重量范围内调整最大起飞重量,来实现不同的座位数和不同设计航程,以满足各种客户的需求和扩大产品市场。

(2) 旅客平均重量标准(standard average passenger weight)。

满座重量=标准旅客平均重量(含行李)×旅客座位数。旅客平均重量的取用标准,将影响满座重量,也就影响了设计航程。

多数现役民用客机的旅客平均重量(包含行李)采用 200 lb(1 lb=453.6 g)的标准。中国民航目前采用的旅客平均重量(包含行李)统计标准是 90 kg。

统计数据表明,全球有超过 10 亿的成年人超重。按照美国联邦疾病预防控制中心的统计,65% 的美国人超重(2006 年);美国男子的平均体重从 1960 年的 75.3 kg 增加到 2002 年的 86.64 kg;美国女子的平均体重从 1960 年的 63.5 kg 增加到 2002 年的 74 kg。随着全社会健康水平的提升，人的平均体重明显提高，新研发的民用客机将采用更高的旅客平均重量标准。表 4-8 显示了欧洲航空安全局 (European Aviation Safety Agency，EASA)2009 年公布的、基于统计得到的旅客平均重量标准。表 4-9 给出了美国联邦航空局(Federal Aviation Administration, FAA)2004 年公布的、基于统计得到的旅客平均重量标准。

表 4-8　欧洲航空安全局旅客和行李重量标准建议(2009 年)

座级	≥20			≥30
旅客性别	男/kg	女/kg	男女比例	成年人/kg
旅客重量	94	75	70/30	88
托运行李重量	17	17		17

表 4-9　FAA 旅客平均重量标准(AC120-27D，2004 年 11 月)

标准旅客平均重量	每客重量/lb	每客重量/kg
夏天重量		
平均成年旅客重量	190	86.2
平均成年男性旅客重量	200	90.7
平均成年女性旅客重量	179	81.2
儿童(2～13 岁)重量	82	37.2
冬天重量		
平均成年旅客重量	195	88.5
平均成年男性旅客重量	205	93.0
平均成年女性旅客重量	184	83.5
儿童(2～13 岁)重量	87	39.5
托运行李	28.9	13.1

4) 起降性能

机场适应性分析是飞机选型评估的重要环节，对飞机运行经济性来说，关注的重点是起飞限重、着陆限重和道面承载能力。对要求在支线机场或高温/高原机场运行的支线飞机来说，机场适应性评估尤为重要。如果因机场起降条件限制，飞机必须降低起飞重量(减少载客数或缩短航程)，将严重损害飞机的运营经济性。

(1) 起飞限重(take-off weight limited)。

起飞限重指的是，按照适航规章 FAR121 部的要求，起飞重量必须满足下列限制，如不满足，必须降低起飞重量直至满足为止。

a. 起飞重量≤最大起飞重量。

b. FAR 起飞滑跑距离≤可用跑道长度。

c. FAR 起飞距离≤可用跑道长度＋净空道。

d. FAR 加速－停止距离≤可用跑道长度＋安全道。

e. 起飞中各爬升阶段的爬升梯度≥FAR25 部规定的相应要求(对于双发飞机，第 1 段为 0，第 2 段为 2.4％，最终段为 1.2％)。起飞第 2 段爬升梯度要求经常成为高温/高原机场起飞限重的临界条件。

f. 越障高度≥净起飞飞行航迹范围内的所有障碍物的高度。

(2) 着陆限重(landing weight limited)。

着陆限重指的是，按照适航规章 FAR121 部的要求，着陆重量必须满足下列限制，如不满足，必须降低起飞重量直至满足为止：

a. 着陆重量≤最大着陆限重。

b. 着陆距离/0.6≤目的地机场跑道长度。

c. 着陆距离/0.7≤备降机场跑道长度。

d. 着陆重量≤单发停车进场爬升梯度要求(2.1％)所限制的着陆重量。该要求经常成为高温/高原机场着陆限重的临界条件。

e. 着陆重量≤全发工作着陆爬升梯度要求(3.2％)限制的着陆重量。

(3) 道面承载能力。

ACN(aircraft classification number)是描述飞机对标准地基道面产生影响的一个无量纲数字。影响 ACN 的因素有起落架尺寸、轮胎压力、飞机重量和重心等。

PCN(pavement classification number)是描述道面无限制使用承载强度的一个无量纲数字。决定 PCN 的因素有道面类型(刚性或柔性道面)、基础强度和轮胎压力等。

当 *ACN*≤*PCN* 时，表示飞机可在该机场道面上无限制使用。当飞机的 *ACN* 大于道面的 *PCN* 时，飞机的起飞重量将受到限制，影响飞机的经济性。在机场当局的特许下允许超载 5％使用(刚性条件)。

5) 客舱布置

航空公司是依靠出售客座的机票来挣钱的，客舱空间是航空公司产品的核心，制造商和航空公司无不绞尽脑汁来充分利用这"寸土寸金"的客舱空间。客舱布局的设计，除了必须满足相关的适航要求(例如，旅客应急撤离适航要求限制了飞机的最大座位数)外，主要考虑 3 个要素：市场需求、航线距离和航空公司战略定位。

表 4-10 和表 4-11 分别比较了不同航空公司的 A320 中短程飞机和 B777-200 远程飞机的客舱布置。不同的航空公司面对不同的市场环境和有差异的客户群体，采用不同的市场战略定位，对客舱布局提出不同的要求。公商务旅客与休闲度假旅客，支付能力不同，对舒适性的感觉也不同。头等舱和公务舱的旅客的核心需求是旅客的身价、舒适的座椅和宽敞的环境；而经济舱旅客的核心需求是适宜的

价格带来的可接受的座位安排。航线距离不同,旅客对客舱排距和餐饮的要求会大不相同。如表 4-10 所示,低成本航空公司 easy Jet 面向休闲度假市场,它的 A320 飞机采用了排距 29 in(1 in＝2. 54 cm)的 183 座高密度布局,而国航对航空市场全面出击,它的 A320 飞机采用了两舱 158 座布局。

表 4-10　不同航空公司客舱布置比较: A320 中短程飞机

航空公司	客舱等级	排距/in	座椅宽度/in	分舱座位数	总座位数
中国国际航空	头等舱	36	21	8	158
	经济舱	31	18	150	
中国南方航空	头等舱	74	20	8	152
	超级经济舱	37	17. 2	24	
	经济舱	35	17. 2	120	
法国航空公司(Air France)	商务舱	34	18	30	150
	超级经济舱	32	18	42	
	经济舱	32	18	78	
加拿大航空(Air Canada)	商务舱	38	21. 06	14	146
	经济舱	31~35	17. 83	132	
JetBlue	商务舱	38	17. 8	42	150
	经济舱	34	17. 8	108	
汉莎航空(Lufthansa)	商务舱	30	17~18	36	150
	经济舱	30	17~18	114	
easyJet	经济舱	29	18	183	183

表 4-11　不同航空公司客舱布置比较: B777-200 远程飞机

航空公司	客舱等级	排距/in	座椅宽度/in	分舱座位数	总座位数
中国国际航空(Air China)	头等舱	60	25. 1	12	314
	商务舱	42	21. 9	49	
	经济舱	32~33	18	253	
新加坡航空(Singapore Airlines)	头等舱	60	21	12	288
	商务舱	50	20	42	
	经济舱	32~33	17. 5	234	
美国航空公司(American Airlines)	头等舱	64	30	16	247
	商务舱	60~61	21~26	37	
	经济舱	31~32	18. 0~18. 5	194	
法国航空公司(Air France)	头等舱	79	24	4	251
	商务舱	61	21. 5	49	
	超级经济舱	38	19	24	
	经济舱	32	17	174	

客舱座位数和客舱舒适性是此消彼长的关系。同类竞争飞机,如果它们的舱位划分不同,座椅排距不同,要进行运行成本对比分析显然是困难的,因为它们的客舱舒适性不同。合理的运行成本对比分析应该在"同等客舱舒适性"条件下进行。常见的方法是,对于所有的同类竞争飞机,都假设为单舱布局,排距为 32 in,按机身几何结构计算出符合适航要求的客舱座位数,并相应调整飞机的使用空重,然后进行运行成本对比分析。

4.4　飞机直接运行成本项目讨论

本节逐一讨论由表 4 - 5 列出的飞机直接运行成本项目的定义和计算方法。运行成本通常基于平均轮挡航程来分析,得出单位航段的运行成本,或单位轮挡小时的运行成本。

各市场区域的直接运行成本项目定义不尽相同,有些直接运行成本项目受飞机运营的市场区域影响很大。例如,机场收费和导航收费等,必须结合市场区域来讨论,也就是说,不同的市场区域有不同的计算方法。本节主要引用 3 种方法:①Liebeck 方法,适用于美国市场;②AEA 方法,适用于欧洲市场;③CAAC 方法,适用于中国市场。在第 5 节中将进一步讨论这 3 种方法。

4.4.1　财务成本(financial cost)

财务成本由与飞机资产有关的折旧、贷款付息和保险 3 部分构成。

折旧和贷款付息构成了所有权成本(ownership cost)。资产在其取得时为其支付的现金金额,称为"原始成本"(historical cost)。折旧只是把购机(包括飞机和备件)的原始成本分摊到所期望的使用期中,并不包含债务和产权成本、成本的增长和为维持所期望的负债股权比的收益要求。利息成本从财务角度上表征了总的所有权成本与折旧成本之差。

如果飞机不是购买的而是来自经营租赁,航空公司没有飞机的所有权,支付的是租金(租金包含了折旧和所需承担的贷款付息),直接运行成本中的所有权成本就由租金来取代。由此看来,贷款付息虽是一种现金非运行成本项目,作为所有权成本的组成部分列入直接运行成本,对于飞机经济性分析是合理的。

除财务成本外,其他飞机直接运行成本统称为"现金运行成本"(cash operating costs, COC),因为它们与经营者所关注的运营现金流有关。飞机制造商有时为了突出地展示飞机的运营效能,在分析飞机直接运行成本时避开财务成本(即避开谈论飞机售价和融资),仅对现金运行成本进行分析。

1) 折旧成本(depreciation cost)

折旧是指将购机的初始投资成本分配到各个收益期间的一种方法。折旧成本不属于现金成本,不会影响到航空公司的现金流,折旧的目的仅是为了把飞机的价值反映到各期的资产负债表中去。

折旧成本通常采用直线折旧法。每轮挡小时的折旧成本可用下式计算：

$$DC = TI \times (1 - RV)/(DEPR \times U)$$

式中：

　　DC——折旧成本（美元/轮挡小时）；

　　TI——投资总额（美元），包括飞机采购价和初始备件采购价；

　　RV——飞机和备件的残值（投资总额的百分数）；

　　$DEPR$——飞机折旧年限；

　　U——飞机有效年利用率（轮挡小时/年）。

折旧成本的计算中涉及 4 个关键参数：投资总额、折旧年限、残值和飞机利用率。下面介绍如何确定这些参数。

（1）投资总额（total investment）。

航空公司采购飞机时，为了保证飞机正常运行，必须同时考虑飞机的客户改装和购置买方采购设备(BFE)的费用，以及购置初始备件（包括备用发动机）的费用。因此，购机总费用一般指的是"标准构型飞机采购价＋客户改装和 BFE 附加费用＋初始备件采购费"。飞机的售价通常对应于飞机的标准构型，依据客户需求进行的改装（例如，加装客舱娱乐系统和附加的航电设备）将产生附加费用。飞机的标准构型中不包含购置买方采购设备（例如，旅客座椅和厨房设施），买方可以委托制造商采购和安装，也可以自行采购和安装，都将产生附加费用。初始备件的需求很大程度上取决于机队规模和飞机利用率的要求。机队规模越大，初始备件的相对比例越低。飞机利用率要求越高，初始备件的比例越高。一般来说，初始备件采购费为飞机标准采购价的 10%（对应于机队规模≥10）；如果把机体备件和发动机备件分开计算，初始机体备件采购费约为机体采购价的 6%，发动机备件采购费约为发动机采购价的 20%～23%。

购机的投资总额，除了购机总费用外，还包括航空公司需要支付的进口税、购置税（或增值税）和其他费用。

航空运输业和航空制造业作为国家的重要产业，航空产品的进出口受到国家政策的影响。例如，俄罗斯政府对俄罗斯已有生产能力的支线飞机的进口征收重税，对于俄罗斯尚未成功研发的大型客机的进口采用低税收政策。在中国，当进口飞机的使用空重高于 25 t（对应于 100 座以上的客机）时，征收 5% 的增值税和 1% 的进口关税，这种低税率政策支持了我国航空运输业发展干线航空。当进口飞机的使用空重低于 25 t（对应于 100 座以下的支线客机）时，征收 17% 的增值税和 5% 的进口税，采用这种正常税率政策的目的，在于适度限制中国有研发能力的支线飞机的进口，支持国产民用飞机的发展。对于国产民用飞机，国家提供税收减免的优惠政策。

（2）折旧年限（depreciation period）和残值（residual value）。

　　飞机的折旧年限应该根据飞机预期的使用寿命和期末残值(即在使用寿命的期末预期的飞机市场价值)来确定。飞机预期的使用寿命,用使用年限、飞行小时数或起落次数来表示,以先到者为准。一般来说,飞机的折旧年限乘以年有效利用率得到的飞机总飞行小时数,不应大于预期使用寿命规定的总飞行小时数。

　　延长飞机的折旧年限或增加期末残值,可降低飞机的折旧成本,改善账面的盈利状况。但是,延长飞机的折旧年限或增加期末残值,可能带来风险,首先是因为飞机越到折旧年限的后期其盈利能力越弱;其次,如果预期的期末残值未能实现,在折旧期末将会出现账面亏损。值得注意的是,现役飞机预期的使用寿命和期末残值,常受到新一代飞机"意外"的冲击。新一代飞机的技术性能和运行成本的优势可能迫使老旧飞机提前退役,或使得老旧飞机的期末残值明显降低。

　　航空公司的折旧策略也受到国家税收政策的影响。按照一些国家的税制,利用缩短折旧年限(即加速折旧)来提高飞机的折旧成本,降低账面的赢利,从而减少纳税额,反而对航空公司有利。机队机龄较短的新加坡航空公司,就是利用加速折旧减少纳税额的典型例子。

　　表4-12显示了部分航空公司的飞机使用年限和残值数据(残值以飞机原始市场价的百分比来表示)。航空公司大多将飞机的折旧年限定为15~25年,残值定为0~20%。对不同的机型,航空公司可能采用不同的折旧策略。例如,意大利航空公司的宽体飞机的折旧期为20年,窄体机的折旧期为18年,螺桨支线机的折旧期为14年。对于一款在研制中的喷气客机来说,采用20年的折旧年限和5%的残值来分析其经济性是适当的。

表4-12　部分航空公司的飞机使用年限和残值数据

航空公司	资产类型	使用年限	年折旧率/%	残值
Air France	飞机	20		0
Alitalia	长程飞机(B777、B767、MD11)	20	5	10%
Alitalia	中短程飞机(A321、A320、A319、MD80、ERJ145)	18	5.5	5%~10%
Alitalia	ATR72	14	7.14	0%
American Airlines	喷气飞机和发动机	20~30		5%~10%
British Airways	B747-400、B777-200		3.7	
British Airways	B767-300、B757-200		4.7	
British Airways	A321、A320、A319、B737-400		4.9	
British Airways	RJ145		4.8	
Continental Airlines	喷气飞机和模拟器	20~27		15%
Delta Air Lines	飞行设备	10~15		5%~40%
Jetblue Airways	飞机	25		20%

（续表）

航空公司	资产类型	使用年限	年折旧率/%	残值
Lufthansa	新机	12		15%
Qantas	喷气飞机和发动机	20		0%～20%
Qantas	非喷气飞机和发动机	10～20		0%～20%
Rynair	B737 - 200	20		50万美元
Rynair	B737 - 800	23		15%
SAS Group	飞机	20		10%
Singapore Airlines	新旅客飞机	15		10%
Southwest Airlines	飞机和发动机	23～25		15%
Swiss Airlines	飞机	10～15		5%～20%

（3）利用率（utilization）和过站时间（turn-around time）。

飞机有效利用率定义为飞机每日（或每年）飞行的轮挡小时数，是航空公司运营的关键指标之一。追求高利用率是低成本航空的重要经营特色。飞机所有权成本是固定成本，高的飞机有效利用率有利于把飞机所有权成本分摊到更多的飞行起落上，从而降低座公里成本。

飞机有效利用率与飞机飞行的平均轮挡时间、平均过站时间之间存在紧密的关系。这一关系可用下式表达为

$$U = \frac{U_t}{BT + T_t} \times BT$$

式中：

U——飞机有效年利用率（轮挡小时/年）；

U_t——飞机年总利用率（小时/年），包括飞行的轮挡小时和过站时间；

BT——平均轮挡时间（h）（average block time）；

T_t——平均过站时间（h）（average turn-around time）。

式中的$[U_t/(BT+T_t)]$对应于每年飞机的起落次数。图4-6显示了按上式计算出的飞机有效年利用率与平均航线距离、过站时间的关系。计算中假设飞机年总利用率为4 500 h（即日利用率为12.3 h），按照现役喷气窄体客机的水平和给定的平均航线距离计算出轮挡时间。图线清楚表明，过站时间越长，飞机有效年利用率将越低，对于平均航线距离短的飞机尤为敏感；平均航线距离越短，飞机起落次数则越多，飞机有效年利用率将越低。显然，平均航线距离较短的螺桨支线飞机很难达到高的有效年利用率，而在国际远程航线上运行的宽体机的有效年利用率往往比较高。

飞机在前一次飞行着陆后至执行下一次起飞前的时间，称为过站时间。在这一

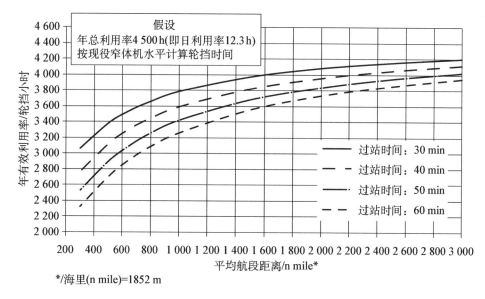

*/海里(n mile)=1852 m

图4-6 飞机有效年利用率与平均航线距离、过站时间的关系

时间段,飞机必须停留在登机口,以便前一次航班旅客下飞机、卸下行李和货物,执行必要的飞机保养、清扫、补充食品和加油后,下一次航班旅客登机、装载行李和货物。过站时间受到飞机设计因素(例如,快捷的装卸货设计和互不干涉的服务口盖布置等)、机场设施和空中管制的限制,也受到航线结构的限制。网络航空公司"枢纽-辐射"式航线结构需要的过站时间要长一些,因为这种航线结构要求干线与支线航班能够同步衔接,以提高上座率。低成本航空公司"点对点"式航线结构需要的过站时间则要短得多,有利于提高飞机的有效利用率。表4-13提供了欧洲航管(EUROCONTROL)给出的过站时间推荐值。

表4-13 欧洲航管(EUROCONTROL)的过站时间推荐值(单位: min)

飞机分类	低	中	高
重型	60	67.5	75
中型	40	47.5	55
轻型	30	37.5	45

飞机利用率除了受到平均航线距离和过站时间的影响外,还受到其他多种因素的影响,包括:飞机设计特点、技术可靠性、航空公司维修规划、经营理念、机队规模、市场需求特点和人员素质等。例如,飞机维修定检时间间隔和定检项目范围,对飞机停场时间产生影响,维修性是航空公司特别关注的影响飞机有效利用率的重要因素;飞机系统和部件的意外故障可能引起附加的停场维修,派遣可靠性对飞机有

效利用率的影响很大;机龄的增加将增加维修需求,从而降低飞机有效利用率;航空公司必须保留有一定量的停场备用飞机,一旦某架飞机因技术故障时能够顶替故障飞机以保证航班的正常执行,这将影响飞机的有效利用率。低成本航空公司利用单一机型、较大的机队规模,把停场备用飞机数降至最低,有效地提高了飞机的利用率。

下面举例来讨论折旧成本的计算方法和飞机利用率、过站时间的影响。大多数航空公司的折旧成本计算采用直线折旧法。假设单架飞机的投资总额 5 000 万美元,折旧年限 20 年,残值 5%,飞机年总利用率 4 500 h,运行的平均航线距离 500 n mile,轮挡时间 1.52 h,平均过站时间 40 min。依据前面给出的公式计算得到飞机年有效利用率为 3 126 轮挡小时,那么按照直线折旧法,每轮挡小时的折旧成本=5 000 万美元×(1%～5%)/20/3 126=760 美元。如果平均过站时间从 40 min 缩短至 30 min,则飞机年有效利用率为 3 384 轮挡小时,每轮挡小时的折旧成本 702 美元,折旧成本降低 7.6%。由此可见,提高飞机利用率和缩短过站时间对折旧成本的影响是明显的。

2) 利息成本(interest cost)

利息成本的确定,取决于购机融资的方式和条件。飞机是昂贵的,很少有航空公司有能力为其机队直接支付现金。航空公司的机队来源主要有下述 3 种方式:直接贷款、融资租赁和经营租赁。

(1) 直接贷款(direct lending)。

直接贷款,指的是直接通过银行机构获得贷款来购机。由于飞机昂贵,通常由多家银行组成的财团提供贷款,大多数的直接借贷要以飞机为抵押。一般来说,借贷者很难得到购机的无担保贷款,除非借贷者有很高的信誉度和稳定的现金流。依据经济合作发展组织(Organization for Economic Cooperation and Development,OECD)所发布的"大型航空器协定"(Large Aircraft Sector Understanding,LASU),一些国家的政府通过输出信用机构(Export Credit Agency, ECA)来支持本国生产的飞机出口。这种政府间的协议,可为购机者提供高于最优惠利率 120～175 个基点(即 1.2%～1.75%)的 10～12 年期的贷款。在直接贷款购机的方式下,航空公司拥有飞机的所有权,可以利用分摊折旧成本的方法来减少纳税额。

(2) 融资租赁(finance leasing)。

融资租赁是一种对航空公司具有较大吸引力、航空公司接近于"实际拥有飞机"的长期融资方式,租赁期终航空公司可以购得飞机或自动取得飞机。融资租赁交易比较复杂,租赁公司通常通过建立一个合法的"特殊目的公司"(special purpose company)来购买飞机,对财务风险进行剥离,采取资产转让的方式把飞机提供给航空公司,达到投资者合理避税和航空公司降低融资成本的目的。承租人可以在飞机使用寿命期内分摊折旧成本,抵扣收益以减少纳税,抵扣付给债权人的利息。

(3) 经营租赁(operating leasing)。

从飞机租赁公司租用飞机,是航空公司获得飞机使用权的常用方式。国际租赁金融公司(International Lease Finance Corporation,ILFC)和通用电气航空服务公司(GE Commercial Aviation Services,GECAS)是全球实力最雄厚的两家飞机租赁公司。利用经营租赁的灵活性,航空公司可以使得自己的机队尽可能地与市场需求相匹配。经营性租赁的租期通常短于 10 年,因为经营性租赁的基本客户,是试探性扩张市场的航空公司或是刚组建机队的新航空公司,较短的租期对于它们更有吸引力;此外,较短的租期有利于避免飞机的陈旧过时。租约到期时飞机的残值是出租人最为关注的,出租人可能要求飞机归还时处于与交付时相同的维护状态(例如处于 C 检之前状态),以便转交给下一个承租人。出租人通常要求承租人预付租赁保证金。

"湿租"是飞机与其机组一起租赁的特殊形式的经营租赁,适用于临时性突发市场需求。"售后回租"也是一种经营租赁,航空公司通过付现交易卖掉自己的飞机,然后将原机租回,向购机者定期支付租金,售后回租使得航空公司能够灵活改变其机队规模。

当利用经营租赁获得飞机使用权时,航空公司只需付租金,没有折旧成本。当利用直接贷款或融资租赁获得飞机时,可以认为航空公司拥有飞机所有权。不同的融资和还贷条件,利息成本有较大的差异。

利息成本的一般计算方法叙述如下。每期支付的本息可用下式计算为

$$PMT = \frac{LOAN}{[1-(1/(1+i)^{NP}] \times (1/i)}$$

式中:

PMT——每期支付的本息;

$LOAN$——贷款总额(投资总额×贷款比例);

i——每期利息(年息/每年还款次数);

NP——还款总次数(每年还款次数×贷款年限)。

还本付息的总额是 $NP \times PMT$,扣除本金(即 $LOAN$)后,除以使用年限中飞行的总轮挡小时数(即 $DEPR \times U$),得到每轮挡小时的利息成本为

$$IC = \frac{NP \times PMT - LOAN}{DEPR \times U}$$

式中:

IC——每轮挡小时的利息成本;

$DEPR$——飞机折旧年限;

U——飞机有效年利用率(轮挡小时/年)。

下面举例讨论利息成本的计算方法和飞机利用率的影响。我们仍然假设单架飞机的投资总额 5 000 万美元,折旧年限 20 年,飞机年总利用率 4 500 h,平均航线距离 500 n mile,轮挡时间 1.52 h,平均过站时间 40 min,因而飞机年有效利用率为 3 126 轮挡小时。贷款购机的条件是:100% 的投资总额来自贷款(即 $LOAN=$ 5 000 万美元),贷款年限 20 年,每年还贷 2 次(即 $NP=40$ 次),贷款年息 8%(即 $i=$ 4%)。依据本息计算公式计算得到每期应支付的本息(PMT)为 252.6 万美元,依据利息成本计算公式计算得到每轮挡小时的利息成本为 816 美元。结合前面在相同条件下计算得到的每轮挡小时折旧成本 760 美元,所有权成本为每轮挡小时 1 576 美元。如果平均过站时间从 40 min 缩短至 30 min,则飞机年有效利用率为 3 384 轮挡小时,每轮挡小时的利息成本 754 美元,利息成本降低 7.6%。

下面简单讨论一下当飞机来自经营租赁时月租金的估算。估算公式与本息计算公式类似,只是贷款总额应扣除去残值为

$$LR = \frac{LOAN - RV}{[1 - (1/(1+i)^{NP}] \times (1/i)}$$

式中:

LR——月租金(lease rate);

RV——残值(residual value);

i——每期利息(年息/12),租飞机每月还款 1 次;

NP——还款总次数(12×租赁年限),通常租赁年限 10 年。

假设租赁公司购机的投资总额 5 000 万美元,贷款年息 8%,租赁年限 10 年,期末残值 30%。依据上式计算得到月租金为 42.46 万美元。如果飞机年有效利用率为 3 126 轮挡小时,每轮挡小时的租金成本 1 630 美元。残值问题将在以后的章节详细讨论。

3) 保险成本(insurance cost)

航空保险的承保范围包括:

(1) 机身险(hull insurance):飞机及其附件的意外损失或损坏。

(2) 第三者责任险(third party liability insurance):由于飞机或从飞机上坠人、坠物造成第三者的人身伤亡或财物损失。

(3) 旅客法定责任险(passenger legal liability insurance):由于旅客在乘坐飞机时发生意外,造成旅客的人身伤亡或所携带和交运的行李、物体的损失,和因延迟而造成的损失。

欧美航空公司和飞机制造商通常把旅客法定责任险列为飞机间接运行成本项目,仅把与飞机有关的机身险和第三者责任险列为飞机直接运行成本项目。与飞机

有关的保险,与飞机价格、航空公司安全纪录、机队规模、机龄和经营模式等有关。例如,波音公司采用的、与飞机有关的年保险费率的标准取值(1993 年数据)是:骨干航空公司为 0.35% 的飞机价格,低成本航空公司为 0.7% 的飞机价格,货运航空公司为 0.85% 的飞机价格。表 4-14 列出了中国民航公布的保险费率。

表 4-14 中国民航公布的保险费率

类别		年费率或收费标准	说 明
机身险		0.52%	宽体机(仅限于保额在 5 000 万美元以上的)
		0.57%	其他型号(不包括苏制及国产飞机)
		1.2%	国产及苏制飞机
旅客法定责任险	国际航线	0.34~0.5 美元/RPK	以预计 RPK* 数预收保费,保单到期时按实际完成 RPK 数字调整保费
	国内航线	0.23~0.4 美元/RPK	
第三者责任险		200 000.00 美元	整个民航机队收取

* RPK,Revenue Passenge Kilometres 的缩略语,指的是收入座千米。

每轮挡小时的保险成本可用下式计算为

$$INC = AP \times AIR/U$$

式中:

INC——保险成本(美元/轮挡小时);

AP——飞机采购价(美元);

AIR——飞机的年保险费率(annual insurance rate)(飞机采购价的百分数);

U——飞机有效年利用率(轮挡小时/年)。

假设飞机的销售价 4 500 万美元,年保险费率为 0.35% 的飞机价格,飞机年有效利用率为 3 126 轮挡小时,那么,年保险费为 15.75 万美元,每轮挡小时的保险成本 50 美元。

4.4.2 燃油成本(fuel cost)

燃油价格(单位:元/kg,或美元/kg)乘以飞机所飞航段的耗油量(包括发动机及 APU 耗油)(单位:kg),就得到所飞航段的燃油成本。国际上常以容积来计量油量,此时必须考虑航空燃油的密度,常用的航空燃油的密度是 6.7 lb/美加仑(0.803 kg/L)。

假设燃油价格 2.5 美元/美加仑(即 0.823 美元/kg),飞行的平均轮挡航程 500 n mile,轮挡时间 1.52 h,轮挡耗油 3 416 kg。计算得到飞行 500 n mile 轮挡航程的燃油成本为 2 810 美元,每轮挡小时的燃油成本为 1 849 美元。

1)燃油价格

由于燃油价格节节攀升(见图 4-7),使得燃油成本成为飞机直接运行成本中最大的单项成本(见图 4-8)。有些航空公司希望利用燃油套期保值或购买燃油期货来缓解油价上涨的压力,有些航空公司从油价较低的机场携带回程油以平抑高油价,有些航空公司要求政府放宽对油料市场的管控以增加市场竞争,而大多数航空公司都期待加速机队更新,提高机队的燃油效率,以应对难以预测的未来油价趋势。

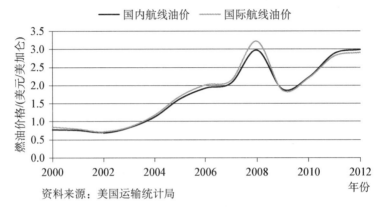

资料来源:美国运输统计局

图 4-7　美国航空公司燃油价格变化

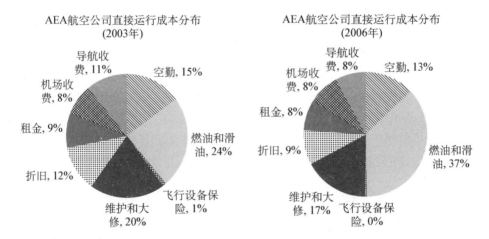

图 4-8　AEA 航空公司直接运行成本演变(2003—2006 年)

2) 飞机油耗

飞机是通过消耗燃油的化学能来获得航程的,飞机的燃油消耗量很大程度上取决于飞机的升阻特性(即气动设计)、飞行重量(即结构设计)和动力装置热效率(即发动机设计)等设计状态,也受到运营航线的特性(航线距离、飞行高度层、航路风速和风向、备份油策略,以及机场的拥挤程度等)的影响。在第 3 节中,我们已经详细讨论了确定飞机燃油消耗量(即轮挡耗油)的方法。

3) 上座率对飞机油耗的影响

轮挡耗油数据通常对应于100%上座率(load factor)和无货载条件;对于货机来说,对应于最大体积限制商载条件。当上座率低于100%时,飞机油耗量应作相应修正。如果缺乏修正上座率影响的数据,可以借用下述通用公式(资料来源:波音,1993年)估算为

$$D_{\text{FUEL}} = (FCF)/100 \times (D_{\text{P/L}})/1\,000 \times BF_{@100\%\text{P/L}}$$

式中:

D_{FUEL}——燃油修正量,lb;

FCF——燃油修正因子(见图4-9);

$D_{\text{P/L}}$——商载变化量,lb;

$BF_{@100\%\text{P/L}}$——100%上座率时的轮挡耗油,lb。

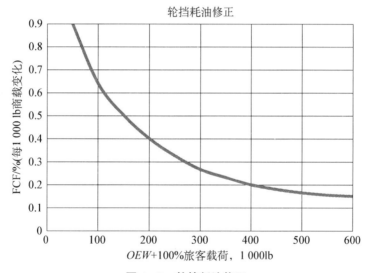

图 4-9 轮挡耗油修正

假设150座的A320飞机飞行500 n mile航段,已知飞机数据如下:OEW=41 244 kg(90 928 lb),旅客平均重量标准102 kg(225 lb),100%上座率时的轮挡耗油3 416 kg。计算得到:OEW+100%旅客负荷=124 659 lb,从图4-9查得燃油修正因子FCF=0.572,依据上式可以计算得出,每减少一名旅客,耗油减少4.4 kg。

从上述简单算例可以引出经济学上的一个重要概念"边际成本"(marginal cost)。边际成本的定义是:增加一个单位产出需要付出的额外成本。上述算例告诉我们,A320飞机飞行500 n mile的航线,机票价格约1 000元,多卖出一张机票的

额外成本不足 50 元(一份便餐和 4.4 kg 燃油)。边际成本低是航空公司为了高上座率频繁挑起价格战的根源。正因为边际成本低,在 DOC 分析中通常假设上座率100%,不考虑上座率对运行成本的影响。

4.4.3　维修成本(maintenance cost,MC)

在飞机 *DOC* 分析中,维修成本分析最为棘手。维修成本由航线维护、基地维修、部件维修和发动机维修 4 部分构成,依据维修间隔要求呈周期性变化,与机型、机龄、运行因素以及航空公司经营模式等有关。维修成本分析模型,通常是利用航空公司运营飞机中长期积累的飞机维修成本数据,进行统计回归分析后建立的。

1) 维修任务的构成

定期维修是保持飞机结构、发动机、系统和部件处于适航状态所必需的。飞机和发动机制造商针对每种机型或发动机系列会发布《维修计划文件》(Maintenance Planning Document,MPD),详细规定最低维修要求和维修时间间隔等,通常把维修任务从低等级到高等级划分为航线维护、A 检、B 检、C 检和 D 检,以便运营商做定检计划。表 4 - 15 概述了各类维修的典型范围和需要时间。现代客机(例如,B737NG 系列和 B777)采用以任务为导向的维修体制 MSG - 3,把维修任务组成工作包,使得维修与运行要求更为匹配,"字母检"的区分已不是那么重要了,但是,业界通常依然沿用"字母检"的说法。

表 4 - 15　各类维修的典型范围和需要时间

检查类型	地点	维修检查范围	需要时间
航线维护	机场	日常检查(每日首次飞行前和每次过站时),包括目视检查,检查液体量、轮胎、刹车和应急设备等	约 1 h
A 检	机场	日常小修,发动机检查	约 10 h(一个夜班)
B 检	机场	如果执行,类似于 A 检,但任务不同(可能在两次 A 检之间执行)	10 h 到约 1 d
C 检	基地	机体结构检查,打开检修口盖,常规和非常规维修,空车试验	3 d 到约 1 周
D 检	基地	除漆后做机体主结构检查,拆卸发动机,拆卸起落架和襟翼,拆卸仪表、电子电气设备、内设配件(座椅和壁板),拆卸液压和气动部件	约 1 个月

注:需要时间取决于检查所发现的缺陷。

表 4 - 16 列举了 12 种机型各类维修的典型维修间隔。维修间隔是依据飞行小时、飞行循环或日历月来确定的。以 A320 为例,C 检的维修间隔是 18～20 个日历月,或 6 000 飞行小时,或 3 000 个飞行循环,以先到者为准。如果飞机利用率很高且飞行短航程,则 C 检取决于飞行循环(在达到 6 000 飞行小时之前先达到 3 000 个

飞行循环);如果飞机利用率很高但飞行长航程,则 C 检取决于飞行小时;如果飞机利用率很低,C 检取决于日历月。B 检不常见,仅用于旧型号飞机。A 检加 C 检占总维修成本的 40%~50%。

表 4-16　各类维修的典型维修间隔

机型	A 检	B 检	C 检	D 检
B737-300	275FH	825FH	18M	48M
B737-400	275FH	825FH	18M	48M
B737-500	275FH	825FH	18M	48M
B737-800	500FH		4 000~6 000FH	96~144M
B757-200	500~600FH		18M/6 000FH/3 000FC	72M
B767-300ER	600FH		18M/6 000FH	72M
B747-400	600FH		18M/7 500FH	72M
A319	600FH		18~20M/6 000FH/3 000FC	72M
A320	600FH		18~20M/6 000FH/3 000FC	72M
A321	600FH		18~20M/6 000FH/3 000FC	72M
ATR42-300	300~500FH		3 000~4 000FH	96M
ATR72-200	300~500FH		3 000~4 000FH	96M

注:FH—飞行小时;FC—飞行循环;M—日历月。

当两种检查重叠时,低等级的检查包含在高等级的检查内。以 A320 为例,假定每 600FH 做一次 A 检,则第 10 次 A 检与 C 检相遇,A 检可以变成更为重要的 C 检的一部分。航空公司在制订维修计划时,因飞机 D 检时间正好与旅客高峰期冲突,或机库无空间,维修可能提前或推后安排。

2) 影响维修成本的因素

影响维修成本的因素,可以归纳为 3 类:航空公司经营模式、机型和机龄、飞机运行因素。

(1) 航空公司经营模式的影响。

航空公司通常会将部分维修业务转包给专业维修公司去完成,以便减少在维修工程方面的资金、人员、设备、培训和备件等的投入。航空公司与维修公司签署长期维修协议,定期向维修公司支付维修服务费用,也可使得维修成本可预测,避免经费预算的峰值。一般来说,对于机体维修,外包的比例越高,维修成本将越高;对于发动机维修,外包的比例越高,维修成本将越低。此外,无论是公司内维修、还是外包维修,都包含有行政管理和设备分摊成本,即间接维修成本。也就是说,在维修成本分析中,往往包含有间接维修成本。

(2) 机型和机龄的影响。

新型民用飞机采用低维修成本的新型材料和结构,其系统/设备维护系统的故障检测、诊断、记录和存储能力大幅提高,机型系列化发展使得各机型的维护技术和标准、机载设备和部件具有高度的共通性,比起老一代的飞机,其备件储备的要求要低得多,维修成本也显著降低。

飞机及其发动机的维修成本随机龄而变。在制造商的商保期内的新机的维修成本相对较低,之后随机龄的增加维修成本稳态上升。达到成熟期(约不短于5年)后,飞机有稳定可预测的维修成本。老龄飞机要求做明显多的、因适航通报或防锈导致的非常规或补救性维修,维修成本再次上升。

图4-10显示了总维修成本与平均机队机龄的关系,统计数据处理时把平均机队机龄划分为0~6,6~12和12年以上3段,并假设平均机队机龄6年的总维修成本为1.0。数据表明,对于成熟机型,机龄为0~6年时,维修成本的年均增长率为17.6%;机龄为6~12年时,维修成本的年均增长率为3.5%;机龄为12年以上时,维修成本的年均增长率为0.7%。

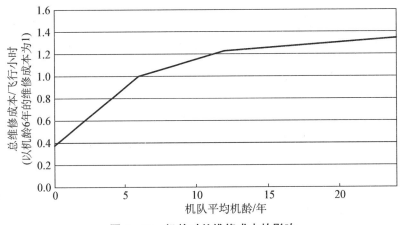

图4-10　机龄对总维修成本的影响

(3)飞机运行因素的影响。

飞机利用率和运行的平均航段距离对维修成本产生重要影响。当飞机利用率较低时,航线维护要照常进行,飞机的C检和D检的维修间隔取决于日历月,维修成本与利用率高低关系不大,分摊到每个飞行小时的维修成本将很高。当平均航段距离较短时,飞行循环数将很高,导致与飞行循环数密切相关的系统和部件(包括发动机、机身增压舱、舱门、起落架、襟/缝翼、刹车和轮胎等)维修成本明显增加。

在偏远地区运营的航空公司会担忧备件送达的额外成本和时间代价;在沙漠地区运营的航空公司要考虑沙尘对发动机和机体的损害;在沿海地区运营的航空公司会面临较严重的腐蚀问题。

3）维修成本统计数据

国际航空运输协会（International Air Transport Association，IATA）的"维修成本特别小组"（Maintenance Cost Task Force）2011 年依据 40 家航空公司 3 312 架飞机的 2009 年的数据分析，公布了下述有关维修成本的统计数据：

（1）单位飞行小时的平均直接维修成本：窄体机 682 美元，三发或三发以上的宽体机 1 430 美元，双发宽体机 1 204 美元，喷气支线机 461 美元。

（2）平均间接维修成本：占总维修成本的 24%。

（3）发动机维修成本：占维修成本的 43%，3/4 的发动机维修工作外包（不包括公司内维修购买的材料）。

（4）对供应链的依赖性（包括提供维修和材料）：供应商获得 80% 直接维修成本。

（5）飞机平均利用率：8.82 小时/日。

（6）飞机平均轮挡时间：2.46 h。

（7）直接维修成本按市场类型的分配：发动机维修 43%，航线维护 17%，基地维修 20%，部件维修 20%。

（8）直接维修成本按成本类型的分配：外包 58%，劳务 21%（公司内工时费率平均 38 美元/人时，各地区差异较大），材料 21%。

（9）宽体机中，A330 直接维修成本最低（811 美元/飞行小时），MD11 最高（2 212美元/飞行小时）。

（10）窄体机中，A320 系列和 B737NG 直接维修成本最低（600 美元/飞行小时），MD90 最高。

4）维修成本分析方法

维修成本通常基于平均轮挡距离来分析，把飞行循环和飞行时间这两个要素与维修成本联系起来，得出单位航段的维修成本，或单位飞行小时的维修成本。分析中把维修成本分解为下述 6 个组成部分：机体（包含 APU）劳务、材料和管理成本，发动机劳务、材料和管理成本。

下面介绍 3 种维修成本分析方法：Liebeck 方法、AEA 方法和 Harris 方法。3 种方法各有特点，前两种方法适用于竞争分析和新机优化设计，后一种方法适用于航空公司机队运行经济性评估。

（1）Liebeck 方法。

维修成本（MC）由机体和发动机的直接维修劳务成本、材料成本和管理成本构成。其中，机体的直接维修劳务成本和材料成本基于波音公司提出的参数方程，发动机的维修成本基于发动机制造商提供的数据。

飞机维修成本 MC（单位：美元/航段）是下述 6 项之总和。其中，前 3 项之和是机体维修成本，后 3 项之和是发动机维修成本。

a. 机体维修劳务成本 AMLC 为

$$AML_{FH} = 1.26 + (1.774 \times (AFW/10^5) - 0.170\,1 \times (AFW/10^5)^2$$

$$AML_{FC} = 1.614 + (0.722\,7 \times (AFW/10^5) + 0.102\,4 \times (AFW/10^5)^2$$

$$AML = AML_{FH} \times FH + AML_{FC}$$

$$AMLC = AML \times R$$

式中：

AML_{FH}——与飞行小时有关的机体维修小时数，单位为维修小时数/飞行小时；

AFW——机体重量，单位为磅。AFW 等于制造空重减去发动机干重；

AML_{FC}——与飞行循环有关的机体维修小时数，单位为维修小时数/飞行循环；

AML——机体维修劳务小时数，单位为维修劳务小时/航段；

FH——每航段飞行小时数，单位为飞行小时/航段。通常地面机动时间是 15 min，因而 FH 等于轮挡小时减去 0.25 h；

R——维修劳务费率，单位为美元/h。Liebeck 方法中取 25 美元/h，在应用中，应采用与经济环境相适应的维修劳务费率；

$AMLC$——机体维修劳务成本，单位为美元/航段。

b. 机体维修材料成本 $AMMC$ 为

$$AMM_{FH} = (12.39 + 29.80 \times (AFW/10^5) + 0.180\,6 \times (AFW/10^5)^2) \times F_{CPI}$$

$$AMM_{FC} = (15.20 + 97.33 \times (AFW/10^5) - 2.862 \times (AFW/10^5)^2 \times F_{CPI}$$

$$AMMC = AMM_{FH} \times FH + AMM_{FC}$$

式中：

AMM_{FH}——与飞行小时有关的机体维修材料成本，单位为美元/飞行小时；

AMM_{FC}——与飞行循环有关的机体维修材料成本，单位为美元/飞行循环；

$AMMC$——机体维修材料成本，单位为美元/航段；

F_{CPI}——消费者价格指数修正系数，对于 1993—2009 年，$F_{CPI}=1.47$。

c. 机体维修管理成本 $AMOC$ 为

$$AMOC = 2.0 \times AMLC$$

d. 发动机维修劳务成本 $EMLC$ 为

$$EML = (0.645 + (0.05 \times SLST/10^4)) \times (0.566 + 0.434/FH) \times FH \times N_E$$

$$EMLC = EML \times R$$

式中：

EML——每航段发动机维修小时数，单位为维修小时数/航段；

$SLST$——单台发动机未安装海平面静推力，单位为磅力；

N_E——每架飞机的发动机数；

EMLC——每航段发动机维修劳务成本,单位为美元/航段。

e. 发动机维修材料成本 *EMMC* 为

$$EMMC = ((25 + (0.25 \times SLST/10^4)) \times (0.62 + 0.38/FH) \times FH \times N_E) \times F_{CPI}。$$

式中:

EMMC——每航段发动机维修材料成本,单位为美元/航段。

f. 发动机维修管理成本 *EMOC* 为

$$EMOC = 2.0 \times EMLC$$

(2) AEA 方法。

维修成本 *MC* 由机体维修劳务成本和材料成本、发动机维修劳务成本和材料成本构成。该方法的特点是,在发动机维修成本计算中,考虑了发动机设计参数的影响。

a. 机体维修劳务成本 *AMLC*(美元/轮挡小时)为

$$AMLC = R[(0.09AFW + 6.7 - 350/(AFW + 75)) \times (0.8 + 0.68(t - 0.25)/t)]$$

式中:

AFW——机体重量(吨),即制造空重减去发动机重量;

t——轮挡时间(h)。其中地面时间是 0.25 h,即空中时间是$(t-0.25)$;

R——维修劳务费率(包含消耗)(美元/工时)。在应用中,应采用与经济环境相适应的维修劳务费率。

b. 机体维修材料成本 *AMMC*(美元/轮挡小时)为

$$AMMC = [4.2 + 2.2(t - 0.25)]/t \times 机体交付价$$

机体交付价(百万美元)飞机交付价减去发动机价格

c. 发动机劳务成本 *EMLC*

与时间有关的发动机劳务成本 L_t(美元/飞行小时)为

$$L_t = 0.21RC_1C_3(1 + SLST)^{0.4}$$

式中:

$C_1 = 1.27 - 0.2BPR^{0.2}$;

$C_3 = 0.032n_c + k$;

SLST——海平面起飞静推力(吨);

BPR——涵道比;

n_c——压气机级数(包括风扇);

k——轴数的函数,当轴数为 1、2、3 时,*k* 分别为 0.52、0.57、0.64。

与起落次数有关的发动机劳务成本 L_C（美元/飞行循环）：$L_C = 1.3L_t$。

d. 发动机材料成本 $EMMC$

与时间有关的发动机材料成本 M_t（美元/飞行小时）为

$$M_t = 2.56(1+T)^{0.8}C_1(C_2+C_3)。$$

式中：

$C_2 = 0.4(OAPR/20)^{1.3}+0.4$；

$OAPR$——总压比。

与起落次数有关的发动机材料成本 M_C（美元/飞行循环）为

$$M_C = 1.3L_t$$

发动机维修成本（EMC）由上述 4 项构成，它们的单位不同，当单位统一为"美元/轮挡小时"时，可综合表述为

$$EMC = N_E(L_t+M_t)(FH+1.3)/(FH+0.25)$$

式中：

N_E——每架飞机的发动机数；

FH——空中时间，等于 $(t-0.25)$。

综上所述，飞机维修成本 MC（美元/轮挡小时）为

$$MC = AMLC + AMMC + EMC$$

（3）Harris 方法。

该方法是 Franklin Harris 在 2005 年发表的 *An Economic Model of U. S. Airline Operating Expense*（NASA CR - 2005 - 213476）中采用的方法。该模型基于对 67 家美国航空公司 1999 年向美国运输部报告的运营数据的回归分析。该方法的特点是，考虑了航空公司营运特点的影响，适用于对现役机队进行经济性分析。

维修成本 MC 是机体维修成本 AMC 与发动机维修成本 EMC 之总和。

a. 机体维修成本 AMC 为

$$AMC = K[(W_{REF})^{0.72118}(FH)^{0.46050}(DEP)^{0.32062}(NAC)^{0.20700}$$
$$(1+公司内维修比例)^{-0.43177}]$$

b. 发动机维修成本 EMC 为

$$EMC = K[(SLST)^{0.89650}(N_E)^{0.92340}(FH)^{0.15344}(DEP)^{0.37535}(NAC)^{0.4429}$$
$$(1+公司外维修比例)^{-0.34704}]$$

式中：

常数 $K = ST \times 1.73 \times (CF)(MF)(ET)$；

ST——服务类型。客机取 1，货机取 1.325 2；

ET——发动机类型。涡扇取 1，涡桨取 1.264 4；

MF——飞机型别因子。最早期机型取 1（例如 B737 - 1/2），早期机型取 0.710 4（例如 B737 - 300），近期机型取 0.514（例如 B737 - 500），较新机型取 0.426 0（例如 B737 - 800），最新机型取 0.35（例如 B777）；

CF——航空公司成本因子，很低取 0.447 0，低取 0.833 9，平均取 1.0，高取 1.301 9；

W_{REF}——参考重量，单位为磅，W_{REF} 等于最小使用空重减去发动机干重；

FH——机队全年的飞行小时数；

DEP——机队飞机全年的起降次数；

NAC——该年份机队的飞机数，当 $NAC=1$，FH 和 DEP 仅对应于一架机时，维修成本 MC 的计算结果就对应于一架机的全年维修成本；

$SLST$——海平面标准大气条件下的动力装置推力，单位为 lb；

N_E——每架飞机的发动机数。

以 A320 飞机为例（见图 4 - 11），对不同的维修成本分析方法进行了比较。其中，在 AEA 方法中，采用了与 IATA 统计数据中相同的维修劳务费率（38 美元/h）；在 Liebeck 方法中，采用了较低的维修劳务费率（32 美元/小时），因为该方法单独考虑了管理成本。AEA 方法和 Liebeck 方法的结果与 IATA 统计数据吻合性较好。Harris 方法由于依据的是十多年前的统计数据，结果偏低。

中国航空公司目前缺乏多机型长期积累的、可利用的维修成本统计数据，难以

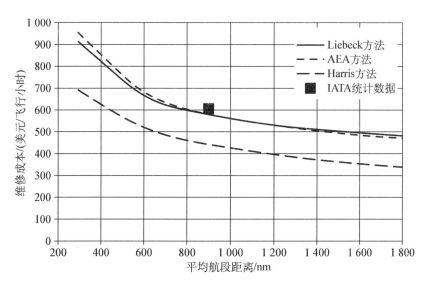

图 4 - 11 A320 飞机：不同维修成本分析方法比较

建立自己的维修成本分析模型,建议在飞机维修成本分析中,在维修劳务费率做相应调整的基础上,直接借用 AEA 方法或 Liebeck 方法。

4.4.4 飞行机组成本(flight crew cost)

飞行机组成本包括工资(含社会福利)、驻外津贴和培训费。飞机的吨位不同,飞行速度不同,飞行机组的工资和福利待遇等级有差异。地区不同、航空公司运营的市场(低成本航线、国内干线或国际干线)不同,飞行机组的工资和福利待遇会有很大差异。培训费有改装费和复训费两种,涉及飞行模拟器租金和出差补贴等。当航空公司机队的机型具有较高共通性(同一系列机型)时,可以大幅降低改装培训费。中国民用航空的迅速发展,造成了飞行员暂时短缺的问题,航空公司为此付出了飞行员引进和培训的巨额代价。

现代民机通常配备两人机组(机长和副驾驶),在远程航线上,可能需要增加备份机组。中国民航规定,值勤时间(包含航前、航后、过站和飞行时间)11 h 以上配备双机组。中国民航对在高高原机场运行飞机的飞行机组,提出了严格的飞行员资格和培训要求,这将大幅增加飞行机组成本。飞行机组每年的飞行小时数是有条例限制的,欧美飞行机组每年的飞行小时数一般为 800 飞行小时,中国民航规定每年的飞行小时不超过 1 000 h(每月 83 h)。因此,每架飞机需要配备的机组数,要依据飞机的利用率和机组的限定飞行小时数来确定。假设飞机的有效年利用率 3 126 轮挡小时,平均分配到 11 个月,每月 281 轮挡小时,那么按照中国民航的规定,需要配备的机组数=281/83=3.41。

航空公司的飞行机组成本差异很大,要给出普遍适用的分析方法是不切实际的。下面显示的 Liebeck 方法(适用于美国)和 AEA 方法(适用于欧洲)实际上只是简单的统计模型。CAAC 计算模型(适用于中国)考虑了飞行机组的飞行小时限制和培训费用,但缺乏飞行机组工资福利的实际统计数据支持。

1) Liebeck 方法

$$对于国内航线运营,FCC = 440 + 0.532(MTOW/1\,000)$$
$$对于国际航线运营,FCC = 482 + 0.590(MTOW/1\,000)$$

式中:

FCC——飞行机组成本(flight crew cost),单位为美元/轮挡小时;

$MTOW$——最大起飞总重,单位为 lb。

2) AEA 方法

飞机配备两人机组时,飞行机组成本为 380 美元/轮挡小时。

3) CAAC 方法

$$N_{FC} = U/11/BH_{FCM}$$
$$TRN = 2 \times (SR + TDA) \times D \times ER$$
$$FCC = N_{FC} \times (S_C + S_F + TRN)/U$$

式中：

N_{FC}——每架飞机需要配备的飞行机组数；

U——飞机有效年利用率（轮挡小时/年）；

BH_{FCM}——飞行机组每月飞行的轮挡小时数，中国民航规定为 83 轮挡小时/月；

TRN——每年飞行机组的复训成本，单位为元/年；

SR——飞行模拟器日租金（simulator rental per day），单位为美元/日；

TDA——培训每日津贴（training daily allowance），单位为美元/日；

D——飞行机组每年复训天数，通常假设为8 d；

ER——美元/人民币兑换率；

FCC——飞行机组成本，单位为元/轮挡小时；

S_C——机长年薪（包括各类福利和补贴），单位为元/年；

S_F——副驾驶年薪（包括各类福利和补贴），单位为元/年。

假设 A320 飞机在国内航线运营，$MTOW = 73.5$ t($162\,040$ lb），飞机有效利用率为 3 126 轮挡小时/年，飞行模拟器租金 667 美元/日，培训津贴 150 美元/日，机长年薪 100 万元，副驾驶年薪 20 万元，美元/人民币兑换率 6.3。依据 Liebeck 方法，飞行机组成本为 526 美元/轮挡小时。依据 AEA 方法，飞行机组成本为 328 美元/轮挡小时。依据 CAAC 方法，飞行机组成本为 222 美元/轮挡小时。

4.4.5 客舱乘务员成本（cabin crew cost）

虽然 ATA 和 AEA 等组织把客舱乘务员成本归属于间接运行成本，认为客舱乘务员是为旅客服务的，不是飞机运行成本，但是多数航空公司依然把该项成本归属于直接运行成本。从飞机设计角度来看，客舱乘务员的安排是客舱设计的一部分，因此，在飞机优化设计中，把客舱乘务员成本视为直接运行成本。

客舱乘务员成本的构成类似于飞行机组成本，只是可以不考虑培训费。每架飞机需要配备的空乘机组数，也要依据飞机的利用率和空乘机组的限定飞行小时数来确定。每个空乘机组的乘务员人数要依据客舱座位数和舱位划分来确定。

适航条例规定每 50 名旅客座位至少配备一名客舱乘务员。由于航空公司的服务标准、飞机的舱位划分和飞行距离不同，实际的差异很大，普遍采用了高于适航条例规定的配备标准。中国民航规定，有配餐任务的每 25～30 客座配备 1 名乘务员；无配餐任务的每 35～40 客座配备 1 名乘务员。在同类竞争飞机的 DOC 比较中，应注意到不要因客舱乘务员的配备标准不一致造成结果的不可比较。

下面给出了计算客舱乘务员成本的 Liebeck 方法（适用于美国）、AEA 方法（适用于欧洲）和 CAAC 方法（适用于中国）。CAAC 计算模型考虑了空乘机组的飞行小时限制，但缺乏空乘机组工资福利的实际统计数据支持。作为反恐措施，许多民用客机上配备了安全员,在目前的计算模型中并未考虑此项附加成本。

1) Liebeck 方法

$$对于国内航线运营,CCC = (S/35) \times 60$$
$$对于国际航线运营,CCC = (S/30) \times 78$$

式中:

CCC——客舱乘务员成本。单位:美元/轮挡小时;

S——客舱座位数。$S/35$ 和 $S/30$ 分别表示每 35 和 30 个旅客座位配备一名客舱乘务员。

2) AEA 方法

$$CCC = (S/35) \times 60$$

式中:

CCC——客舱乘务员成本,单位为美元/轮挡小时;

S——客舱座位数,$S/35$ 表示每 35 个旅客座位配备一名客舱乘务员,当结果是小数时,向上取整。

3) CAAC 方法

$$N_{CC} = U/11/BH_{CCM}$$
$$CCC = N_{CC} \times S_{CA} \times (S/35)/U$$

式中:

N_{CC}——每架飞机需要配备的空乘机组数;

U——飞机有效年利用率(轮挡小时/年);

BH_{CCM}——空乘机组每月飞行的轮挡小时数,中国民航规定为 83 轮挡小时/月;

CCC——客舱乘务员成本,单位:美元/轮挡小时;

S_{CA}——客舱乘务员年薪(包括各类福利和补贴),单位:元/年;

S——客舱座位数,$S/35$ 表示每 35 个旅客座位配备一名客舱乘务员,当结果是小数时,向上取整。

假设 A320 飞机在国内航线运营,客舱座位数 150,飞机有效利用率为 3 126 轮挡小时/年,客舱乘务员年薪 15 万元,美元/人民币兑换率 6.3。Liebeck 方法和 AEA 方法的客舱乘务员成本计算结果均为 300 美元/轮挡小时。CAAC 方法的客舱乘务员成本计算结果为 104 美元/轮挡小时。

4.4.6　机场收费(airport fees)

中国机场收费项目包括:起降费、停场费、旅客服务费、安检费和客桥费等,与欧洲机场所公布的收费项目是基本一致的。应当注意到,在 Liebeck 方法和 AEA

方法中,把该项成本称之为"着陆费"(landing fee),从计算公式来分析,它们的确不包含除起降费之外的其他机场收费项目。

大多数机场的起降费是按最大起飞重量收取的,只有美国机场是按最大着陆重量收取的。在一些繁忙的枢纽机场,机场当局为鼓励航空公司避开机场的高峰时段,会在高峰时段征收附加费。在欧洲一些机场,机场当局在征收起降费时,要考虑最大起飞重量和飞机噪声水平两项要素。

各市场区的起降费差异很大。欧美机场数量众多,起降费也各不相同。下面分别给出了 Liebeck 方法(适用于美国)、AEA 方法(适用于欧洲)和 CAAC 方法(适用于中国)。Liebeck 方法和 AEA 方法仅是简单的统计模型。CAAC 方法详细给出了中国各类机场所有收费项目的收费标准。

1) Liebeck 方法

$$对于国内航线运营,LF = 1.5 \times (MLW/1\,000)$$
$$对于国际航线运营,LF = 4.25 \times (MTOW/1\,000)$$

式中:

LF——着陆费,单位为美元/航段;

$MTOW$——最大起飞重量,单位为 lb;

MLW——最大着陆重量,单位为 lb。

2) AEA 方法

$$LF = 6 \times MTOW$$

式中:

LF——着陆费,单位为美元/航段;

$MTOW$——最大起飞重量,单位:t。

3) CAAC 方法

表 4-17 给出了中国民航机场类别。表 4-18~图 4-21 给出了从 2008 年 3 月起生效的机场收费标准。

表 4-17 中国民航机场类别

机场类别	机 场
一类 1 级	首都、浦东
一类 2 级	广州、虹桥、深圳、成都、昆明
二类	杭州、西安、重庆、厦门、青岛、海口、长沙、大连、南京、武汉、沈阳、乌鲁木齐、桂林、三亚、郑州、福州、贵阳、济南、哈尔滨
三类	其他机场

表 4-18　中国民航机场起降费收费标准(国内航班)

机场类别	起降费/(元/架次)				
	≤25 t	26~50 t	51~100 t	101~200 t	201 t 以上
一类 1 级	240	650	1 100+22X(T-50)	2 200+25X(T-100)	5 000+32X(T-200)
一类 2 级	250	700	1 100+23X(T-50)	2 250+25X(T-100)	5 050+32X(T-200)
二类	250	700	1 150+24X(T-50)	2 350+26X(T-100)	5 100+33X(T-200)
三类	270	800	1 300+24X(T-50)	2 500+25X(T-100)	5 150+33X(T-200)

注：T——飞机最大起飞重量。

表 4-19　中国民航机场起降费收费标准(国际及港澳航班)

机场类别	起降费/(元/架次)				
	≤25 t	26~50 t	51~100 t	101~200 t	>201 t
所有机场	2 000	2 200	2 200+40X(T-50)	4 200+44X(T-100)	8 600+56X(T-200)

注：T——飞机最大起飞重量。

表 4-20　中国民航机场停场费、客桥费、旅客服务费和安检费收费标准(国内航班)

机场类别	停场费/(元/架次)	客桥费/(元/小时)	旅客服务费/(元/人)	安检费	
				旅客行李/(元/人)	货物邮件/(元/吨)
一类 1 级	2 h 内免收。超过 2 h,每停场 24 h(包括不足 24 h)按照起降费的 15%计收	单桥：1 h 以内 200 元。超过 1 h 每半小时(包括不足半小时)100 元。多桥：按单桥标准的倍数计收	34	5	35
一类 2 级			40	6	40
二类			42	7	41
三类			42	7	42

表 4-21　中国民航机场停场费、客桥费、旅客服务费和安检费收费标准(国际及港澳航班)

机场类别	停场费 元/架次	客桥费 元/小时	旅客服务费/(元/人)	安检费	
				旅客行李/(元/人)	货物邮件/(元/吨)
所有机场	2 h 内免收。超过 2 h,每停场 24 h(包括不足 24 h)按照起降费的 15%计收	单桥：1 h 以内 200 元。超过 1 h 每半小时(包括不足半小时)100 元。多桥：按单桥标准的倍数计收	70	12	70

CAAC 的有关文件规定,当国内航空公司飞行国际和港澳航班时,按照表 4-19 和表 4-21 标准的 60%收费;国内、国际与港澳航班"双轨制"的收费标准将限期

并轨。

假设 150 座的 A320 飞机，$MTOW=73.5$ t(162 040 lb)，$MLW=64.5$ t(142 195 lb)。Liebeck 方法(假设在国内航线运营)的起降费计算结果为 213 美元/航段；AEA 方法的起降费计算结果为 446 美元/航段；CAAC 方法(假设在二类机场起飞和着陆，国内航线运营)的机场收费计算结果为 9 322 元/航段(1 480 美元/航段，假设美元/人民币兑换率 6.3)，其中起降费为 1 726 元/航段(274 美元/航段)。结果表明，欧洲的机场收费标准比较高。

4.4.7 导航费(navigation charges)

导航费包括航路导航费和进近指挥费，按飞机重量及航线距离收费。与机场收费类似，导航费存在明显的地区差异。有时，从燃油消耗角度是经济的航路，可能因该航路的导航收费昂贵而变得不一定合算。在美国，导航不收费。在欧洲，各国普遍采用公式$[K×轮挡航程×(MTOW/50)^{0.5}]$来计算导航费，但各国的费率 K 不相同。

1) Liebeck 方法

对于国内航线运营，$NC = 0$

对于国际航线运营，$NC = 0.136×500×(MTOW/1\,000)^{0.5}$

式中：

NC——导航费，单位为美元/航段；

$MTOW$——最大起飞重量，单位为 lb。

2) AEA 方法

$$NC = 0.5×BR×(MTOW/50)^{0.5}$$

式中：

NC——导航费，单位为美元/航段；

BR——轮挡航程，单位为 km；

$MTOW$——最大起飞重量，单位为 t。

3) CAAC 方法

中国民航于 2012 年 6 月起生效的导航费和进近指挥费收费标准(见表 4-22~表 4-25)。计算收费时，以 t 为单位的最大起飞全重向上取整。

表 4-22 中国民航导航费收费标准(国内航班)

最大起飞全重/t	收费标准/(元/千米)
0~25	0.11
26~50	0.23
51~100	0.39

（续表）

最大起飞全重/t	收费标准/(元/千米)
101～200	0.52
200 以上	0.56

表 4-23　中国民航进近指挥费收费标准（国内航班）

最大起飞全重/t	收费标准(元/吨)		
	一类机场	二类机场	三类机场
0～25	2.46	2.42	2.2
26～50	3.22	3.17	2.88
51～100	3.64	3.58	3.25
101～200	5.1	5.01	4.55
200 以上	6.27	6.16	5.6

表 4-24　中国民航导航费收费标准（国际及港澳航班）

最大起飞全重/t	收费标准/(元/千米)
0～25	4.19
26～50	5.47
51～100	6.19
101～200	8.67
200 以上	10.66

表 4-25　中国民航进近指挥费收费标准（国际及港澳航班）

最大起飞全重 T/t	收费标准/(元/千米)
0～25	0.60
26～50	1.20
51～100	1.40
101～200	1.50
200 以上	$(T/50)^{0.5}$

假设 A320 飞机飞行 500 n mile 航段，$MTOW=73.5$ t（162 040 lb）。Liebeck 方法（假设在国内航线运营）的导航费计算结果为 0 美元；AEA 方法的导航费计算结果为 561 美元/航段。CAAC 方法（假设在二类机场起飞和着陆，国内航线运营）导航费计算结果为 626 元/航段（99 美元/航段，假设美元/人民币兑换率 6.3）。结果表明，在区域不大但国家众多的欧洲，导航费是一项不小的成本。

4.4.8　地面服务费（ground handling charges）

属于直接运行成本的地面服务费包括：配载、通信、集装设备管理及旅客与行李服务费；客梯、装卸和地面运输服务费；过站服务费；飞机例行检查和放行费。这些项目大多按飞机最大商载或座位数收费。

在 Liebeck 方法和 AEA 方法中，不考虑地面服务成本，因为 ATA 和 AEA 把地面服务成本列入间接运行成本。因此下面仅列出 CAAC 方法。

表 4 - 26 显示了中国民航地面服务费收费标准。

表 4 - 26　中国民航地面服务费收费标准

地面服务项目	收费标准
配载/通信/集装设备管理/旅客/行李服务	飞机最大商载≤10 吨时,30 元/吨 ＞10 吨时,33 元/吨
客梯、装卸和地面服务（当使用客桥时,不考虑客梯、旅客和机组摆渡车的费用；当飞机有随机客梯时,不考虑客梯的费用）	飞机最大商载≤10 吨时,5 元/吨 　　　　　　　＞10 吨时,6 元/吨 客梯　　　45 元/小时 旅客摆渡车　55 元/次 机组摆渡车　40 元/次
货物和邮件服务（分析时假设无货载,则不考虑该项成本）	飞机最大商载≤10 吨时,25 元/吨 　　　　　　　＞10 吨时,28 元/吨
过站服务	≤100 座,　　　　　100 元/架次 100～200(含)座　120 元/架次 200～300(含)座　240 元/架次 ＞300 座　　　　　480 元/架次
飞机勤务	一般勤务≤100 座,　　　　　100 元/架次 　　　100～200(含)座,150 元/架次 　　　200～300(含)座,300 元/架次 　　　＞300 座　　　　　600 元/架次 例行检查　160 元/人时(通常假设 1 个人时) 飞机放行　50%例行检查费

假设 150 座的 A320 飞机,最大商载 19.756 t,无货载,使用客桥。CAAC 方法的地面服务费计算结果为 1 290 元/航段(205 美元/航段,假设美元/人民币兑换率 6.3)。

4.4.9　民航发展基金（CAAC Development Fund）

民航发展基金是中国特有的直接运行成本项目,在中国境内乘坐国内、国际和地区(我国香港、澳门和台湾)航班的旅客都将承担,国家按照飞机最大起飞重量、航段距离和航线类型向航空公司征收(见表 4 - 27)。收费政策向西部和东北倾斜;为支持支线航空的发展,政策规定当飞机最大起飞重量低于 50 t,航线距离等于或低于 600 km 时，按照表 4 – 27 的征收标准减半征收民航发展基金。

表 4 – 27   民航发展基金征收标准（单位：元/km）

飞机最大起飞重量	第 1 类航线	第 2 类航线	第 3 类航线
≤50 t	1.15	0.90	0.75
50~100 t	2.30	1.85	1.45
101~200 t	3.45	2.75	2.20
>200 t	4.60	3.65	2.90
第 1 类航线	东中部 16 省市范围内航线：北京、天津、上海、河北、山西、江苏、浙江、福建、山东、安徽、江西、河南、湖北、湖南、广东、海南		
第 2 类航线	东中部 16 省市与西部、东北 15 省市之间的航线		
第 3 类航线	西部、东北 15 省市范围内航线		

CAAC 方法

假设 A320 飞机在国内第一类航线运营，航线距离 500 n mile，$MTOW=$ 73.5 t。CAAC 方法的民航发展基金计算结果为 2 130 元/航段（338 美元/航段，假设美元/人民币兑换率 6.3）。

4.4.10   餐饮费（catering cost）

餐饮费是旅客服务成本，ATA 和 AEA 把它列入间接运行成本，因此在 Liebeck 方法和 AEA 方法中，不考虑餐饮费。在客舱乘务员成本分析中我们提到，客舱乘务员的安排是客舱设计的一部分。同样，为旅客提供所需的餐饮服务的客舱厨房设计也是客舱设计的一部分，一些低成本航空公司把不提供机上免费餐饮作为降低运营成本的一项措施。因此，在 CAAC 方法中考虑了餐饮费。

CAAC 方法

餐饮费是航线距离和舱位等级的函数。由于中国民航缺乏可利用的旅客餐饮费统计数据，CAAC 方法利用少量实际数据和波音公司餐饮费数据趋势得到一条描述中国民航经济舱餐饮费的模拟曲线（见图 4 – 12），并假设，公务舱旅客的餐饮费是经济舱旅客餐饮费的 1.6 倍，头等舱旅客的餐饮费是经济舱旅客餐饮费的 2 倍。据此可写出餐饮费估算解析式为

$$CAC = k_{CA} \times (13.63 \times \ln(BR) - 69.45)$$

式中：

CAC——餐饮费。单位：元/航段；

BR——轮挡距离。单位：n mile；

k_{CA}——舱位因子。对于经济舱、公务舱和头等舱，k_{CA} 分别为 1、1.6 和 2。

假设 150 座的 A320 飞机的客舱布局是经济舱 138 座,公务舱 12 座,航线距离 500 n mile。CAAC 方法的餐饮费计算结果为 2 389 元/航段(381 美元/航段,假设美元/人民币兑换率 6.3)。

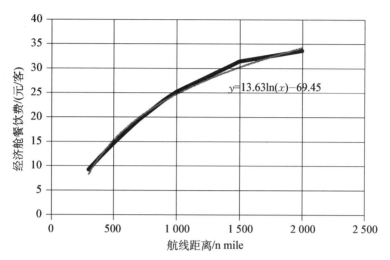

图 4-12　中国民航经济舱餐饮费

4.5　飞机直接运行成本计算分析方法

第 4 节中已详细讨论了各直接运行成本项目的定义和计算方法,如图 4-13 所示,只要确定了飞机直接运行成本(DOC)分析的计算条件,利用第 4 节给出的各成本项目的计算方法,就可以得到飞机 DOC 分析结果。本节主要讨论选择 DOC 分析计算条件的准则、DOC 分析模型和 DOC 分析结果的表达形式。

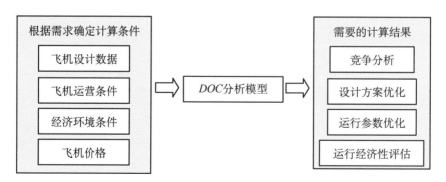

图 4-13　DOC 分析的输入条件和输出结果

4.5.1　选择 DOC 分析计算条件的准则

选择 DOC 分析计算条件,应遵循下述两条准则:首先,所选择的计算条件,应与该机型预期运营的航空市场相符；其次，对同类机型做 *DOC* 竞争分析时，各机型的运营条件、基本性能和舒适性等应遵循可比性准则。

选择 *DOC* 分析的计算条件，实质上就是选择与飞机运营相对应的市场条件。涡桨支线机、喷气支线机、窄体机和宽体机所运营的市场不同，它们的年利用率、平均航段距离、所运营的航线和使用的机场不同，应选择与机型相对应的市场条件。骨干航空公司与低成本航空公司有不同经营模式，低成本航空公司强调高的飞机利用率，不提供免费餐饮，可以通过 *DOC* 分析计算条件的选择，体现出它们经营模式的差异；中国的航空市场环境与欧美有明显差异，在中国，按航线类型征收民航发展基金；进口的支线机和干线机、国产飞机面临不同的购机税收政策；机场按类别收费；在西部运营有不同于东部的优惠政策；因此在中国航空市场，不能套用 AEA 或波音的 *DOC* 分析模型，应该利用 CAAC 的 *DOC* 分析模型，选择符合中国航空市场的计算条件。

可比性准则经常被忽视。当对同类机型进行竞争分析时，如果它们的技术标准（例如，旅客平均重量标准）不同，或者客舱舒适性标准（例如，座椅排距）不同，或者采用的平均航段距离不同，或者年利用率的假设不同，其 *DOC* 分析结果将不具有可比性，无法得到合理的竞争分析结论。为了满足可比性准则，用相同的尺度来衡量同类竞争机型，同类机型的技术数据作适当处理是必要的。例如，把要做竞争分析的机型的旅客平均重量标准都统一定为 220 lb(100 kg)，采用相同的备份油标准，客舱全按单舱布置、排距 32 in 来确定座位数，然后计算出调整后的飞行重量、轮挡油耗和轮挡时间等数据，在相同的运行假设条件（平均航段距离和年利用率）下来分析 *DOC*。

4.5.2 *DOC* 分析模型

DOC 分析模型具有市场性和时效性，它必须依托具体市场来编制，市场环境变化时，分析模型必须作相应的修正或改变。下面介绍 3 种 *DOC* 分析模型：①适用于美国市场的 Liebeck 模型；②适用于欧洲市场的 AEA 模型；③适用于中国市场的 CAAC 模型。应当注意到，这些分析模型都不是唯一的，许多制造商和航空公司建立了自己的分析模型。

1）Liebeck 分析模型

该分析模型是 Robert Liebeck 在 1995 年发表的研究报告 *Advanced Subsonic Airplane Design & Economic Studies*（NASA CR‑195443）中采用的分析模型，是以 ATA67 方法为基础发展形成的，用于飞机构型优化分析。Anthony P Hays 在其 2009 年发表的著作 *Aircraft and Airline Economics* 中引用了 Liebeck 分析模型，由于 1993 年至 2009 年美国消费者价格指数（CPI）上升了 1.47 倍，因而在机体和发动机维修材料成本上考虑了修正系数 1.47。

应当注意到，Liebeck 分析模型中所讨论的直接运行成本项目，仅限于与飞机运行有关的直接成本项目,不包含与旅客、货物和地面操作等有关的直接成本项目。这对于飞机竞争分析和构型优化是简单且合理的,但对于航空公司分析直接运行成本来说,则不够系统和完整。

(1) Liebeck 模型的基本规则和假设条件。

表 4-28 列出了 Liebeck 模型的基本规则和假设条件,这些基本规则和假设条件基于波音公司、原麦道公司和 NASA(National Aeronautics and Space Administration)路易斯研究中心的共同研究。

表 4-28　Liebeck 模型的基本规则和假设条件

假设基础	短程 150 座级客机:用于美国国内航线
	其他座级客机:用于国际航线
设计航程/DOC 分析用的平均航段距离(n mile)	短程 150 座级客机:2 500/500
	中程 225 座级客机:4 500/3 000
	中程 275 座级客机:6 000/3 000
	远程 600 座级客机:7 500/4 000
利用率/(航段/年)	短程 150 座级客机:2 100
	中程 225 座级客机:625
	中程 275 座级客机:625
	远程 600 座级客机:480
维修劳务费率/(美元/小时)	25(注:1993 年经济环境)
维修管理费率	200%的直接维修劳务成本
空勤人数	2
空乘人数	短程 150 座级客机:1/35 座
	其他座级客机:1/30 座
着陆费	短程 150 座级客机:最大着陆重量的函数
	其他座级客机:最大起飞重量的函数
导航费	短程 150 座级客机:无
	其他座级客机:最大起飞重量的函数
机身保险费率	0.35%飞机价格
折旧年限	15
残值	10%价格(包括备件)
备件投资:机体	6%机体价格
备件投资:发动机	23%发动机价格
贷款比例	100%(飞机+备件)
贷款年限	15 年
贷款年息	8%,每年付款 2 次

(2) Liebeck 模型的成本项目。

Liebeck 模型分析的直接运行成本项目如表 4-29 所示。所有成本项目的计算方法已在第 4 节中给出。

表 4 - 29 Liebeck 模型的直接运行成本项目

现金成本	飞行机组成本
	客舱乘务员成本
	着陆费
	导航费
	维修成本（机体和发动机）
	燃油成本
所有权成本	折旧成本（飞机和备件）
	利息成本（飞机和备件）
	保险成本

（3）Liebeck 模型的计算实例。

表 4 - 30 给出了 A320 飞机 *DOC* 分析的输入数据表。图 4 - 14 给出了利用 Liebeck 模型对 A320 飞机进行 *DOC* 分析的结果。

表 4 - 30 A320 飞机 *DOC* 分析的输入数据表

平均航线距离/n mile	500	单台发动机干重/t	2.381
平均轮挡时间/h	1.52	单台发动机海平面静推力/磅力	25 000
平均过站时间/h	0.5	每架飞机的发动机数	2
轮挡燃油/kg	3 416	发动机压气机级数	14
年起落数	2 100	涵道比	5.7
客座数	150	总压比	29.3
MTOW,最大起飞重量/t	73.5	燃油价格/（美元/加仑）	2.5
MLW,最大着陆重量/t	64.5	燃油密度/（磅/加仑）	6.5
OEW,使用空重/t	41.244	飞机价格/万美元	4 075
MEW,制造空重/t	37.646	单台发动机价格/万美元	560

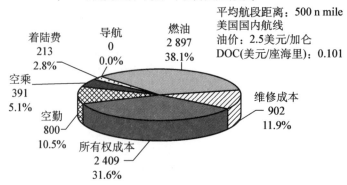

Liebeck模型分析实例：A320直接运行成本
(2012年美国经济环境，单位为美元/航段)

平均航段距离：500 n mile
美国国内航线
油价：2.5美元/加仑
DOC(美元/座海里)：0.101

着陆费 213 2.8%
导航 0 0.0%
燃油 2 897 38.1%
空乘 391 5.1%
维修成本 902 11.9%
空勤 800 10.5%
所有权成本 2 409 31.6%

图 4 - 14 Liebeck 模型 *DOC* 分析实例：A320 飞机

2) AEA 模型

欧洲航协的 AEA 模型最初于 1988 年公布,至今仍广泛应用于商用飞机的竞争分析和构型优化。1988 年公布的 AEA 模型包含有"地面操作"成本项目,但在后来的使用中省去了"地面操作"成本项目,使得其成本项目与 Liebeck 模型基本一致。

(1) AEA 模型的基本规则和假设条件。

表 4 - 31 列出了 AEA 模型的基本规则和假设条件。

表 4 - 31　AEA 模型的基本规则和假设条件

DOC 分析平均航段距离/n mile	设计航程(n mile)≤3 000：500
	3 000＜设计航程(n mile)≤5 000：1 000
	5 000＜设计航程(n mile)≤7 000：3 000
	设计航程(n mile)＞7 000：4 000
利用率/(小时/年)	平均航段距离(n mile)＜1 000：4 000
	1 000≤平均航段距离(n mile)≤2 000：5 100
	平均航段距离(n mile)＞2 000：6 500
过站时间/小时	平均航段距离(n mile)＜1 000：0.5
	1 000≤平均航段距离(n mile)≤2 000：1.4
	平均航段距离(n mile)＞2 000：3
商载	标准商载(100%上座率,无货载)
空勤人数	2
空乘人数	1/35 客座
维修劳务费率/(美元/小时)	66(注：包含管理劳务费)
机体备件	10%机体价格
发动机备件	30%发动机价格
折旧年限	14
残值	0
年折旧成本	投资总额(飞机＋备件)/折旧年限
年保险费	0.006×飞机价格
年利息	0.05×投资总额(飞机＋备件)

(2) AEA 模型的成本项目。

AEA 模型的直接运行成本项目与 Liebeck 模型基本一致(见表 4 - 29),只不过把所有权成本改称为"资金成本"。现金成本项目的计算方法已在第 4 节中给出,资金成本的计算方法如表 4 - 31 所示。

(3) AEA 模型的计算实例。

图 4 - 15 给出了利用 AEA 模型对 A320 飞机进行 DOC 分析的结果。A320 飞机 DOC 分析的输入数据如表 4 - 30 所示。AEA 模型与 Liebeck 模型对 A320 飞机 DOC 分析的结果存在明显差异,这种差异部分可能来自模型本身的简化假设,但基

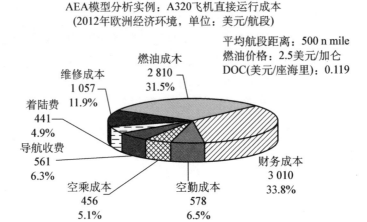

AEA模型分析实例：A320飞机直接运行成本
(2012年欧洲经济环境，单位：美元/航段)

平均航段距离：500 n mile
燃油价格：2.5美元/加仑
DOC(美元/座海里)：0.119

燃油成本
2 810
31.5%

维修成本
1 057
11.9%

着陆费
441
4.9%

导航收费
561
6.3%

空乘成本
456
5.1%

空勤成本
578
6.5%

财务成本
3 010
33.8%

图 4-15　AEA 模型 *DOC* 分析实例：A320 飞机

本体现出了欧洲和美国航空市场运营环境的差异。

3) CAAC 模型

CAAC 模型是一种由上海飞机设计研究院建立的、适合于中国航空运输市场的分析方法，考虑了中国民航(CAAC)公布的、至今有效的收费标准和中国民航运营的实际情况。由于缺乏足够的有效统计数据的支持，CAAC 模型尚在不断完善之中。

(1) CAAC 模型的基本规则和假设条件。

在确定 CAAC 模型的基本规则和假设条件时，我们必须注意到中国航空市场与欧美航空市场的差异。图 4-16 显示了中国民航国内航线的航线距离和日航班频率统计数据(2014 年)，航班频率加权平均航线距离为 1 122 km(606 n mile)。受到"四纵四横"高铁网络的影响，短途航线的市场不断萎缩，平均航线距离有增加的趋势。进一步分析我们发现，喷气支线飞机的平均航线距离取 500 n mile，窄体机的平均航线距离取 650 n mile，符合当前的中国航空市场环境。此外，在确定 CAAC 模型的假设条件时，应考虑到喷气支线飞机和窄体机运营的航线和机场类型存在的差异。

宽体机主要运营国际航线，图 4-17、图 4-18 和图 4-19 分别显示了宽体机在亚洲、北美和西欧航空市场运营的航线距离和航班频率统计数据(2011 年)。统计数据表明，Liebeck 模型和 AEA 模型对宽体机的平均航线距离的选择(中程 3 000 n mile，远程 4 000 n mile)是合理的。但是，由于受到短程、高航班频率的日本国内宽体机航线和中国京沪穗宽体机航线的影响，宽体机在亚洲市场运营的平均航线距离仅为 2 158 n mile，明显短于欧美市场。

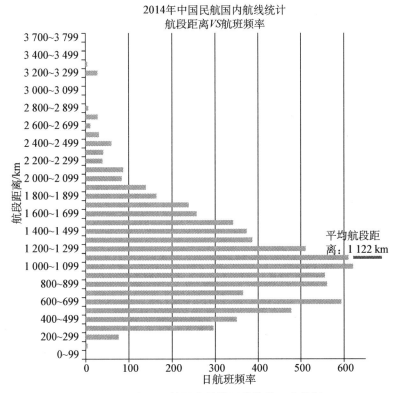

图 4-16   中国民航国内航线平均航线距离分析

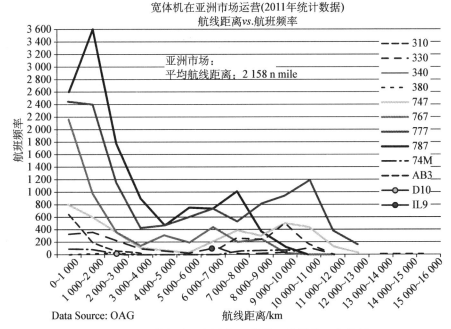

图 4-17   宽体机在亚洲市场运营的平均航线距离分析

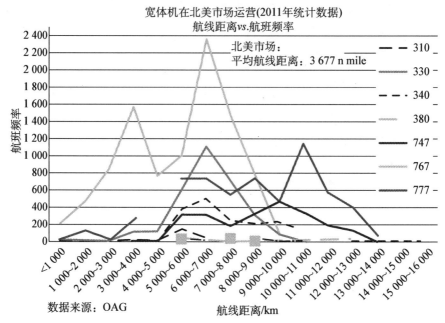

图 4-18　宽体机在北美市场运营的平均航线距离分析

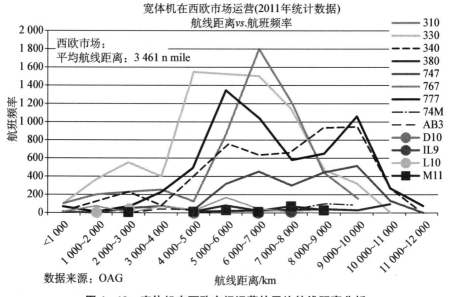

图 4-19　宽体机在西欧市场运营的平均航线距离分析

　　CAAC 模型的基本规则和假设条件见表 4-32,该表仅列出了喷气支线机和窄体机在国内航线运营的假设条件。主要运营国际航线的宽体机,需要综合考虑多国的航空市场,我们尚缺乏足够的统计数据来建立合理的数学模型,可参考 AEA 模型进行 DOC 分析，但应注意到亚洲市场平均航线距离偏短带来的影响。

表 4 - 32　CAAC 模型的基本规则和假设条件（国内航线）

DOC 分析平均航段距离（n mile）	喷气支线机：500
	窄体机：650
利用率/（小时/年）	3 900
过站时间/h	0.5
运营机场等级	喷气支线机：在二类与三类机场之间运营
	窄体机：在二类机场之间运营
运营航线类型	喷气支线机：二类航线
	窄体机：一类航线
商载	标准商载（100％上座率，无货载）
空勤人数	2
空乘人数	1/35 客座
维修劳务费率/（美元/小时）	28
机体备件	6％机体价格
发动机备件	20％发动机价格
贷款比例	100％（飞机＋备件）
贷款年限	20 年
贷款年息	6.5％，每年付款两次
折旧年限	20
残值	5％
年保险费率	0.1％飞机价格
征税政策	进口飞机（OEW≥25 t）：4％增值税，1％进口税
	进口飞机（OEW<25 t）：17％增值税，5％进口税
	进口零备件：17％增值税，5％进口税
	国产飞机：免税

（2）CAAC 模型的成本项目。

表 4 - 33 显示了 CAAC 模型的直接运行成本项目。除维修成本外，其他成本项目的计算方法已在第 4 节中给出。维修成本借用了 Liebeck 方法。

表 4 - 33　CAAC 模型的直接运行成本项目

现金成本	飞行机组成本
	客舱乘务员成本
	着陆费
	导航费
	维修成本（机体和发动机）
	燃油成本
	地面服务费

（续表）

	民航发展基金 餐饮费
财务成本	折旧成本（飞机和备件） 利息成本（飞机和备件） 保险成本

（3）CAAC 模型的计算实例。

图 4 - 20 显示了利用 CAAC 模型对 A320 飞机进行 DOC 分析的结果。分析的平均航段距离 650 n mile，A320 飞机的轮挡时间 1.85 h，轮挡耗油 4 193 kg，燃油价格 7 000 元/t（相当于 3.28 美元/加仑），其余输入数据如表 4 - 30 所示。

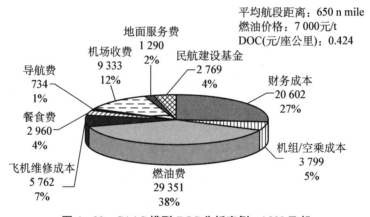

图 4 - 20　CAAC 模型 DOC 分析实例：A320 飞机

CAAC 模型对 A320 飞机在平均航段距离 650 n mile 时进行的 DOC 分析结果是 0.424 元/座公里。如果仅考虑与 AEA 模型和 Liebeck 模型相同的成本项目，即不计及民航建设基金、地面服务费和餐食费，在机场收费中仅考虑起降费，那么 CAAC 模型的 DOC 分析结果是 0.101 美元/座海里（假设美元/人民币兑换率 6.3）。这一结果虽然难以与 AEA 模型和 Liebeck 模型的分析结果进行比较（较长的平均航段距离使得座海里 DOC 有所下降，较高的油价使得燃油成本上升），但是可以看出量值上是相仿的。

4.5.3　DOC 分析结果的表达形式

DOC 分析结果通常有下述 4 种表达形式。

1）DOC/trip

DOC 是在设定的平均航段距离下分析得到的，因此，DOC/trip（trip：航段）是基本形式。当轮挡距离增加时,机票收入正比增加,但 DOC/trip 增加较慢,因为加长段是巡航段,耗油率低,不增加机场收费、地面服务费,以及与飞行循环有关的维修成本等。因而运营的平均航段距离越长,经济性越好。短程支线机经济性较差的主要原因是平均航段距离偏短。

2) DOC/h

DOC/h(h:轮挡小时)由 DOC/trip 除以平均轮挡小时得到。航空公司管理人员希望知道他的飞机每轮挡小时要花费多少直接成本以及如何控制这些成本,DOC/h 及各成本项目的小时直接成本数据可为他提供必要的依据。

3) DOC/km 和 DOC/ASK

DOC/km 由 DOC/trip 除以平均航段距离(km)得到;DOC/ASK(ASK:available seat kilometers 可用座千米)由 DOC/trip 除以(平均航段距离×可用座位数)得到。DOC/ASK(称为"座公里 DOC")是重要的经济性参数,当知道座公里平均票价后,就可以估算出平均收益水平。

图 4-21 以 A320 系列飞机为实例来说明 DOC/km 和 DOC/ASK 在经济性分析中的典型应用,该图的数据是用 CAAC 模型计算得到的。图中以"DOC/km"为横轴,它表征了"单位航段的直接运行成本",值越小则一次飞行的成本越低;以"DOC/ASK"为纵轴,它表征了"座公里直接运行成本",飞机的座级越高,通常座公里直接成本越低。图中的数据是以相对量给出的,以 A320 飞机为基准,给出 A321 和 A319 的相对变化。从该图可以清楚看出,185 座的 A321 飞机的座公里直接成本,要比 150 座的 A320 飞机低 10%,如果客流量足够大,航空公司选择 A321 飞机是明智的。但是,如果客流量偏低,航空公司选择 124 座的 A319 飞机更为合理,可以保持高的航班频率和高的上座率,每次飞行的直接成本可比 A320 飞机降低 9%。

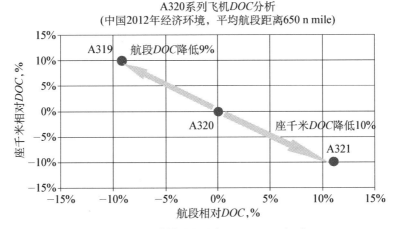

图 4-21　经济性分析实例:A320 系列飞机

4.6 飞机直接运行成本分析的应用

本节以 CAAC 模型为基础，讨论飞机 DOC 分析在竞争分析、飞机运营经济性评估、运行优化（成本指数分析）、价格敏感性分析、飞机优化设计和机载系统选型等方面的应用。

1）竞争分析

同类机型 DOC 竞争分析，是航空公司购机选型、制造商新机研制及销售时对飞机经济性进行评估的重要工具。

前面提到的选择 DOC 分析条件的两条准则，是进行合理 DOC 竞争分析的必要前提，也就是说，所选择的分析条件应与该机型预期运营的航空市场相符；同类机型的运营条件假设、基本性能所依据的设计基准和客舱布置的舒适性标准等应遵循可比性准则。如果两款要进行 DOC 比较分析的机型，采用不同的平均航段距离，一款采用单舱高密度布局，另一款采用舒适性较好的两舱型布局，它们的 DOC 比较分析是没有意义的。

图 4-22 以喷气支线机为例，显示了同类机型 DOC 竞争分析的一种典型图线。该图中现役支线机的 DOC 数据是在 2016 年中国经济环境条件下利用 CAAC 模型计算得到的。采用相同的平均航段距离（500 n mile）和相同的座椅排距，符合 DOC 分析条件的两条准则。图线以"DOC/航段"为横轴，对应于每次飞

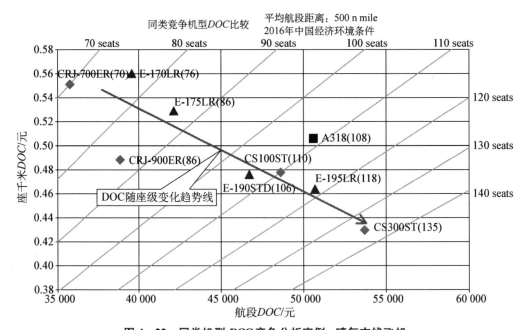

图 4-22 同类机型 DOC 竞争分析实例：喷气支线飞机

行的直接成本；以"DOC/座公里"为纵轴，可以与座公里收益相比较。横轴与纵轴坐标之比正好是座位数，因此可以画出一组描述座位数的射线作为参考线，这种扇形的 DOC 比较图线被称作"扇形图"。图线表明，随着飞机座位数的增加，座公里 DOC 逐渐降低，但每次飞行的直接成本逐渐增加。不同座位数的飞机不宜直接比较 DOC，沿着描述座位数的射线方向比较 DOC 是合理的。从该图线可以看出，空客为填补窄体机与支线机之间的座级空白而研发的 A318，在市场遭受冷遇的主要原因之一，是座公里 DOC 太高。ERJ190 的市场成功，与其座公里成本有一定优势有关。

2）飞机运营经济性评估

飞机运营经济性评估，指的是分析和评估机队在航空公司实际运营条件下，执行预定的航线网络和航班表所体现出的经济性。这种分析比 DOC 分析要复杂得多，实际航线有长有短，要使用实际飞行剖面和巡航高度，而不是平均航线距离和标准飞行剖面；使用实际客舱布置（例如，两舱布局），而不是标准客舱布置；要考虑各种实际可能发生的飞机日利用率、上座率、机票折扣和间接运营成本。

按照航线网络和航班表去评估机队运营经济性有一定的复杂性，需要大量实际运营数据，利用 CAAC 模型进行简化的模拟分析，也可以得到一些有价值的结果。下面以 A320 飞机在国内航线营运为例，讨论这种简化的模拟分析方法。分析基于下述与中国航空市场基本相符的假设条件：

（1）飞机总利用率 3 900 小时/年，过站时间 0.5 小时。

（2）在二类机场起降，运营一类航线。

（3）油价 7 000 元/吨，收益考虑燃油附加费（按有关规定计算，航线距离≤800 km 时，燃油附加费 60 元；航线距离＞800 km 时，燃油附加费 120 元）。

（4）货邮收益为全票价收益的 5%。

（5）美元/人民币兑换率 6.3。

（6）上座率为 80%。

（7）机票价格采用中国民航 2008 年公布票价的统计数据并经幂函数回归得到的公式来计算（见图 4-23），经济舱考虑不同的机票折扣率，公务舱不打折。

（8）机票收益中，扣除机票代理费 3%，营业税 3.5%。

（9）间接运行成本取 0.065 元/座公里。

（10）单位轮挡小时的资金成本（折旧、贷款计息和保险）基于平均航段距离 650 n mile 计算得到。

（11）A320 飞机的重量和价格数据（见表 4-30），轮挡性能数据（见图 4-4），飞机座位数 150 座（经济舱 138 座，公务舱 12 座），考虑上座率对飞机轮挡油耗的影响（见图 4-4，假设旅客标准重量为 102 kg，每减少一名旅客，轮挡油耗减 0.128 5%）。

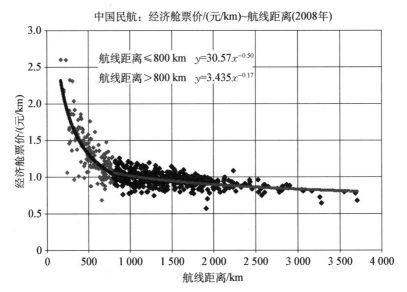

图 4-23　中国民航机票价格统计(2008 年)

图 4-24 显示了在上述假设条件下,利用 CAAC 模型得到的 A320 飞机运营经济性分析结果。这种图线给予航空公司清晰的飞机运营经济性评估,当收益曲线高于总成本曲线时,航空公司可赢利,反之则亏损。该算例表明,当平均上座率为 80%、机票折扣率为 6~7 折时航空公司可达到盈亏平衡。航线距离>800 km 时,燃油附加费固定为 120 元,因而该算例呈现出航线距离越长,飞机赢利能力越差的不合理现象。不过,中国国内航线距离超过 3 000 km 的情况并不多见。

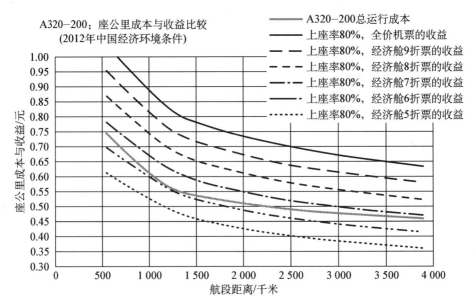

图 4-24　A320 飞机运营经济性分析

3) 成本指数分析

(1) 成本指数概念的提出。

飞行时间和飞行耗油是影响飞机运行成本的两个重要方面。一般而言,选择高的飞行速度,省时但费油;选择低的飞行速度,省油但费时。当油价上升时,省油的重要性会增加,趋向于选择低的飞行速度;反之,当油价下降时,省油的重要性会减弱,趋向于选择高的飞行速度。因此存在一个如何权衡时间成本和燃油成本,合理选择飞行速度的问题。

现代商用飞机上配置的飞行管理计算机(flight management computer, FMC),除了导航功能外,还具有实时性能优化功能,可以在各种运行的限制条件下(飞行重量、飞行高度和到达时间等)优化选择爬升、巡航或下降的速度,以达到预期的最低耗油、最少耗时,或者最低成本的目的。

为了平衡考虑燃油成本和时间成本,达到最低成本运行的目的,现代商用飞机引入了"成本指数"的概念。飞行员在飞行管理计算机的控制显示器上输入事先计算得到的成本指数,飞机将依据成本指数和飞行限制条件,计算出最低成本飞行的爬升、巡航和下降速度。当然,对于没有安装 FMC 的飞机,也可以利用成本指数来确定相应的飞行速度,从而优化飞行计划。一般而言,利用成本指数方法进行速度优化可获得大约 2%～3% 的成本降低,在强航路风或在低空飞行的场合,成本的降低更为明显。

(2) 成本指数与经济速度关系的推导。

飞机直接运行成本(DOC)的成本项目可划分为以下 3 类:

a. 固定成本。这类成本与飞行速度的选择无关,例如:保险、贷款付息、空勤和空乘的固定成本(基本工资、福利待遇和培训/复训成本等)、与起落有关的成本(维修成本中与起落次数有关的部分、导航费、机场费、地面服务费、餐饮费和民航建设基金等)。

b. 与飞行时间有关的成本。包括维修成本中与飞行时间有关的部分、空勤和空乘的小时成本,以及折旧(或租金)成本等。

c. 燃油成本。燃油成本等于燃油价格乘以航段耗油。

图 4-25 显示了这 3 种类型成本随速度(Ma 数)变化的示意曲线。通过燃油成本线上所标出的、在巡航状态下的 4 种速度的分析,可以清楚地看出燃油成本和时间成本随速度的变化趋势。航段耗油取决于飞机气动阻力,阻力随速度的变化是非线性的。在最低阻力速度时,航段耗油最低,对应于最大航程巡航(maximum range cruise, MRC),该速度相对较低。"99%最低燃油"时的速度,对应于"远程巡航"(long range cruise, LRC),在该速度时,耗油仅增加 1%(或者说航程损失 1%),但速度增加较多,通常被认为接近于经济速度。"最大巡航速度"(maximum cruise speed)对应于使用发动机最大巡航推力所能达到的最大速度,该速度下的燃油成本

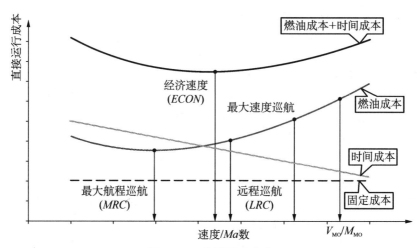

图 4 - 25 经济速度定义

将比较高,但时间成本较低。该速度是温度的函数,因为最大巡航推力与温度有关。最大使用速度(maximum operating speed, V_{MO}/M_{MO})是飞机任何情况下不可随意超越的限制速度,在下降时可能达到这一速度,该速度下的燃油成本将很高,时间成本最低。

在分析最低成本所对应的速度时,无须考虑与飞行速度无关的固定成本。在图4 - 25 中画出了"燃油成本+时间成本"曲线,显然,该曲线上最低点所对应的速度,就是最低成本经济速度(ECON speed)。下述方程(4 - 1)可描述"燃油成本+时间成本"曲线为

$$C = C_T \times T + C_F \times F \qquad (4 - 1)$$

式中:

C——燃油成本+时间成本;

C_F——燃油价格,元/kg;

C_T——单位时间成本,元/h;

T——航段时间,h;

F——航段耗油,kg。

T——等于航程除以速度,F 等于航程除以单位燃油航程,方程(4 - 1)改写为

$$C = C_T \times (R/(a\,Ma)) + C_F \times (R/SR) \qquad (4 - 2)$$

式中:

R——航程,km;

Ma——飞行 Ma 数;

a——声速,km/h;

SR——单位燃油航程(special range),km/kg。

方程(4-2)中的C对Ma数取一阶导数并令其等于零,即$dC/dMa=0$,所得出的Ma数,将对应于最低成本经济速度。于是得到:

$$dC/dMa = (C_T R/a) \times (-1/Ma^2) + C_F R \times (-1/SR^2) \times (dSR/dMa) = 0$$

$$(4-3)$$

方程(4-3)经整理后最终可得到C_T/C_F与经济Ma数的表达式(4-4)为

$$C_T/C_F = -a_0\theta^{0.5}Ma^2/SR^2 \times (dSR/dMa)$$

$$(4-4)$$

式中:

C_T/C_F——定义为成本指数(cost index, CI),单位为 kg/h(或 kg/min),成本指数实质上表达了时间成本相对于燃油成本的重要程度;

a_0——海平面时的声速,1 225 km/min;

θ——温度比,是压力高度和环境温度的函数。

对于飞机的任何一个飞行阶段(成本指数关心的是爬升、巡航和下降阶段),都可以利用飞机性能计算程序,确定出在给定的飞行状态(飞行重量、飞行高度或油门位置等)下,SR随巡航Ma数的变化关系(dSR/dMa)。然后依据表达式(4-4)可以确定出成本指数所相对应的经济Ma数。

图 4-26 显示了巡航阶段单位燃油航程(SR)随Ma数变化的示意图,SR是巡航速度(Ma数)、飞行高度和飞行重量的函数。图 4-27 和图 4-28 以 A320 飞机为例,给出了经济巡航Ma数随成本指数、飞行重量和巡航高度的变化曲线。

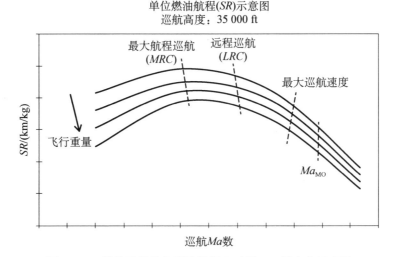

图 4-26　巡航阶段单位燃油航程(SR)随Ma数变化示意图

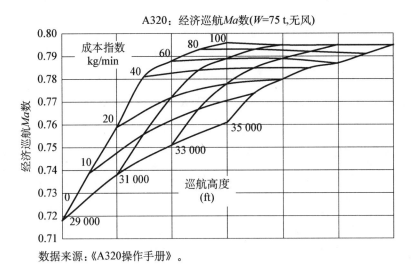

数据来源：《A320操作手册》。

图 4 - 27　A320 飞机经济巡航 Ma 数（飞行重量 75 t）

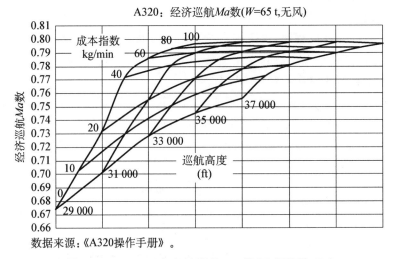

数据来源：《A320操作手册》。

图 4 - 28　A320 飞机经济巡航 Ma 数（飞行重量 65 t）

　　下面以巡航状态为例，简单讨论一下方程（4 - 4）。从图 4 - 26 可以看出，当飞行 Ma 数低于 MRC 时，dSR/dMa 出现正值，即 C_T/C_F 为负值，而 CI 不可能是负值。因此，只有在 Ma 数大于 MRC 时才适用方程（4 - 4），也就是说，经济速度应该大于 MRC 速度。应当注意到，在巡航阶段，随着燃油的消耗，飞行重量减轻，经济速度也随之降低。此外，从方程（4 - 4）中的参数 θ（温度比）可以看出，压力高度和环境温度也是影响经济速度的变量。

　　当燃油成本的重要程度很高时（即燃油成本比时间成本高得多），成本指数将很低。在极端情况下(即时间成本可忽略不计),$CI = 0$,所对应的速度就是最大航程巡航速度(MRC)。

反之,当燃油成本相对于时间成本很低时,成本指数将很高。在极端情况下(即燃油成本可忽略不计),所对应的速度是最大飞行包线速度,对于巡航阶段,是最大巡航速度;对于下降阶段,是最大使用速度(V_{MO}/Ma_{MO})。

在实际运行中,这两种极端的 CI 值罕见发生。航空公司基于它们的实际燃油价格和时间成本的构成,计算出 CI。然后依据实际的 CI 确定出经济速度。

(3) 成本指数的计算。

燃油价格随市场而浮动,飞机的燃油成本和时间成本随航线而变化,理论上应该对每一条运营航线进行分析,确定其成本指数,并且定期更新。在实际运行时,也可以把各航线和机型计算出的成本指数,进行综合分析,得到"低、中、高"3 种成本指数近似值,对于每一条航线,选择最接近的成本指数近似值。

● 燃油价格(C_F):燃油价格的确定相对简单,一般采用平均燃油价格或特定的燃油价格。油价随市场波动,不同时期、不同地区或不同采购方式有不同的油价;有些航空公司采用"套期保值"办法来应对油价难以预测的波动;货币兑换率对油价产生影响;按里程分段向旅客收取的"燃油附加费"不应在燃油采购价格中考虑。

● 时间成本(C_T):时间成本主要包括以下 3 类成本:维修成本中与飞行时间有关的部分、空勤和空乘的小时成本,以及折旧(或租金)成本。时间成本可以理解为"每额外飞行 1 h(或 1 min)发生的边际成本"。

实际上,还存在许多偶发的时间成本。例如,与飞行时间有关的航班延误、旅客错过转机航班和旅客满意度等,都可能产生额外的运营成本;当因空管限制而造成航班起飞延误时,飞行员可能不得不放弃经济速度而采用较大的巡航速度。对于这些偶发的时间成本,可能难以建立可用的数学模型。

a. 与时间有关的维修成本。飞行小时数和飞行循环数(或起落数)是决定维修成本的两个基本运行参数。成本指数计算关心的是与飞行小时数有关的维修成本,包括下述 4 项:机体(含所有机载系统)的维修劳务成本和材料成本,发动机的维修劳务成本和材料成本。

维修成本随机龄而变化,飞机在"蜜月期"(0~72 个月)内维修成本较低,"老化期"(144 个月之后)的维修成本较高。成本指数计算,应依据飞机的实际维修状态来确定与飞行时间有关的维修成本。当缺乏实际运行的修成本数据时,可利用 4.4.3 节"维修成本"中给出的维修成本估算方法,其结果对应于全寿命周期内的平均维修成本,重新列出如下。

与飞行时间有关的机体维修劳务成本 AML 为

$$AML = 3R \times [1.26 + (1.774 \times (AFW/10^5) - 0.170\ 1 \times (AFW/10^5)^2]$$

与飞行时间有关的机体维修材料成本 AMM 为

$$AMM = [12.39 + 29.80 \times (AFW/10^5) + 0.180\ 6 \times (AFW/10^5)^2] \times F_{CPI}$$

与飞行时间有关的发动机维修劳务成本 EML 为

$$EML = 3R \times [0.645 + (0.05 \times SLST/10^4)] \times 0.566 \times N_E$$

与飞行时间有关的发动机维修材料成本 EML 为

$$EMM = ((25 + (18 \times SLST/10^4)) \times 0.62 \times N_E \times F_{CPI}。$$

上述各式中,

AFW——机体重量,单位为磅,AFW 等于制造空重减去发动机干重;

R——维修劳务费率,单位为美元/小时,在算例中,假设 $R=28$ 美元(不包含管理费用);

F_{CPI}——消费者价格指数修正系数,对于 1993—2013 年,$F_{CPI}=1.61$;

$SLST$——单台发动机未安装海平面静推力,单位:磅力;

N_E——每架飞机的发动机数。

应该注意到,在维修成本计算中的"飞行时间"指的是空中时间,当把计算结果换算为"元/轮挡小时"时,需要乘以((轮挡小时-0.25)/轮挡小时)。通常假设地面时间为 15 min(0.25 h)。

以 A320 飞机为例,假设平均轮挡时间为 1.85 轮挡小时,机体重量为 32.884 t,单台发动机海平面静推力为 25 000 lb,美元/人民币兑换率为 6.15,按照上述 4 个计算式计算得到的与飞行时间有关的维修成本为 2 537 元/轮挡小时。

b. 与时间有关的机组成本。地区不同、航空公司的经营模式(网络航空、地区航空、低成本航空或民营航空)不同,飞机的吨位不同,机组成本有很大差异。对于航空公司的财务人员来说,要确定本公司的机组时间成本,或许并不困难。但要建立一个与时间有关的机组成本通用计算模型,或许是不现实的。

空勤和空乘成本,通常由固定成本(基本工资、福利待遇和培训/复训成本等)和变动成本(飞行小时费和超时费)两部分组成。

事实上,在成本指数计算中仅考虑机组的飞行小时费或许是不够完善的。即使机组的工资和待遇是固定的,飞行时间也对机组固定成本产生影响。增加飞行速度(即减少飞行时间),有利于按正常需求配置机组人员,减少盈余机组人员的配置,使得机组人员飞行时间低于额定飞行时间限制(每年 1 000 h)的程度,尽可能地降低,更有效地使用机组。

波音公司在成本指数计算示例中假设[1],空勤成本中,与时间有关的成本占 45％（其中，基于飞行时间的成本占 35％，超时成本占 10％）；空乘成本中，与时间有关的成本占 40％（其中，基于飞行时间的成本占 25％，超时成本占 15％）。

A320 飞机在中国运营条件下的空勤和空乘成本分别是 1 397 和 655 元/轮挡小时（见第 4 节），如果空勤和空乘的时间成本分别占 45％和 40％，机组时间成本为 890 元/轮挡小时。

c. 边际折旧（或租金）成本。

购机（包括飞机和备件）的原始成本（或租金），分摊到运行的每一轮挡小时，就是小时折旧（或租金）成本。在指定的年利用率条件下，飞行速度的增加，有可能额外增加飞行的航段数。边际折旧（或租金）成本指的是"每额外飞行 1 h（或 1 min）发生的折旧（或租金）边际成本"。

如果飞行速度的增加，所节省的时间可以利用的话，在成本指数分析中应考虑边际折旧（或租金）成本。如果航空公司按固定的日历时间来分摊折旧（或租金）成本，在成本指数分析中不应考虑边际折旧（或租金）成本。

d. 经济速度的确定。

假设燃油价格为 5 元/kg，综合上述分析，A320 实例的成本指数 CI 的计算结果为 11 kg/min（见表 4 - 34）。"$CI = 11$ kg/min"的含义是：11 kg 燃油的成本与 1 min 轮挡时间的成本相同，并非燃油流量为 11 kg/min。依据图 4 - 27 和图 4 - 28 可以查出，当巡航高度 33 000 ft、飞行重量 75 t 时，经济巡航 Ma 数为 0.768；当飞行重量 65 t，其他参数不变时，经济巡航 Ma 数为 0.753。

表 4 - 34　A320 实例：成本指数（假设利用率 3 900 小时/年）

与时间有关的成本，元/轮挡小时	3 427
维修成本，元/轮挡小时	2 537
机组成本，元/轮挡小时	890
边际折旧（或租金）成本，元/轮挡小时	未考虑
燃油价格，元/千克	5
成本指数，kg/min	11

e. 影响经济速度的因素讨论。

● 成本指数与巡航经济速度

一旦飞行员在 FMS 的控制显示器上输入成本指数，并选择按经济速度飞行，飞机将在整个飞行中按照经济速度飞行。从图 4 - 27 和图 4 - 28 的 A320 飞机实例可以看出，经济速度不是恒定不变的，而是随着各种飞行参数（飞行高度、飞行重量和航路风）变化的：

飞行高度：飞行高度越高，经济巡航 Ma 数越高。在低成本指数时，飞行高度对经济速度的影响较显著。换句话说,成本指数方法在低飞行高度层和低成本指数时,控制运行成本的作用比较突出。

飞行重量:飞行重量越大,经济巡航 Ma 数越高。在低成本指数时,飞行重量对经济速度的影响较显著。换句话说,成本指数方法在低飞行重量和低成本指数时,控制运行成本的作用比较突出。

风速:飞行管理计算机在确定经济速度时会自动计及所遭遇的实际风速。顺风将降低经济速度,逆风增加经济速度。

● 成本指数与经济爬升速度

涡扇客机通常以等指示空速和等 Ma 数爬升,发动机油门设定在"最大爬升推力"。例如,A320 飞机的标准爬升剖面是"250 kn/300 kn/Ma0.78",即:在 10 000 ft 高度以下以 250 kn 指示空速爬升;在 10 000 ft 高度处加速到 300 kn 指示空速,然后以 300 kn 爬升直至 $Ma=0.78$ 的空速/Ma 数转换高度;在空速/Ma 数转换高度以上,以等 Ma 数($Ma=0.78$)爬升。

当飞机以"最低成本"爬升时,飞行管理计算机依据飞行重量计算出经济爬升速度和经济爬升 Ma 数,爬升剖面相应地变为"250 kn/经济速度/经济 Ma 数",即:在 10 000 ft 高度以下仍以 250 kn 指示空速爬升(该速度受到空管的限制),在 10 000 ft 高度以上以"经济速度/经济 Ma 数"爬升(空速/Ma 数转换高度也将相应变化)。

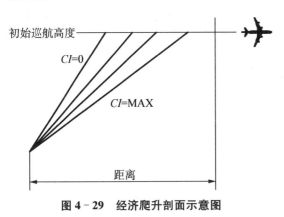

图 4‑29 经济爬升剖面示意图

最大爬升推力油门的耗油率很高,当成本指数较低(节油重要性高)时,要求爬升时间尽可能短。达到指定高度时间最短的爬升速度被称为"最大爬升率速度"(maximum rate of climb speed)。当 $CI=0$ 时,经济速度为最大爬升率速度。从图 4‑29 的爬升剖面示意图可以看出,此时的爬升航迹较陡,爬升段飞越的距离较短,使得巡航段较长。当成本指数较高时,要求增加爬升速度,因而爬升率较低,爬升航迹较平坦,爬升段飞越的距离较远,使得巡航段缩短,"爬升+巡航"的总飞行时间缩短。最大爬升速度通常限于 V_{MO}-10 kn。

表 4‑35 以 A320 为实例给出了各种成本指数条件下爬升至 33 000 ft 的有关爬升参数(假定为标准大气和无风条件、10 000 ft 以下以 250 kn 指示空速爬升)。

从表4-35我们看到,当成本指数很低时,爬升速度和Ma数较低,到达巡航高度时,飞行Ma数可能低于巡航Ma数,需要加速到巡航Ma数,才能把油门从爬升状态转至巡航状态。由此来看,单独考虑爬升段,是经济的,但综合考虑"爬升+巡航",未必是经济的。

表4-35 A320实例:爬升至33 000 ft高度的有关爬升参数

成本指数 /(kg/min)	仅爬升段			包含爬升至巡航 高度时的加速段		爬升校正空速 /Ma数	爬升终了高度处 的爬升率,ft/min
	耗油 /kg	时间 /min	距离 /n mile	耗油 /kg	时间 /min		
0	1 757	22.4	150	1 984	27.5	308/0.765	584
20	1 838	23.1	159	2 009	26.9	321/0.779	566
40	1 897	23.7	165	2 030	26.6	333/0.783	550
60	1 980	24.7	175	2 056	26.3	340/0.791	506
80	2 044	25.6	183	2 072	26.2	340/0.797	461
100	2 080	26.1	187	2 080	26.1	340/0.800	439

- **成本指数与经济下降速度**

涡扇客机通常以等Ma数和等指示空速下降,发动机油门设定在"飞行慢车推力"。例如,A320的标准下降剖面是"$Ma0.78/300$ kn/250 kn",即从巡航高度以$Ma0.78/300$ kn指示空速下降至10 000 ft高度,在10 000 ft高度以下以250 kn指示空速进行下降。

当飞机以"最低成本"下降时,飞行管理计算机依据飞行重量计算出经济下降Ma数和经济下降速度,下降剖面相应地变为"经济Ma数/经济速度/250 kn"。

飞行慢车推力油门的耗油率很低,当成本指数较低(节油重要性高)时,要求把下降的持续时间最大化,这可以通过采用低的下降速度来达到。当$CI=0$时,采用最低下降速度(minimum descent speed)。A320飞机的最低下降速度是250 kn。从图4-30的下降剖面示意图可以看出,此时下降航迹较平坦,下降段飞越的距离较长,开始下降的时间较靠前。当成本指数很高

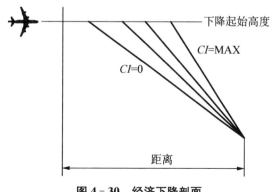

图4-30 经济下降剖面

时,要求尽可能缩短飞行时间,下降速度尽可能接近于最大下降率速度(maximum rate of descent speed),但下降速度通常限于 $V_{MO} - 10$ kn。此时,下降航迹较陡,下降段飞越的距离较短,开始下降的时间较晚些。表 4 - 36 以 A320 为实例给出了从 37 000 ft 高度下降的有关下降参数(假定为标准大气和无风条件、10 000 ft 以下以 250 kn 指示空速下降)。

表 4 - 36　A320 实例:从 37 000 ft 高度下降的有关下降参数

成本指数 /(kg/min)	仅下降段			下降包含巡航段		下降 Ma 数/ 校正空速
	耗油 /kg	时间 /min	距离 /n mile	耗油 /kg	时间 /min	
0	138	19	105	138	19	0.764/252
20	125	17	99	157	17.8	0.779/278
40	112	14.9	90	187	16.8	0.786/311
60	137	14.6	92	207	16.4	0.796/339
80	142	14.6	92	210	16.3	0.800/342

4) 价格敏感性分析

飞机价格和燃油价格,是 DOC 分析中两个既重要又难以确定的输入数据。燃油价格的激烈浮动和难以预测一直困扰着航空公司的经营者。飞机价格主要取决于飞机的航程能力和客座(或商载)能力,其次取决于速度、舒适性、运行成本和产品系列化等,同时受到航空市场和产品竞争的影响。对于飞机制造商,飞机价格是最敏感的赢利杠杆;对于航空公司,飞机价格是制造商给出的最清晰的合作意愿。因此,飞机价格的确定是飞机制造商的一项重要决策。

飞机目录价(list price)是制造商的建议价格,实际上很少有航空公司按目录价来购机;合同价格(contract price)通常是商业机密;市场价格(market value)是专业评估机构依据市场条件给出的、接近于成交价的评估价格。对于已进入市场的飞机,DOC 分析中的飞机价格应采用市场价格。对于研制中的飞机,通常采用“制造商研究价格”(manufacturer's study price,MSP)。“制造商研究价格”的确定,既要参照已服役的同类机型的市场价格,也要考虑飞机的制造成本。单架飞机的制造成本等于单架飞机的重复成本(recurring cost)加上分摊到每架的非重复成本(non-recurring costs)。

利用 DOC 分析模型,分析飞机价格和燃油价格对飞机经济性敏感性,有助于飞机制造商对飞机价格做出合理决策,有助于对燃油价格变化的影响做出量化判断。图 4 - 31 利用 CAAC 模型、用“地毯图”的形式,以 A320 飞机为例给出了飞机和燃油价格对 DOC 影响敏感性分析结果。

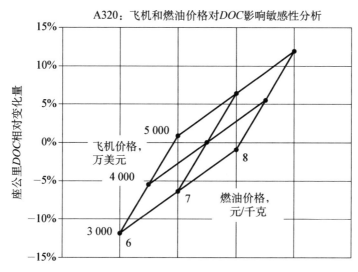

图 4-31　飞机和燃油价格对 DOC 影响敏感性分析

5）DOC 分析应用于飞机优化设计

表 4-37 列出了影响 DOC 的主要参数，以及这些参数所涉及的设计参数。我们注意到，这些设计参数大多是在初步设计阶段结束时确定的。由于 DOC 与这些设计参数的相关性，在初步设计阶段，DOC 分析已成为飞机优化设计的一个重要工具。

表 4-37　影响 DOC 的主要参数和涉及的设计参数

成本项目	影响成本的参数	涉及的设计参数
折旧	飞机价格、初始备件、折旧年限、残值、利用率、轮挡时间、平均航段距离	● 飞机价格：与航程能力、座位数、速度、舒适性、运行成本、系列化等有关
贷款付息	飞机价格、初始备件、贷款总额、贷款年限、贷款年息、利用率、轮挡时间、平均航段距离	● 发动机价格：与发动机选型、发动机推力要求、机场适应性等有关 ● 轮挡时间：与速度和过站时间等有关 ● 飞机利用率：与可靠性和维修性设计等有关
保险	飞机价格、保险费率、利用率、轮挡时间、平均航段距离	
燃油成本	燃油价格、轮挡耗油、平均航段距离	● 轮挡耗油：涉及发动机推力和耗油率、气动阻力、飞机重量、巡航高度和速度、APU 耗油
维修成本	维修工时费率、维修工时、维修材料费、机体重量、发动机推力和参数、平均航段距离	● 维修工时：涉及维修性设计、机体重量 ● 发动机推力和参数：涉及发动机选型、机场适应性等

（续表）

成本项目	影响成本的参数	涉及的设计参数
机场收费	机场收费标准、最大起飞重量、旅客座位数	● 最大起飞重量 ● 旅客座位数
导航费	导航费收费标准、平均航段距离、最大起飞重量	● 最大起飞重量
地面操作费	地面操作费收费标准、最大商载、旅客座位数	● 最大商载 ● 旅客座位数
餐饮费	餐饮费标准、航线距离、旅客座位数、舱位划分	● 旅客座位数 ● 舱位划分
民航发展基金	收费标准、航线类型、航线距离	● 最大起飞重量
空勤成本	空勤/空乘薪酬、空勤/空乘每月飞行的轮挡小时数规定、空勤/空乘培训要求、飞机利用率	● 旅客座位数 ● 培训成本：系列化和共通性设计有利于降低培训成本，有利于空勤转机型

在 DOC 分析应用于飞机优化设计时，首先应该认识到，飞机的设计航程、座级（或商载能力）、单发升限，以及机场适应性（起降距离、进场速度和 ACN 值等）等描述飞机市场适应性的总体设计参数，是飞机开发商依据目标市场需求确定的，它们不属于飞机总体设计参数优化的范畴。

DOC 分析应用于总体设计参数优化的基本方法和步骤如下：

（1）给定基准型飞机（baseline aircraft）的总体参数、设计重量和性能数据。基准型飞机应满足目标市场需求。基准型飞机设计数据的正确性很重要，因为它是总体设计参数优化的基础，不正确的基准型飞机设计数据可能导致总体设计参数优化的谬误。

（2）利用总体参数设计软件，在满足目标市场需求的前提下，选择基准型飞机的某些几何和气动参数（机翼面积、展弦比、根梢比、翼尖装置、高升力装置和机身长细比等）、动力装置参数（发动机推力、涵道比和耗油特性等）、设计速度参数（失速速度 V_S 和最大使用速度 V_{MO}/M_{MO} 等），或新技术和新型结构材料的应用等进行敏感性分析，得出总体参数变化引起的飞机重量、发动机推力需求和轮挡性能等的变化量。在以往的总体参数优化设计中，设计师采用"最小阻力"或"最小重量"准则来优选总体参数。在经济性为导向的总体参数优化设计中，还需进行下面两个步骤的工作。

（3）评估总体参数变化引起的飞机和发动机价格变化。新技术和新型结构材料应用引起的飞机价格变化需要专门研究和确定，飞机重量和发动机推力需求变化导致的价格变化，可采用下面给出的经验公式来估算：

$$AP_{\mathrm{VAR}} = 1/3AP_{\mathrm{BASE}} \times MWE_{\mathrm{VAR}}/MWE_{\mathrm{BASE}} + 2/3AP_{\mathrm{BASE}}$$

$$EP_{\mathrm{VAR}} = EP_{\mathrm{BASE}} \times (SLST_{\mathrm{VAR}}/SLST_{\mathrm{BASE}})^{0.8}$$

式中：

AP_{BASE}——基准型飞机的价格；

AP_{VAR}——参数变化后飞机的价格；

MWE_{BASE}——基准型飞机的制造空重；

MWE_{VAR}——参数变化后飞机的制造空重；

EP_{BASE}——基准型飞机的发动机价格；

EP_{VAR}——参数变化后飞机的发动机价格；

$SLST_{\mathrm{BASE}}$——基准型飞机的发动机海平面静推力；

$SLST_{\mathrm{VAR}}$——参数变化后飞机的发动机海平面静推力。

（4）利用 DOC 分析模型，对参数变化后的飞机进行 DOC 敏感性分析。最后，以 DOC 最低参数为基本准则，来优选各项总体参数。在某些情况下，为了给飞机系列化发展或潜在构型的需求留有设计余量，可能需要某些程度上牺牲一点经济性，选择 DOC 略高的总体参数。例如，A320 飞机的机翼面积是偏大的，但为后来的 A321 飞机留下了设计余量。在（4）的 DOC 敏感性分析中，通常采用 100% 的上座率，平均航段距离采用设计航程，因为飞机是在满座和设计航程状态下进行优化设计的。

图 4-32 给出了 DOC 分析应用于总体设计参数敏感性分析常见的"地毯图"。

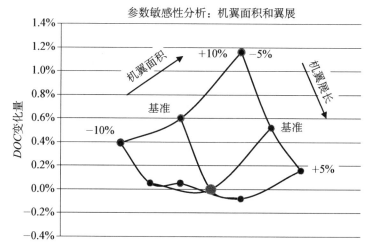

图 4-32　DOC 分析应用于总体设计参数敏感性分析的地毯图

6）DOC 分析应用于机载系统选型

表 4-38 列出了按 ATA-100 定义的飞机系统。一般来说，民用飞机机载系统的重量，约占全机制造空重的 1/3（见表 4-39）；飞机研制和生产成本中，约 1/3 来

自飞机系统；飞机售价中的 1/3 来自飞机系统；飞机的直接运行成本（*DOC*）和直接维修成本（*DMC*）中的 1/3 来自飞机系统。在飞机系统选择和设计的初期，对飞机各备选系统的经济性进行分析，为合理优选飞机系统提供依据，对于提升飞机的经济性和竞争力，具有重要意义。

表 4-38　按 ATA-100 定义的飞机系统

ATA 章节号	系　　统
21	空调（air conditioning）
22	自动飞行（auto flight）
23	通信（communications）
24	电源（electrical power）
25	设备/内设（equipment/furnishings）
26	防火（fire protection）
27	飞控（flight controls）
28	燃油（fuel）
29	液压（hydraulic power）
30	防冰/除雨（ice and rain protection）
31	指示/记录（indicating/recording systems）
32	起落架（landing gear）
33	照明（lights）
34	导航（navigation）
35	氧气（oxygen）
36	气源（pneumatic）
38	水/废水（water/waste）
49	APU（airborne auxiliary power）

表 4-39　实例：民用飞机机载系统重量的比例

	重量/kg					
	A330-300		B767-400ER		B777-200	
		占制造空重比例/%		占制造空重比例/%		占制造空重比例/%
制造空重	121 914		98 359		131 821	
结构重量	67 391		53 297		76 169	
其中：起落架	8 990	7.4	7 979	8.1	11 645	8.8
发动机	17 236		15 395		21 087	
固定系统和设备	**37 287**	**30.6**	**29 667**	**30.2**	**34 564**	**26.2**
内设	23 530	19.3	17 926	18.2	20 752	15.7

（续表）

	重量/kg					
	A330 - 300		B767 - 400ER		B777 - 200	
		占制造空重比例/%		占制造空重比例/%		占制造空重比例/%
操纵面控制	2 246	1.8	1 890	1.9	2 323	1.8
燃油系统	382	0.3	385	0.4	410	0.3
液压	1 762	1.4	1 361	1.4	1 854	1.4
电气	1 346	1.1	1 279	1.3	1 359	1.0
航电	1 380	1.1	1 207	1.2	1 407	1.1
APU	804	0.7	717	0.7	718	0.5
空调	1 586	1.3	1 332	1.4	1 336	1.0
其他	4 249	3.5	3 570	3.6	4 404	3.3

"最佳性价比"（cost-performance optimum）方法，是选择飞机机载系统的一种常用方法，即在满足飞机设计技术要求的条件下，以"最低研发成本"为目标选择飞机系统。该方法符合飞机制造商的利益，但对客户"低运行成本"的需求考虑不足。机载系统的选择并不总是基于理性分析，常受到非理性因素（例如，仅考虑初始采购价格，领导的决策，对某品牌产品或制造商的偏好或信任）的左右。

民用飞机的整机经济性评估，广泛采用符合航空公司利益的 DOC 方法。该方法对影响飞机 DOC 的各种因素（包括飞机重量、轮挡耗油、轮挡时间、飞机利用率、维修性和价格等）进行综合分析，得到单一的 DOC 数值（DOC/航段，或 DOC/座公里），对飞机经济性或飞机设计参数优化做出明确的评定。把应用于全机的 DOC 分析方法进行适当裁剪，也可用于飞机机载系统的经济性评估和选型。这种机载系统 DOC 分析方法被简称为"DOC_{SYS}方法"。下面简要介绍 DOC_{SYS}方法及其各成本项目的评估模型。

1）DOC_{SYS}方法概述

机载系统选择的先决条件，是满足飞机的设计技术要求。"满足飞机的设计技术要求"意味着：无论选择哪一款备选系统，将不影响飞机的座位数、最大商载、最大设计起飞重量和设计航程等目标设计参数，不影响任务飞行剖面和平均航段距离的假设，飞机的基本定价也不受机载系统选择的影响。据此不难得到对飞机 DOC 分析方法进行裁剪：

（1）可以裁剪掉的 DOC 成本项目（见表4-40）：取决于飞机的价格和平均航段距离的贷款付息和保险成本；取决于飞机的座位数、最大商载、最大设计起飞重量和平均轮挡距离等设计参数的机场收费、导航费、地面操作费、餐饮费和民航建设基金。飞机系统选择虽然可能影响培训需求,但影响量小到可忽略不计,因此空勤/空乘成本也可以裁剪掉。

表 4 - 40 DOC_{SYS} 分析中对 DOC 成本项目的裁剪

DOC 分析的成本项目		影响成本的主要设计参数	DOC_{SYS}是否考虑?
现金成本	飞行机组/客舱乘务员成本	座位数、利用率	×
	起降费	最大起飞重量、旅客座位数	×
	导航费	平均航段距离、最大起飞重量	×
	维修成本(机体和发动机)	维修工时和材料、机体重量、发动机推力	√
	燃油成本	轮挡耗油	√
	地面服务费	最大商载、旅客座位数	×
	民航发展基金	航线类型、航线距离	×
	餐饮费	航线距离、旅客座位数	×
财务成本	折旧成本(飞机和备件)	利用率、轮挡时间、平均航段距离	√
	利息成本(飞机和备件)	飞机价格、平均航段距离	×
	保险成本	飞机价格、平均航段距离	×

(2) 需要补充的成本项目:系统派遣可靠性导致的航班延误或取消的附加成本;所需系统备件储备导致的附加财务成本。实际上,这两项成本已隐含在 DOC 分析模型中:"飞机年利用率"综合考虑了飞机派遣可靠性的影响,"初始备件"计入了所需备件储备对财务成本的影响。

依据上述分析,可以得到描述机载系统直接运行成本(DOC_{SYS})的表达式为

$$DOC_{SYS} = Depr_{SYS} + Fuel_{SYS} + DMC_{SYS} + Delay_{SYS} + SHC_{SYS}$$

式中:

DOC_{SYS}——备选机载系统的直接运行成本

$Depr_{SYS}$——系统引起的折旧成本(depreciation cost);

$Fuel_{SYS}$——系统引起的燃油成本(fuel cost);

DMC_{SYS}——系统引起的直接维修成本(direct maintenance cost)

$Delay_{SYS}$——系统引起的航班延误/取消成本(delay and cancellation cost);

SHC_{SYS}——系统引起的备件储备成本(spare holding costs)。

机载系统的选择,要对满足飞机总体设计技术要求的备选系统的下述要素进行综合评估,我们看到,上述方程恰好包含了这些要素对经济性的影响。

- 重量:重量对飞机油耗的影响,包含在 $Fuel_{SYS}$ 中;
- 维修性:包含在 DMC_{SYS} 中;
- 可靠性:包含在 $Delay_{SYS}$ 和 SHC_{SYS} 中;

- 价格：包含在 $Depr_{SYS}$ 和 SHC_{SYS} 中；
- 其他特定准则（例如，对电源和引气的要求，机外凸出物的附加阻力）：系统所需的功率提取、引气和附加阻力对飞机油耗的影响，包含在 $Fuel_{SYS}$ 中。

2）系统引起的折旧成本 $Depr_{SYS}$ 的确定

$Depr_{SYS}$ 的计算方法与 DOC 模型中的计算方法一样为

$$Depr_{SYS} = P_{SYS} \times (1 - R_{SYS})/N$$

式中：

$Depr_{SYS}$——系统的年折旧成本；

P_{SYS}——系统的初始采购价格；

R_{SYS}——系统的残值（表示为系统价格的百分数）；

N——系统的折旧年限。

3）系统引起的燃油成本 $Fuel_{SYS}$ 的确定

系统引起的燃油消耗，可能是系统重量造成的，或消耗来自发动机的引气或功率提取所引起的，也可能是系统部件突出飞机气动外形的附加气动阻力造成的。任何系统每次飞行引起的燃油重量 FW_{SYS} 可写出下述通用方程式：

$$FW_{SYS} = FW_{WF} + FW_{WV} + FW_P + FW_B + FW_D$$

式中：

FW_{SYS}——系统每次飞行消耗燃油的重量；

FW_{WF}——每次飞行系统固定重量（fixed weight，指系统自身的重量，在飞行中保持不变）引起的油耗重量；

FW_{WV}——每次飞行系统可变重量（variable weight。例如，水/废水系统中的废水，在飞行中被排出机外）引起的油耗重量；

FW_P——每次飞行系统消耗来自发动机的轴功率提取（power off-takes）所引起的油耗重量；

FW_B——每次飞行系统消耗来自发动机的引气（bleed air off-takes）所引起的油耗重量；

FW_D——每次飞行系统的附加阻力（additional drag。例如，水/废水系统的外部排水管、通信系统的机外天线和大气数据系统的机外传感器）所引起的油耗重量。

系统的年燃油成本 $Fuel_{SYS}$ 的可用下式表示

$$Fuel_{SYS} = FW_{SYS} \times FP \times NFY$$

式中：

$Fuel_{SYS}$——系统的年燃油成本；

FP——单位重量的燃油价格；

NFY——年飞行次数。

FW_{SYS}——表达式中各项油耗重量的计算，说明如下。

a. 数据准备：机载系统飞行中功率提取和引气需求。

民用飞机典型任务飞行剖面（见图 4-3）。各个飞行阶段的飞行时间、高度和速度不同，机载系统工作所需的发动机轴功率或发动机引气流量可能不同，所消耗的燃油量也将不同，系统的燃油消耗量 FW_{SYS} 是各飞行阶段消耗量的总和。对于任何一个要进行评估的系统，需要准备一份如表 4-41 所示的飞行中功率提取和引气需求表，功率提取和引气需求量应由系统供应商提供。

表 4-41　××系统飞行中功率提取和引气需求表

飞行阶段	飞行时间 /min	飞行高度 /ft	耗油率 /(lb/lb/min)	系统功率提取 需求/kW	系统引气流量 需求/(lb/min)
滑出					
起飞					
爬升段					
巡航段					
下降段					
进场和着陆					
滑进					

b. 系统固定重量引起的燃油消耗量 FW_{WF}。

系统的固定重量指的是系统自身的重量（包括系统正常运行所需的附加项目的重量）。FW_{WF} 的计算有两种途径。一种是利用飞行性能计算软件，在规定的平均航段航程和典型飞行任务剖面条件下，确定出飞行重量的增加（指系统固定重量）引起的燃油消耗量 FW_{WF}。

另一种确定 FW_{WF} 的途径是借用图 4-9 给出的轮挡耗油修正曲线，当缺乏设计数据时可以获得粗略的分析结果。该方法用于确定飞机商载增减时轮挡耗油的变化量，当然也可以用于系统固定重量所引起的油耗变化。

c. 系统可变重量引起的燃油消耗量 FW_{WV}。

飞行中重量变化的机载系统，主要指带有排水的水/废水系统，废水在飞行中被排出机外，重量的逐渐减轻将使得燃油消耗量的增量略有减少。有的水/废水系统带有废水循环处理系统，需要排出机外的废水较少。也有的水/废水系统没有废水排出系统。

废水排出机外的流速不是连续的、匀速的，要建立系统可变重量在 7 个飞行阶段中引起的燃油消耗量的精确计算模型是不切实际的和不必要的。假设系统排出机外废水的总量(即可变重量)是 WV,我们可以合理地认为:可变重量 WV 所引起的燃油消耗量,与重量为 $0.5WV$ 的固定重量引起的燃油消耗量是相当的。因此,可以用系统固定重量引起的燃油消耗量 FW_{WF} 的方法来计算。

d. 系统消耗来自发动机轴功率引起的油耗重量 FW_P。

飞机上驱动发电机和液压泵、为机载系统提供工作动力的机械能,提取自发动机的轴功率。提取发动机轴功率将增加发动机的耗油率 sfc (specific fuel consumption),或者说将引起的附加的油耗重量 FW_P。

依据表 4-41 中提供的各飞行阶段的功率提取需求,利用飞行性能计算软件,在规定的平均航段航程和典型飞行任务剖面条件下,计算出 7 个飞行阶段的飞行时间、需用推力、功率提取和不提取条件下的耗油率,然后确定出轴功率提取引起的总的附加油耗重量 FW_P。

应该注意,各飞行阶段的功率提取量可能不同,因而各飞行阶段应分别来计算,需要把后一个飞行阶段计算得到的附加油耗重量,附加到前一个飞行阶段的飞行重量上,最简便的做法是从滑进段开始计算,此时 $FW_P=0$。

e. 系统消耗来自发动机的引气引起的油耗重量 FW_B。

发动机和 APU 的引气是飞机空调和防冰系统的动力源。当引气取自发动机时,将引起的发动机油耗的增加。

依据表 4-41 中提供的各飞行阶段的引气需求,可以利用飞行性能计算软件,在规定的平均航段航程和典型飞行任务剖面条件下,计算出 7 个飞行阶段的飞行时间、需用推力、引气和不引气条件下的耗油率,并考虑后一个飞行阶段的附加油耗重量对前一个飞行阶段飞行重量的影响,确定出引气产生的总的附加油耗重量 FW_B。

f. 系统附加阻力引起的燃油消耗量 FW_D。

系统突出飞机气动外形的部件(例如,水/废水系统的外部排水管、通信系统的机外天线和大气数据系统的机外传感器)可能导致附加气动阻力。对于任一每个飞行阶段 i,附加气动阻力 D_i,和附加阻力引起的油耗重量 FW_{D_i} 可用下式计算,附加阻力引起的总的附加油耗重量 FW_D 是所有飞行阶段 FW_{Di} 计算结果的总和:

$$D_i = 0.5 \times \rho_i \times V_i^2 \times C_D \times A_{ref}$$
$$FW_{Di} = D_i \times SFC_i \times t_i$$

式中:

FW_{Di}——飞行阶段 i 附加阻力引起的油耗重量(单位为 lb);

D_i——飞行阶段 i 的附加阻力(单位为 lb);

C_D——系统突出物的阻力系数,由系统供应商提供;

A_{ref}——系统突出物的参考面积(单位为 ft^2),由系统供应商提供;

ρ_i——飞行阶段 i 的大气平均密度(单位为 $lb/s^2/ft^4$);

V_i——飞行阶段 i 的平均真空速(单位为 ft/s);

SFC_i——飞行阶段 i 的发动机耗油率(单位为 $lb/lb/min$);

t_i——飞行阶段 i 的飞行时间(单位为 min)。

4) 系统引起的直接维修成本 DMC_{SYS} 的确定

系统引起的直接维修成本 DMC_{SYS},应该由系统供应商提供。飞机制造商与系统供应商在签署系统采购协议之前,供应商应该提供在特定条件下,该系统每飞行小时直接维修成本的担保值。

DMC_{SYS} 可分原位维修和离位维修两类,所以可用下式表达:

$$DMC_{SYS} = (MMH_{ON} + MMH_{OFF}) \times LR + MC$$

式中:

DMC_{SYS}——系统引起的直接维修成本(单位:美元/年);

MMH_{ON}——原位维修工时数(单位为小时/年);

MMH_{OFF}——离位维修工时数(单位为小时/年);

LR——劳务费率(单位为美元/小时);

MC——维修材料成本(单位为美元/年);

DMC_{SYS} 也分为与飞行时间有关的维修成本及与飞行循环有关的维修成本。此时,DMC_{SYS} 的表达式为

$$DMC_{SYS} = (MMH_{FT} + MMH_{FC}) \times LR + MC_{FT} + MC_{FC}$$

式中:

MMH_{FT}——与飞行时间有关的维修工时数(单位为 $h/$年);

MMH_{FC}——与飞行循环有关的维修工时数(单位为 $h/$年);

MC_{FT}——与飞行时间有关的维修材料成本(单位为美元/年);

MC_{FC}——与飞行循环有关的维修材料成本(单位为美元/年);

各种系统有不同的维修特性。维修成本主要取决于飞行时间的机载系统包括:空调、自动飞行、电源、飞行控制、燃油、液压、仪表、照明、导航和氧气。飞行时间和飞行循环对维修成本作用大致相当的系统包括:内设、防冰/除雨。维修成本主要取决于飞行循环的机载系统包括:起落架、气源、水/废水和 APU。

表 4 - 42 给出了支线机和窄体机各种机载系统 DMC 占机体 DMC 百分比的统计值,以便于对 DMC_{SYS} 的给定值做出评估。

表 4 - 42　支线机和窄体机各种机载系统 *DMC* 占机体 *DMC* 百分比的统计值

ATA 章节	系统或项目	占机体 DMC 的百分比/%
5	维修检查	4.6
21	空调	4.4
22	自动飞行	3.7
23	通信	1.8
24	电源	3.0
25	内饰/设备	13.5
26	防火	0.5
27	飞控	7.1
28	燃油	1.4
29	液压	2.7
30	防冰/除雨	0.8
31	指示/记录	1.0
32	起落架	19.5
33	照明	2.2
34	导航	9.0
35	氧气	1.0
36	气源	1.1
38	水/废水	0.7
45	中央维护系统	0.2
49	APU	6.4
50	标准施工/结构	2.0
52	舱门	2.7
53	机身	2.8
54	短舱/吊舱	0.7
55	安定面	1.1
56	窗	2.7
57	机翼	3.2
	合计	100

5）系统引起的航班延误/取消成本 $Delay_{SYS}$ 的确定

系统引起的航班延误/取消成本 $Delay_{SYS}$ 可用下式表达

$$Delay_{SYS} = (P_D \times C_D \times t_D + P_C \times C_C) \times NFY$$

式中：

$Delay_{SYS}$——系统引起的航班延误/取消成本（单位为美元/年）；

P_D——系统引起的航班延误概率（单位为次/年），由系统供应商提供；

C_D——航班延误每分钟的成本（单位为美元/分）

t_D——系统引起的航班延误的平均时间（单位为分/次），由系统供应商提供；

P_C——系统引起的航班取消概率（单位为次/年），由系统供应商提供；

C_C——航班取消的成本（单位为美元/次）

NFY——年飞行次数。

下面给出两种有代表性的、航班延误/取消成本的研究结论。

（1）中国民航大学 2010 年发表的《航空公司航班延误损失分析》。

该文献仅分析了航班延误的损失，未涉及航班取消的损失。该文献认为，航班延误的损失可分为下述 3 类：

● 地面延误损失：地面延误与空中延误的比例为 91% 和 9%。地面延误损失应该为主营业务成本的 45%，因为地面延误不引起航油成本（约占主营业务成本的 40%）和机场服务成本（约占主营业务成本的 15%）的增加；

● 空中延误损失：空中延误损失应该为主营业务成本的 85%，因为地面延误不引起机场服务成本的增加；

● 机会成本：指的是延误导致航空公司不能执行其他飞行任务带来的潜在损失。该文献认为，可按单位时间的净利润来衡量单位时间的机会成本。

该文献依据中国 5 家上市航空公司 2007 年的财务数据，给出了表 4-43 所示的航班延误损失分析值（表中的美元兑换率为 1 美元=6.3 RMB）。

表 4-43 中国五家上市航空公司 2007 年航班延误损失分析值

		国航	南航	东航	海航	上航
地面延误损失	元/分	372	400	445	380	507
	美元/分	59	63	71	60	80
空中延误损失	元/分	702	755	840	717	957
	美元/分	111	120	133	114	152

（2）欧洲航管 2004 年发表的 *Standard Inputs for Eurocontrol Cost Benefit Analyses*。

表 4-44 给出了欧洲航管对航班延误和航班取消成本的推荐值。表 4-44 中的航班延误成本推荐值取自表 4-45 中给出的英国西敏寺大学 2004 年发表的航班延误成本研究（该研究假设 15 min 以内的延误成本为零）。从表 4-45 可以看出，"€ 72/分钟"的值对应于地面延误，考虑了航线网络影响（即考虑了初始航班延误对后续航班延误的影响），且考虑了旅客机会成本。所谓"旅客机会成本"指的是，旅客由于当前经历的延误可能不愿再次选择特定的航班，使得航空公司丧失未来潜在的收益。

取消航班的成本"€ 6 380/次"中，未考虑货物晚交付的成本。

表 4 - 44 欧洲航管的航班延误和航班取消成本推荐值

运行成本项目	欧洲航管推荐值/2004 年欧元	备注
航班延误成本	€ 72/min(\$93.5/min)	假设：1 欧元＝1.3 美元
取消航班成本	每次€ 6 380(每次 \$8 294)	

表 4 - 45 西敏寺大学研究结论(2004 年)：每分钟航班延误的成本分析 （单位：€）

	不考虑网络影响		考虑网络影响	
	地面	空中	地面	空中
燃油成本	0.4	10.6	0.5	10.7
维修成本	0.5	1.0	0.6	1.1
机组成本	8.7	8.7	10.4	10.4
地面和旅客操作	—	—	—	—
机场收费	0.3	−0.0	0.4	0.1
飞机所有权成本	—	—	—	—
旅客补偿	13.4	13.4	24.0	24.0
航空公司直接成本合计	**23.2**	**33.7**	**35.9**	**46.3**
旅客机会成本	20.0	20.0	36.1	36.1
成本总计	**43.3**	**53.7**	**72.0**	**82.4**

比较上述两种航班延误/取消成本的研究我们认为，欧洲航管的推荐值全面考虑了航空公司的直接运行成本损失、航线网络影响和旅客机会成本损失；如果不考虑旅客机会成本则与中国民航大学的结论比较接近。因而，采用欧洲航管的推荐值是合适的。

6) 系统引起的备件储备成本 SHC_{SYS} 的确定为

系统引起的备件储备成本 SHC_{SYS} 可用下式表达

$$SHC_{SYS} = r \times k_P \times P_{SYS} \times RQS/FS$$

式中：

SHC_{SYS}——系统引起的备件储备成本(单位为美元/年)；

r——贷款的年息；

k_P——价格系数，综合考虑备件价格与初始采购价之比、储备备件占整个系统之比，以及系统余度的参数，由系统供应商提供。

P_{SYS}——系统的初始采购单价(单位为美元)；

RQS——所需备件套数，是备件可获得性的函数，通常以 RQS/FS 形式(机队的所需备件套数)，由系统供应商提供；

FS——机队规模。

在应用机载系统 DOC 分析方法时应注意到下述几点：

(1) 不同地区(北美、欧洲和中国)的经济和市场环境不同,因而 DOC 分析方法有所不同。机载系统直接运行成本分析方法,是依据中国航空市场的 DOC 方法推导得到的。由于所裁剪掉的成本项目恰恰是那些随地区变化的项目(例如,起降费、地面操作收费和导航费等),因此该方法是普遍适用的,与地区无关。

(2) 在系统选型中,我们关心的是备选系统直接运行成本(DOC_{SYS})相对量的高低,不需要知道 DOC_{SYS} 绝对量。因此,如果备选系统的耗能(即 $Fuel_{SYS}$)相近或很小,我们可以不做分析,仅做影响量大的成本项目,使得分析大为简化。

(3) 系统引起的航班延误/取消成本 $Delay_{SYS}$ 很重要,文中给出的推荐值只是"平均值",实际上与机型大小有关[18]。

参考文献

[1] Air Transport Association of America. Standard Method of Estimating Comparative Direct Operating Costs of Turbine Powered Transport Airplanes [S]. Dec. 1967.

[2] Liebeck Robert H, et al. Advanced Subsonic Airplane Design & Economic Studies [R]. NASA CR‑195443, April 1995.

[3] Harris Franklin D. An Economic Model of U. S. Airline Operating Expenses [R]. NASA/CR‑2005‑213476, Dec. 2005.

[4] Jupp Jeff. Aircraft Operating Economics or What the Customer Really Cares about [R]. Feb. 2009.

[5] Association of European Airlines. Operating Economy of AEA Airlines 2007 [S]. Dec. 2007.

[6] Center for Financial Research and Analysis, Inc. Overview of Airline Industry Depreciation Policies [R]. Dec. 1999.

[7] European Aviation Safety Agency (EASA). Survey on standard weights of passengers and luggage [R]. May 2009.

[8] Federal Aviation Administration (FAA). Aircraft Weight and Balance Control [R]. AC 120‑27D, Nov. 2004.

[9] Transport Studies Group University of Westminster. Dynamic Cost Indexing [R]. 02 June 2008.

[10] IATA's Maintenance Cost Task Force. Airline Maintenance Cost Executive Commentary [R]. Jan. 2011.

[11] Airport Nuremberg. List of Service Charges of Flughafen Nürnberg GmbH [R]. Mar. 2011.

[12] Scholz D. DOCSYS‑A Method to Evaluate Aircraft Systems [R]. May 2004.

[13] Scholz D. Aircraft Systems—Reliability, Mass, Power and Costs [R]. 2002.

[14] Westphal. Rouven and Scholz, D, A Method for Predicting Direct Operating Costs During Aircraft System Design [R]. Jun. 1997.

［15］Scholz D. Fuel Costs due to Aircraft System ［R］. Dec. 2007.

［16］King J，Russel A. Decision-Making Framework for Total Ownership Cost Management of Complex Systems：A Delphi Study ［R］. Nov. 2007.

［17］邢有洪，李晓津. 航空公司航班延误损失分析［J］. 会计之友，2010，2.

［18］Eurocontrol. Standard Inputs for Eurocontrol Cost Benefit Analyses ［S］. Feb. 2005.

［19］Schumer Charles. Maloney Carolyn（the Joint Economic Committee），Flight Delays Cost Passengers，Airlines，and the U. S. Economy Billions ［R］. May，2008.

5 飞 机 残 值

5.1 前言

    图5-1给出的全球民用飞机机队所有权分布概况表明,许多民用飞机的所有者并不是飞机的运营者,而是飞机的投资者,投资者(包括租赁公司、银行财团和航空公司)把飞机作为一项实物资产出资购买。一般而言,民用飞机永久退役前的经济使用寿命约为 20～30 年,在经济使用寿命期间,飞机可能多次转手,数易其主。飞机在未来二手飞机市场的价值(即"残值"),表征了投资人能够从二手飞机市场回收多少购机投资。因此,残值是投资人购机决策时关注的焦点之一。

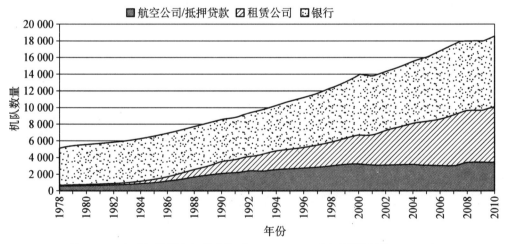

图5-1 全球机队所有权分布概况(1980—2010 年)(数据来源：Ascend)

    拥有全球 40% 以上机队的租赁公司,是飞机租赁市场中飞机的主要出租人。资金充足的大型航空公司倾向于保持庞大的新机机队,被置换出的旧飞机将在二手飞机市场流通。当航空公司无法偿还购机贷款或无法按期支付租金时,飞机也会进入二手飞机市场转售或出租。大多数航空公司会在其机队中保持一定比例的租赁飞机，以便保持灵活可控的运力。新组建的航空公司和小型航空公司由于资金短缺或筹款困难，往往采用购置二手飞机或租赁方式来构建和扩大其机队。大型航空公司有时也会购买二手机，以便迅速增加机队运力或扩充其机队中已停产飞机的机队规模。各类航空公司通过"置换和再循环"的方式来构建、更新和扩大适合自己经营模式和市场的机队。通过在适当的时机购进和出售飞机，也成为一些航空公司、租赁公司或投资人进行飞机资产投资、管理和增值的重要手段。上述种种行为，使得二手飞机市场交易一直很活跃。

在市场体系中，买卖双方相互作用并共同决定商品价格和交易数量。较高的价格趋于抑制消费者购买，同时刺激生产；较低的价格趋于鼓励消费而抑制生产。价格在市场机制中起着重要的平衡作用。本章中提到的"基本价值"是在供求平衡的假设前提下对商品潜在价值的评估。

但是，宏观经济发展的周期性、新技术的出现、石油等资源的短缺、外部因素的影响（如高速铁路发展和环保限制对航空运输业的影响）、不完全竞争（如市场垄断）和政府税收政策的调节等，常常打破市场均衡的格局，飞机的交易价格往往偏离基本价值。本章中提到的"市场价值"就是要研究在实际市场条件下可能的飞机的交易价格。

对飞机未来价值的评估和预测，包括评估和预测在供求平衡条件下的"基本价值"和在市场条件下的"市场价值"。飞机价值预测的基础，是分析飞机价值的历史趋势以及与各种市场因素的关联性。预测是困难的，因为现实充满着各种不可预测事件，历史趋势和各种关联性对突变事件不很敏感，并非总能有效描述未来。然而，通过飞机价值的评估和预测，虽然不一定能够准确预测未来飞机的价格，但是，可以理性地判断飞机的价值在哪里，何时具有投资机会，什么样的飞机保值能力相对较强，这对于投资者评估投资的风险和回报来说具有重要意义。

5.2 飞机价值定义和术语

讨论飞机的价值，首先必须了解飞机价值的有关定义和专业术语，以及飞机状态的界定，以免误读飞机价值的有关信息。在本章中，飞机价值的有关定义和专业术语，采用了协调和指导飞机贸易的国际专业机构—国际航空运输飞机贸易协会（International Society of Transport Aircraft Trading，ISTAT）1994 年1 月公布的定义。飞机状态的界定等采用了航升咨询公司（Ascend）提供的说明。

1）飞机状态的假设

飞机价值的评估与飞机状态有关。飞机状态的假设基于下述飞机信息的组合：飞机制造商、机型、型别、生产年份、技术规范（包含最大起飞重量、发动机制造商、发动机机型和型别)等。飞机价值评估一般针对典型构型(例如,客机型、货机型、客/货混合型或客/货快速转换型),对于特殊构型(例如,公务机型和专机型),还需要附加信息。所评定的飞机无损伤记录,遵守和执行适航指令和有效的服务通报,有完善的技术记录和文档,并假定:

(1) 飞机制造商(或合格证持有人)将继续有效地支持飞机运营。

(2) 发动机制造商将继续有效地支持发动机运营。

(3) 与其他同类机型和相同机龄飞机相比,在典型的利用率和合理维护条件下,飞机的设计和构造不会导致不适当的维修和大修成本。

(4) 不考虑因新的噪声或其他政府立法生效对飞机及其价值产生的不利影响。

(5) 飞机保持良好的维护状态,以同类飞机相当的平均利用率和航段距离运行。

(6) 不考虑飞机遭受到对飞机未来价值会产生不利影响的设计或材料缺陷,或意外事故。

2) 半寿状态(half - life)

飞机价值与飞机的维修状态有关。"半寿状态"是飞机评估业的标准术语,它的含义并不是"使用寿命的一半",指的是在价值评估时不考虑飞机的实际维修状态。这样使得在不同的机型和机龄之间,可以进行价值比较,不受维修状态的影响。"半寿状态"假设飞机的机体、发动机、起落架和所有主部件处于两次大修的中期,所有时限件(life limited parts)使用到寿命的一半。

3) 全寿状态(full - life)

"全寿状态"的含义并不是飞机处于"全新"状态,而是飞机价值评估时假设的一种典型维修状态,指的是飞机处于下述维修状态:

(1) 机体刚做过大修(即 D 检)。

(2) 发动机刚做过返厂大修和性能复原。

(3) 所有发动机时限件是新换的。

(4) 起落架刚做过大修。

(5) 所有其他维修参数假设为"半寿状态"(即不做价值调整)。

对于一架新的或接近全新的飞机,在二手机市场出售(例如,1 月出厂交付的飞机在当年 9 月作为二手飞机出售),残值评估应该采用什么维修状态呢? 显然,采用"全寿状态"是不合适的,应该采用"半寿状态"。因为即使是一架不久前全新交付的飞机,飞机的短期运行或交付前的演示飞行可能已消耗了一定量的飞行小时或飞行起落;向新用户转交时,将产生飞机交接成本;按新用户要求重新喷漆和客舱改装将产生成本。

一般而言,"全寿状态"和"半寿状态"之间的价值差,不低于新机价格的 10%。为了说明飞机价值与飞机的维修状态的关系,图 5 - 2 以 A320 - 200 飞机为例给出

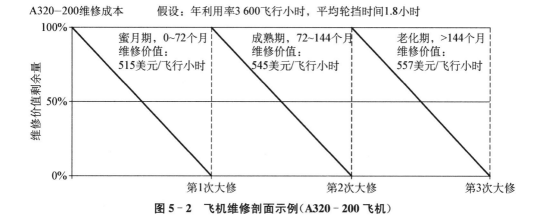

图 5 - 2　飞机维修剖面示例（A320 - 200 飞机）

了飞机锯齿形维修剖面图,表 5 - 1 详细给出了 A320 - 200 飞机在"蜜月期"、成熟期和老化期的"全寿状态"和"半寿状态"维修价值的分析数据。从图 5 - 2 的锯齿形维修剖面图可以看出,A320 - 200 飞机在"蜜月期"维修状态运行 72 个月,直至恢复到"全寿状态"维修状态,维修投入(包括日常维护、C 检和 D 检)总计 1 112.5 万美元(515 美元/飞行小时)。与 A320 - 200 新机价格 4 000 万美元左右相比,维修投入是个不小的比例。随着机龄的增加,飞机价值下降,而维修投入不断增加,维修状态的影响更大。

表 5 - 1　A320 - 200 飞机"全寿状态"和"半寿状态"维修价值

假设条件	年利用率,飞行小时	3 600
	轮挡小时	1.8

蜜月期(0~6 年)

部件	维修检查	全寿状态价值,美元	半寿状态价值,美元	直接维修成本,美元/飞行小时
机体	间隔 72 个月,10 830 美元/月	780 000	390 000	36.1
机体	间隔 144 个月,5 900 美元/月	850 000	425 000	19.7
起落架	120 个月大修一次,3 500 美元/月	420 000	210 000	11.7
APU	7 500 小时修复一次,35 美元/APU 小时	265 000	132 500	23.0
发动机模块	24 300 小时首次修复,92 美元/小时	4 470 000	2 235 000	184.0

（续表）

部件	维修检查	全寿状态价值,美元	半寿状态价值,美元	直接维修成本,美元/飞行小时
发动机时限件	13 500 循环首次更换,94.5 美元/循环	4 340 000	2 170 000	105.0
	总计	11 125 000	5 562 500	379

成熟期(6~12 年)

部件	维修检查	全寿状态价值/美元	半寿状态价值/美元	直接维修成本/(美元/飞行小时)
机体	间隔 72 个月,12 450 美元/月	897 000	448 500	41.5
机体	间隔 144 个月,5 900 美元/月	850 000	425 000	19.7
起落架	120 个月大修一次,3 500 美元/月	420 000	210 000	11.7
APU	7 500 小时修复一次,35 美元/APU 小时	265 000	132 500	23.0
发动机模块	40 500 小时二次修复,154 美元/小时	5 000 000	2 500 000	308.6
发动机时限件	22 500 循环二次更换,94.5 美元/循环	4 340 000	2 170 000	105.0
	总计	11 772 000	5 886 000	509

老化期(12 年之后)

部件	维修检查	全寿状态价值/美元	半寿状态价值/美元	直接维修成本/(美元/飞行小时)
机体	间隔 72 个月,12 450 美元/月	986 700	493 350	45.7
机体	间隔 144 个月,5 900 美元/月	1 020 000	510 000	23.6
起落架	120 个月大修一次,3 500 美元/月	420 000	210 000	11.7
APU	7 500 h 修复一次,35 美元/APU 小时	265 000	132 500	23.0
发动机模块	40 500 小时二次修复,154 美元/小时	5 000 000	2 500 000	308.6
发动机时限件	22 500 循环二次更换,94.5 美元/循环	4 340 000	2 170 000	105.0
	总计	12 031 700	6 015 850	518

4）基本价值（base value，BV）

依据 ISTAT 给出的定义，飞机基本价值，指的是当飞机处于开放的、不受约束的、供求合理平衡的稳定市场环境中，并假定飞机被"高效和最佳"使用的情况下，评估者对飞机潜在经济价值的判定。飞机的基本价值，是按照飞机价值的历史趋势和对未来价值趋势的预测确定的，并且假设具备意愿、能力和相关知识的各方之间，在谨慎行事、没有强迫的情况下，以及在销售中拥有合理的时间段进行公平的现金交易。

基本价值反映的是理想化市场条件下的资产价值，未必真正反映资产的实际价值。由于基本价值与市场长期趋势有关，基本价值定义往往应用在历史价值分析，以及残值和租赁率预测领域。

5）市场价值（market value，MV）

依据 ISTAT 给出的定义，飞机市场价值，指的是评估者认定的、飞机处于当时感知的市场环境下所可能产生的、最可能的交易价格。市场价值假定，该飞机按"高效和最佳"使用来评估，销售交易的各方具备意愿、能力、谨慎行事和相关知识，没有匆忙销售的不寻常压力，交易应该在公开的、不受约束的市场以公平交易为基础进行协商，可以是现金交易或其他等价交易，有充分的时间向准买家进行有效的展示。

依据基本价值与市场价值的定义可以看出，基本价值是在供求平衡的前提下飞机的潜在经济价值，而市场价值是当时的市场状态下飞机最可能的实际交易价。在稳定的市场环境下，某一资产的市场价值应与其基本价值相同。但是当供求关系失去平衡后，市场价值（或交易价格）就可能偏离该资产的基本价值。没有飞机是按照基本价值进行交易的，基本价值实际上是市场价值剔除了市场波动影响后所形成的飞机价值随机龄和技术老化逐步衰退的长期趋势线。基本价值有助于我们理解如何去预测市场价值。图 5 - 3 示意给出了基本价值与市场价值的区别。

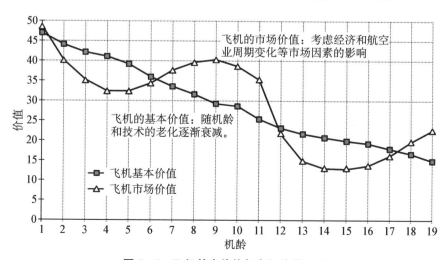

图 5 - 3 飞机基本价值与市场价值区别

6）现值（current value）

飞机价值评估有时间性。现值指的是在评估当时评估人对飞机价值的评估。根据上述飞机状态和价值的定义，评估人可能给出4种现值：按照"半寿状态"和"全寿状态"两种维修状态，分别给出"市场现值"（current market values，CMV）和"基本现值"（current base values，CBV）。

7）残值（residual value，RV）

残值，也称为"预测的基本价值"（forecast base value），依据ISTAT给出的定义，残值指的是在评估当时评估人对飞机未来基本价值的评估。评估人通常按照"半寿状态"和"全寿状态"两种维修状态给出残值。当飞机用于经营租赁时，租赁期终结时飞机的价值应等于此时飞机的残值。

残值反映的是评估人对于在开放、稳定且不受限制的市场环境下资产未来基本价值的判断。这一市场的供需保持合理平衡，其中假定资产实现了"最高、最佳利用"，销售交易参与者具备交易能力和意愿，在知情情况下审慎开展交易，未承受异常的时间压力；资产交易的谈判是在开放、不受限的市场环境下公平进行，并有充足时间向潜在买家进行有效宣传推介。

图5-4示意给出了基本价值预测的思路。飞机市场价值的历史值，剔除了市场波动影响后所形成的飞机价值随机龄和技术老化逐步衰退的趋势线，就是飞机基本价值。该趋势线的延长线所显示出的飞机价值，就是该机型的未来基本价值（即残值）。通常按照"半寿状态"给出预测值，并考虑通货膨胀率的影响（图例中假设为2%～3%）。

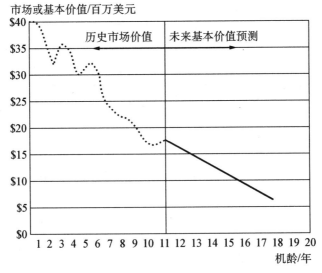

图5-4　基本价值预测示例

顺便指出的是,应该注意到下面列出的价值与本章中讨论的残值的区别。

8)正常清算价值(orderly liquidation value,OLV)

正常清算价值,指的是在某一给定时段,评估人以商业上合理的价格,对于某项资产或资产组合进行正常清算的可变现价值的评估。正常清算价值假设,卖方是委托代理人,或者是精于此类销售的等效实体。假设交易在做出销售决定后 2 个或 3 个月开始,在多数情况下,正常清算是在拥有或运营该资产的公司中止或彻底转变其传统业务后发生。

9)剩余价值(salvage value)

基于飞机拆解时可再次用于其他飞机的可销售零部件的价值,来确定的飞机实际或估算的销售价格,称为剩余价值。在决定和陈述剩余价值时,应明确说明是否包含拆解成本。

10)废料价值(scrap value)

无任何可销售或可再次利用的零部件留存,仅根据金属或其他可回收材料量确定的飞机实际或估算的市场价值,称为废料价值。废料价值通常表达为扣除拆解和处置成本后的净价值。如果拆解和处置成本高(如有危险性的材料或不可再循环的复合材料组件),废料价值可能为零。

11)抛售价值(distress value)

抛售价值,指的是飞机在非正常条件下的现金交易中出售时评估人的评估价格。典型的非正常条件是:在人为限制的交易时段,卖方的感知处于强制销售、拍卖、清盘、商业限制、法律纠纷,或者实质性降低卖方议价能力及给予预期的买方获得大幅减价的实际成交价显著优势的其他因素之中。根据该作业的性质,可能要求评估人在规定时间内(如 60 天、90 天或 6 个月)来证实其评估。除卖方受到非正常影响外,假设交易各方具备意愿、能力、谨慎行事和相关知识,交易谈判是正常的,通常在当时感知的市场条件下进行,但不是理想的均衡市场。

12)证券化价值(securitized value)

证券化价值,也称为租赁抵押价值,它是投资人根据收入潜力确定的飞机的价值。证券化价值(或租赁抵押价值)指的是,在规定租赁支付条件(租金与租期)、租赁终止时预计的残值,和适当的折现率条件下,评估人对于飞机价值的评估。应当特别指出,证券化价值可能高于或低于市场现值(CMV)。

5.3 影响飞机价值的因素

决定飞机当前和未来残值,并影响航空公司和租赁公司购机决策的主要因素可以归结为 4 类:宏观经济形势、航空市场状态、制造商因素和飞机因素。

1)宏观经济形势

从 1973 年和 1978 年的石油危机、1990 年的海湾危机、1998 年的亚洲金融风暴、2001 年的"9.11"恐怖袭击、2003 年的"非典"(SARS)和 2008 年的金融危机等一系列的重大事件中,我们看到,各种全球性事件引发的全球经济景气周期性的波动,对航空市场的需求和航空公司的支付能力带来明显影响,从而影响新机和二手飞机的市场交易数量和交易价格。经济上升期,可以指望飞机价值相应提升;经济疲软期,则飞机价值相应下降。

图 5-5 告诉我们,表征宏观经济态势的全球 GDP 变化与飞机平均市场价值变化之间,存在紧密的相关性。图 5-6 以 5 年机龄的 A320-200 和 B747-400 飞机为例给出了全球性事件(或经济周期性变化)对飞机市场价值的影响。一般而言,航空运输业的衰退会超前于 GDP 的衰退,而航空运输业的恢复却滞后于 GDP 的恢复,飞机市场价值的恢复要比 GDP 的恢复滞后 2 年左右;航空运输业的衰退首先体现在航空货运的衰退;不同机型受影响的程度有明显差异,老旧机型受经济衰退的影响更为强烈,且恢复更慢。

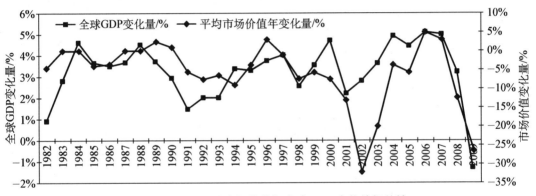

图 5-5 飞机平均市场价值与全球 GDP 变化的相关性

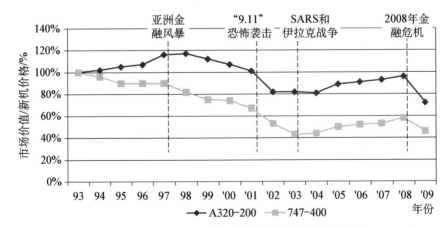

图 5-6 5 年机龄飞机市场价值受全球性事件的影响(数据来源:Ascend)

2) 航空市场状态

（1）市场需求。

航空市场需求发展的强势、均衡或弱势，是飞机市场价值的决定性因素。当航空运输需求强势增长时，飞机利用率和上座率上升，航空公司扩大机队的意愿提升，飞机的市场价值将随之上升；当航空运输需求处于弱势时，航空公司可能会降低票价来维持上座率，或售出多余的飞机，二手飞机市场出现供过于求的局面，飞机的市场价值将随之下降。各类航空市场需求的发展是不一致的，各类机型的命运也相差甚远。例如，中国高铁的发展，抑制了短程支线航空的发展，CRJ200 在中国市场遭到冷遇。中国区域经济的快速发展，形成了一大批经济活跃的城镇区域（例如，温州、义乌、包头和鄂尔多斯等），引发了对中等座级客机（窄体机和大型支线客机）的强劲需求。中东的航空运输业利用其地处亚洲、欧洲和非洲交界的地缘优势和石油的资源优势，在经济全球化趋势推动下，大力发展枢纽航空，成为宽体机的重要市场。

（2）市场流动性。

二手飞机市场是航空运输业发展的产物，飞机在二手飞机市场流动有利于航空公司应对周期性变化的市场，合理配置资金、资源和运能。衡量某一型号飞机市场流动性（或称为市场渗透性）的指标是：在役飞机数量、飞机后续订单数量、营运商数量和地理分布。

市场流动性是保持飞机高残值最重要的因素。飞机营运商偏好市场流动性强的机型，因为机队数量庞大，用户的地域分布宽广，依附该机型而生存的供应商和维修基地遍布各地，航材备件和发动机供给有望得到长期保证、来源充足且价格稳定，维修便利，机组获得性强，飞机易于购租也易于再销售。投资者也青睐市场流动性强的机型，因为这些机型用户基础广泛，便于在运营商之间转手，易于变现，有利于降低投资风险。投资者一般会避免投资运营商群体规模小、机队集中度高的机型，因为二手市场的销售前景有限、投资风险较高。

表 5 - 2 给出了波音和空客商用飞机订单量、地理分布及在役数量（截至 2014年底）的统计数据。从中可以对机型的市场流动性做出基本判断。客舱构型较为单一、市场适应性宽的窄体机（如 B737 - 800 和 A320 - 200），在役飞机机队庞大、飞机后续订单数量多，市场流动性强，具有较高保值能力，受到租赁公司和航空公司的青睐。宽体机的市场流动性稍为逊色。由此我们联想到一个事实：波音和空客早就对替代 B737 和 A320 系列飞机的全新构型的后继机进行了充分的技术可行性研究，但是它们都宣称在 2024 年之前不会推出 B737 或 A320 飞机的后继机，而是利用 B737 或 A320 飞机换装新型先进涡扇发动机（即 geared turbofan）来满足未来十余年窄体机航空市场的需求，使得这两款机型的延续生产时间超过了 40 年。两家制造商的决策，不仅在商务上达到了低研发成本获得稳定市场的结果，而且也稳定

了数以千计的现役 B737 和 A320 飞机在二手飞机市场的残值。图 5-7 给出了阿维塔斯(AVITAS)咨询公司提供的 2001 生产的飞机服役 10 年后的残值(％新机价格)预测数据,把表 5-2 与图 5-7 相联系,可以大致看出飞机残值与市场流动性的相关性。

表 5-2　波音和空客商用飞机订单量、地理分布及在役数量(截至 2014 年底)

地区	欧洲	北美	拉美	亚太	中东	非洲	租赁公司	政府及其他	总计	2014 年在役数量
707	139	582	21	73	37	31		127	1 010	
717	9	125		10			11		155	154
727	210	1 301	89	106	36	54	25	10	1 831	87
737 原型	284	455	60	138	44	94	34	35	1 144	5 782
737	457	691	18	276		27	513	6	1 988	
737NG	992	1 392	193	1 140	59	124	1 094	224	5 218	
A320ceo	1 471	879	440	1 442	176	101	1 763	113	6 385	5 632
757	172	634		83	10	7	137	6	1 049	812
767	115	418	60	264	28	19	149	14	1 067	795
A300	101	179	9	187	32	28	22	3	561	216
A310	114	39	4	48	27	13	7	3	255	71
777	163	201	12	472	201	26	183	5	1 263	1 188
A330ceo	170	79	35	399	109	27	302	33	1 154	1 020
A340	179	10	4	80	35	22	33	14	377	266
787	27	20	15	106	20	17	20	3	228	163
747	366	280	13	637	63	31	14	14	1 418	585
747-8	32	9		32				10	83	
A380	30			60	62				152	136

(3) 产品的寿命周期和在生产线上的位置。

从 B737 和 A320 系列飞机的实例可以看出,长的产品寿命周期和高的飞机产能,有利于增加市场流动性,趋于提升飞机残值。低的飞机产能,难以形成高的市场流动性。

飞机的生产年份和在生产线上的位置对残值产生影响。早期生产的飞机,其使用空重、单位耗油率和系统功能等尚有改善空间,不过飞机制造商很快(一般在 1 年以后)就会解决所出现的问题。中、后期生产的飞机会通过优化设计和技术更新,提升了运营效率。由于新技术的开发以及新飞机项目的出现,后期生产的飞机在残值损失方面要比早期生产机型来得更快。晚期生产的飞机或停产飞机的残值降幅较

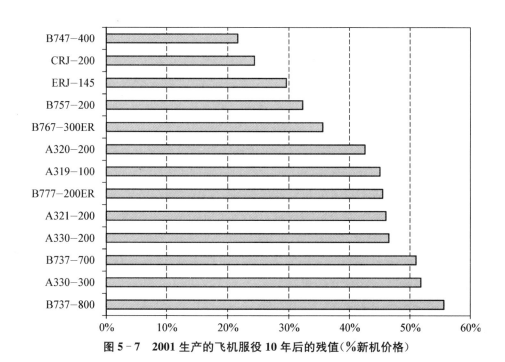

图5-7 2001生产的飞机服役10年后的残值(%新机价格)

大,其原因主要是担忧机体、系统和发动机的售后服务和航材供给难以得到必要的保障。

(4) 过剩/封存飞机数量。

过剩或封存飞机数量是影响飞机价值的一个重要因素。飞机短缺会推高其价值,飞机过剩则会压低其价值。飞机被封存可能是由于技术过时和经济性下降;也可能是由于行业周期性衰退。前一种情况涉及的机型不大可能重新服役,而后一种情况导致飞机出现暂时过剩,或许有机会复出。

经济衰退时期,首先被停飞处理的往往是运营成本较高的老旧飞机,其价值降幅要大于机龄较短的飞机。在很多情况下,这些机型的价值在衰退期过后也不会回升。相对更年轻的飞机即使有相当数量被停飞,随着经济形势的好转它们往往会重新投入服役,因此其残值的保持也好一些。

(5) 次级市场前景。

如果飞机具有进入次级市场的前景(包括客机改货机,出售或出租给二级或三级运营商,或可拆卸出有备用价值的发动机、重要旋转部件以及其他部件),飞机的经济使用寿命会得到延长,残值也会提升。

(6) 飞机融资环境。

飞机融资环境直接影响飞机残值。投资者包括飞机租赁公司、银行和各种金融机构(例如,保险公司、养老基金和私募股权机构),投资者的财务状况和投资意愿会对飞机残值产生影响。经济形势和市场流动性上升会推高飞机残值;经济衰退期间,市场流动性不足,融资成本提高,会拖累飞机残值。

(7) 监管环境。

航空运输业历来受到严格监管。新的适航法规,日趋严厉的强制性噪声和排放标准,可能迫使无法通过改装达到这些新标准的飞机退出服役,这将缩短飞机经济使用寿命进而降低其残值。

有的国家限制老龄飞机进口,减少了次级运营商或客改货飞机运营商对使用飞机二次寿命的选择,因而降低了飞机的残值。较先进的空中交通管制和导航系统的引进,将要求飞机配置高技术的机载航电系统,无法达到这些要求的飞机可能被封存或退出服役,因而降低了飞机的残值。现代大型双发飞机的发动机变得更为可靠性,其"双发延程飞行"(ETOPS)允许飞机在单发故障后继续飞行长达 330 min,这使得成本高、燃油效率低的三发和四发飞机退出远程航线,其残值大幅降低。

3) 飞机因素

(1) 机龄。

机龄是决定飞机基本价值和市场价值的重要因素(见图 5 - 8)。飞机的价值随机龄而降低,既有飞机性能随机龄衰减的内在因素,也有新的市场需求、新技术的开发和新适航法规的实施等外部因素,不同的机型其价值随机龄降低的速率是不同的。

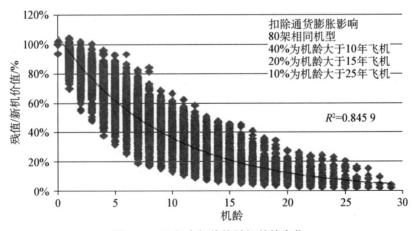

图 5 - 8　飞机市场价值随机龄的变化

(2) 机型。

飞机制造商往往对其研发的机型提供发动机、最大起飞重量、机载系统、翼梢小翼及客舱布局的多种选项,以满足各类客户需求。当某一机型有众多衍生型时,该机型的市场就被分割成许多小市场,形成高的市场分散度。高的市场分散度将限制飞机的市场流动性,从而对飞机残值产生不利影响。

表 5 - 3   现役窄体机与宽体机市场分散度比较

项目	窄体机	宽体机
平均使用寿命	24～28 年	22～24 年
机型和衍生型数量	2 种主要机型 8 种主要衍生型 12 种机型/发动机组合	8 种主要机型 30 种主要衍生型 50 余种机型/发动机组合
技术更新换代时间跨度	每 14～16 年推出一款新机	每 8～10 年推出一款新机

表 5 - 3 比较了现役宽体机与窄体机的市场分散度。可以看出,与宽体机相比,现役窄体机仅两款基本机型(B737 和 A320 系列),平均使用寿命较长,机型和衍生型的选择余地较小,技术更新换代较慢,因而产量较大,延续的生产时间较长,客户遍布全球。这使得窄体机的市场流动性很强,易于在运营商之间转手,老旧飞机也不难找到第 3 层次的买家,因而有很高的飞机残值。

宽体机由于机型和衍生型较多,更新换代较快,市场分散度较高,每款机型的客户基础较小,市场流动性较差,在二手飞机市场要找到适合的运营商机会稍差,飞机残值必然受到影响。图 5 - 9 比较了 A320 - 200 与 B747 - 400 飞机的基本价值,B747 - 400 残值随机龄下降速度明显快于 A320 - 200。

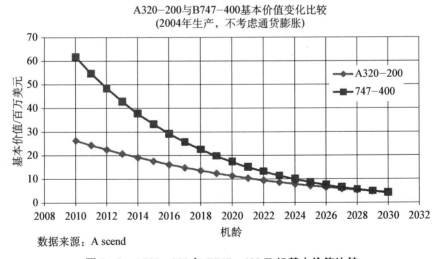

图 5 - 9   A320 - 200 与 B747 - 400 飞机基本价值比较

窄体机并非都有良好的市场流动性。机队规模相对较小的 A318 飞机,其市场流动性较差,其保值能力也有所逊色(见图 5 - 10)。相同机型选装不同的发动机时,可能因所选发动机的客户数多和市场流动性好而获得较高的飞机残值。

(3)飞机的技术规范。

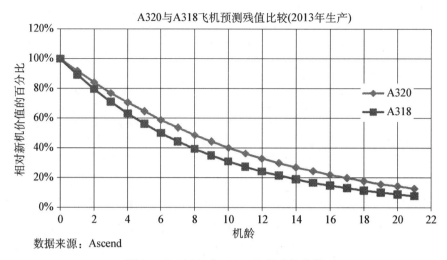

数据来源：Ascend

图 5 - 10   A320 与 A318 飞机残值比较

常规构型、采用兼容性高的系统和成品的飞机，市场适应性宽，便于在运营商之间转手，其残值较高。特殊构型（例如安装大推力发动机的高原型飞机）市场适应性较窄，市场流动性较差，难以找到下一个买家，其残值较低。衍生型多的飞机会拆分市场，每个细分市场的机队数量低，影响市场流动性，因而降低残值。航空公司偏好双发飞机，四发飞机虽然有利于安全性，但是维修成本高，受到市场冷落，其残值较低（例如，A340 飞机）。具有客机改装货机潜力的飞机，有利于延长其经济使用寿命，从而提升了残值（见图 5 - 11）。长的经济使用寿命能够推高飞机的残值，高的飞机残值也能够延长飞机的经济使用寿命。初期生产的飞机与后续生产的飞机相比，在机体重量、飞行性能和系统功能等方面可能相对逊色，因而残值偏低。

（4）飞机的经济性和可靠性。

航空公司总是选择直接运营成本（DOC）最低的机型，以达到收益和利润的最大

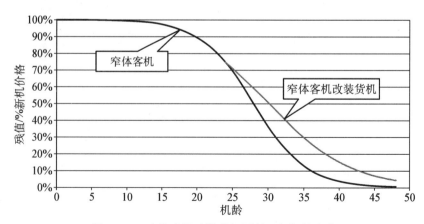

图 5 - 11   窄体客机改装货机延长飞机经济寿命

化。由于技术进步,新一代机型相对于老旧机型,DOC不断下降,运行可靠性不断提升。因此,DOC低的新机型具有高的保值能力,新机型投入市场将对老旧机型的残值产生直接的负面影响。

4）制造商因素

（1）制造商的地位。

历史悠久、研发能力强、建立了全球客户服务系统的飞机制造商（目前主要是空客、波音、庞巴迪和巴西航空工业公司），拥有业界领先的技术,其生产的飞机具有技术规格高、运行成本低、系列化和注重型号之间共通性的优势,受到飞机投资者和航空公司的青睐。

大型飞机制造商仅为波音和空客两家,支线飞机制造商仅为庞巴迪和巴西航空两家。飞机制造商和机型的有限的选择余地,使得客户购机谈判的议价力很低。机型的选择集中于少数几款,使得一些机型的机队数量庞大,有利于二手飞机市场的流动性,有利于飞机保值。

更换制造商和机型对于航空公司来说存在较大的风险,是一项困难的选择。新制造商和新机型的进入,航空公司必然担忧更换制造商和机型带来的"更换成本",必然担忧二手飞机市场的流动性不足引起的低残值风险。因此,中国商用飞机制造业要成功进入全球航空运输市场,必然有一个漫长和艰辛的过程。

（2）新机研发策略：新技术、系列化和共通性。

拥有领先的先进技术的飞机,有利于降低运行成本和延长有效使用寿命,提升在二手飞机市场的销售前景,有较高的保值能力。例如,主结构采用复合材料。由于复合材料与传统铝合金材料相比,在重量、比强度、抗疲劳和抗腐蚀等方面优势突出,可延长维护间隔,从而降低了飞机维护检查的次数和频率。

系列化发展,驾驶舱、发动机和机载系统具有高度共通性的飞机,能为客户提供机队和客座能力的灵活性,具有降低运行成本突出的优势,因而有利于扩大市场和提升残值。系列化和共通性的机型对航空公司有很大吸引力,同一系列的机型可以共享备件,减少备件库存;飞行机组和地面维修人员可以同时熟悉驾驶舱共通和维护流程相同的多种机型,降低飞行和维修的培训成本。

210～290座级的B787飞机是重视客户需求、追求飞机保值能力的典型案例。其机体结构材料按重量计,50%复合材料,20%铝合金,15%钛合金。机翼带倾斜式翼尖,发动机挂架采用减噪的锯齿形边缘。机头的气动外形更光洁,采用4块风挡。驾驶舱共通性设计使得有资质的B777驾驶员能够操作该机型。该机型在设计上尽可能地简化设计,把客户化选项降至最低,并且大量向海外扩展制造工作,以降低制造成本,提升客户的利润空间,直接运行成本比相似座级的B767飞机低20%。

5.4　飞机残值预测

飞机残值的预测是困难的,因为飞机残值受到众多因素及不可预测事件的影响。预测不是一门精密科学,不存在精确的数学方程,也无捷径可走,预测的基础,是大量飞机交易历史统计数据的收集和谨慎的回归分析,以及对航空市场需求和供给的持续观察和充分评估。飞机残值评估,通常是有资质的、独立的飞机价值评估公司提供的一种专业咨询服务。

1) 残值简易评估法

飞机交易历史统计数据的回归分析,是预测飞机残值的基础。

在飞机交易历史统计数据的回归分析中,我们首先来考虑影响飞机残值的独立变量机龄。飞机随机龄而贬值(或折旧),这是因为飞机的机体结构、发动机和机载系统随机龄的增加需要不断增加维修量和更换时限件;发动机随机龄的增加其推力会不断衰退、耗油率会不断上升;飞机在其使用寿命期间会因污垢、磨损、变形和修理而增加飞机的重量和阻力,从而引起飞行性能不断恶化;同时,市场上不断出现高性能和低运行成本新机型,适航要求不断更新,用户需求(例如,旅客对舒适性和速度的追求)不断提高,油价上涨,日益严峻的排放限制,所有这些变化也将加速旧飞机的贬值进程,缩短旧飞机的经济使用寿命。只要适当维修,飞机的结构寿命几乎是无限的,但当它不再能够产生按现值计算的现金流,其经济寿命就终止了(即更换或舍弃它比继续维修它更省钱)。上述分析,指的是符合本章第二节中"飞机状态的假设"条件下飞机资产的"正常"贬值进程。

图5-12给出了以机龄为变量的飞机交易价格数据(包含1970—2008年约3 000个二手市场交易数据),纵坐标用转售价格/重置价格之比(%)来表示。"重置价格"(replacement price)指的是扣除了通货膨胀影响的新机名义原始交易价。对

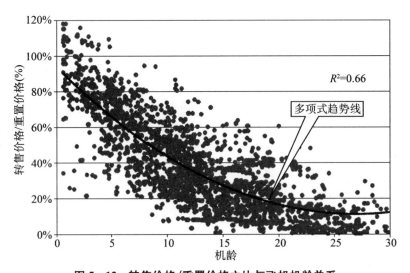

图5-12　转售价格/重置价格之比与飞机机龄关系

于已停产飞机,采用理论上的重置价格。通货膨胀掩盖了资产真实价值的缩减,通货膨胀的高低变化引起数据的扭曲,造成飞机价格缺乏可比性,因此需要把通货膨胀因素剔除掉。应当注意,纵坐标不直接用飞机转售价格(即残值),而用转售价格与重置价格之比,使得不同价格的机型之间具有可比性,避开了飞机因素(座位数、航程、速度、技术、发动机和直接运行成本等)引起的飞机重置价格的影响。图5-12描述了飞机随机龄而贬值的过程,图中的多项式回归曲线能够很好地描述残值与机龄的关系。

图5-12中数据点的散布告诉我们,仅用机龄为独立变量尚不足以解决实际残值问题,图中的多项式回归曲线仅反映了残值随机龄变化的平均值,还必须考虑其他自变量的影响。统计回归分析证实,飞机随机龄的折旧决定了飞机残值的2/3,剩余的1/3取决于在第三节"影响飞机价值的因素"中讨论的其他自变量,在下面第3节"残值预测的一般方法和步骤"中,简要提供了定量分析其他各种因素对残值影响的方法。

图5-12中数据点的散布,实际上体现出了市场需求的强弱。当我们把这些散布的数据点按市场需求的强弱,依次划分为10个条带,市场需求最强的称为"坚挺度1",市场需求最弱的称为"坚挺度10",并各自给出多项式回归曲线,于是就得到了图5-13所示的确定飞机当前和未来基本价值(即残值)的市场需求条带图。当然,每两个条带之间还可以进一步不受限制地细分。

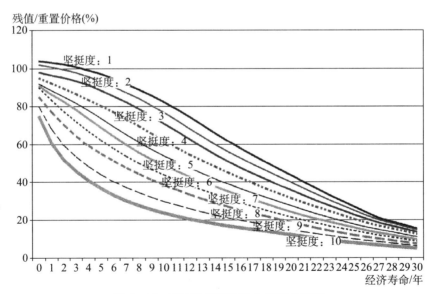

图5-13　确定飞机残值的市场需求条带

利用图5-13我们可以对飞机的残值做出判断。下面以 MD-83、B737-400 和 A320-200 这3款竞争机型为例来说明。它们都是20世纪80年代进入市场的150座级飞机,MD-83 和 B737-400 已于1999年停产,A320-200 仍然在生产。这3款竞争机型的新机都以 100％的新机价格为起点(相当于坚挺度 2.5),往后的趋势将取决于市场需求的强弱。A320 - 200 的技术、运行和经济性优于其他两款机型,被认为属于"坚挺度 5"。B737 - 400 稍逊于 A320 - 200,属于"坚挺度 6"。MD - 83 的运营商数量和集中度较小,耗油率较高,制造商已终止商务(被波音收购),被认为属于"坚挺度 8"。

对于每一款机型,都可以依据其技术经济性和市场行销情况,参照类似机型,确定其"坚挺度"。然后,根据每一款机型的经济寿命的假设和重置价格,对残值做出判断。

当要求考虑通货膨胀对预测的基本价值的影响时,还必须把通货膨胀影响"加回去"。近年来,全球年通货膨胀率保持较低水平,通常假设为 2％~3％。

市场是动态的,飞机的基本价值不是一成不变的,图 5 - 13 的数据(取自 2008年发表的文献[2]不一定符合今天的市场状态。因此,在飞机残值预测中,飞机交易历史统计数据应该不断补充、修正和更新。

2) 残值预测的输入信息

(1) 飞机机队信息。

飞机机队信息分两类:一类是飞机的基本信息,包括飞机制造商、机型、型别、生产年份(或机龄)、技术规范(包含最大起飞重量、发动机制造商、发动机机型和型别)等;另一类是该型别飞机的市场流动性信息,包括在役飞机数量、飞机后续订单数量、营运商数量和地理分布。为了获得可靠的飞机机队信息数据并且进行定期数据更新,借助于国际上某些数据服务供应商(例如,Flight Global ACAS 公司)可能是必要的。

(2) 飞机价值与交易数据。

飞机价值与交易数据的来源,是经国际航空运输飞机贸易协会(ISTAT)认证的评估公司(例如,航升、Avitas 和 ICF 等),它们提供有在生产中的和已停产的各类飞机型的标准统一的飞机价值数据。

飞机的市场价值总是随时间而变化万端。然而,评估师利用精细的统计数据回归方法,分析飞机价值的变化走势,分析各类因素对飞机价值影响的历史数据,识别出关键参数,并确定出它们对飞机残值的定量影响。

(3) 航空产业数据。

航空产业历年来的数据(包括客运的客公里数、货运的吨公里数、上座率、货运率、年收益和净利润率等)可通过国际航空运输协会(IATA)等组织的网站或出版物获取。

(4) 经济类数据。

各个国家、地区和主要经济体历年来的 GDP 数据,可从国际货币基金组织(IMF)的网站获得。历年来通货膨胀的相关数据,可从美国劳工部统计局的网站查取。许多网站(例如,美国能源信息管理局)都提供有历年来燃油价格数据。

3) 残值预测中使用的自变量

下面给出了残值预测中使用的自变量,它们对飞机残值有重要影响。它们之中有些要依据上一节的输入信息计算得到。在残值预测中,没有考虑 GDP 增速、市场需求和产出等因素,因为它们虽然会对飞机的市场价值造成短期的波动,但是不会改变经济寿命长达 20 多年的飞机的残值长期趋势,残值定义为在供需平衡的假设前提下的基本价值。不过,燃油价格和通货膨胀这两个宏观经济变量被列入自变量中。燃油价格上涨,直接影响飞机运营成本,飞机残值受到负面影响。

(1) 制造当年飞机交付的市场份额。

机型的市场接受度,对飞机的市场价值保持,有重要影响。在残值预测中,采用制造当年所研究机型交付量占同类机型当年交付量的市场份额,来评估该机型的市场接受度。例如,2003 年,共有 418 架窄体机出厂交付。其中 120 架 A320-200 飞机,占交付飞机总数的 28.7%(见图 5-14),被认为是同年生产的窄体机中最受欢迎的机型。从图 5-14 可以看出,A320-200 和 B737-800 飞机是最受欢迎的两款窄体机。近年来,A320 系列飞机的缩短型 A319 飞机出厂交付的市场份额在下降,加长型 A321 飞机出厂交付的市场份额在上升,这将对它们的未来残值产生影响。

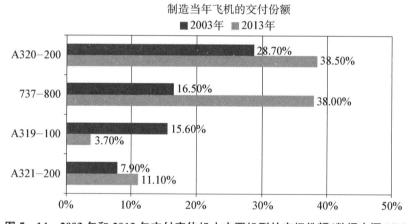

图 5-14　2003 年和 2013 年交付窄体机中主要机型的市场份额(数据来源 ICF)

(2) 交付的飞机在生产线上的位置。

交付的飞机在生产线上的位置,对飞机的市场价值有重要的直接影响。图 5-15 表明,飞机在生产线上的位置,影响新机的市场价值。飞机制造商总是在不断地提升飞机的技术和性能水平,期待从提升价格上获得利益。从图 5-15 可以看出,飞机在生产线上的位置也影响飞机未来的残值保持。早期生产的飞机,有较好的价值保持表现;晚期生产的飞机,由于最新技术的竞争机型的出现,以及用户对飞机停产后技术和备件保障的担忧,价值下降较快。

(3) 飞机系列的成功度。

飞机系列内的所有机型,在所考虑的交付期中,所交付飞机的总和,相对于在相同的交付期中,同类飞机交付总量的百分比,被称为飞机系列的成功度。机型所属

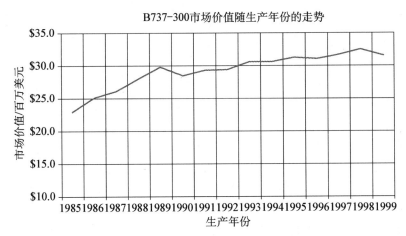

图 5‐15　B737‐300 飞机残值比较（数据来源 ICF）

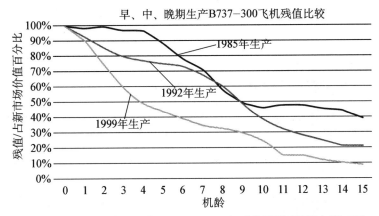

图 5‐16　早、中、晚期生产 B737‐300 飞机残值比较（数据来源 ICF）

的飞机系列成功度越高,给用户提供的机队和运能的规划灵活性越高。在残值预测中,把飞机系列成功度列为自变量。如表 5‐4 所示,B737 和 A320 系列是最成功的飞机系列。在飞机系列中的飞机,备件、培训和飞机特性具有高度的共通性,能够显著降低运行成本。

表 5‐4　窄体机系列飞机交付量

飞机系列	交付总量	交付首年/末年	交付期内飞机 交付总量	飞机系列交付量占飞机 交付总量百分比/%
737NG	4 969	1997/2014	11 449	43
A320 系列	6 240	1988/2014	14 663	43
727‐1/200	1 754	1963/1983	4 980	35
737 经典	1 972	1984/2000	6 190	32

（4）机队集中度。

一款机型的运营商集中度，是影响飞机残值的重要因素。机型的运营商分布不广（即集中度很高），会限制飞机的次级市场前景，因而不利于飞机保值。评估各机型的机队集中度，可采用赫芬达尔-赫希曼指数（*Herfindahl-Hirschman index*，*HHI*）。在反垄断案例中常用 *HHI* 来评估竞争，*HHI* 定义为每个参与者（此处为飞机运营商）的市场份额平方之总和。其中，市场份额定义为：同一机型的整个机队中，每个运营商的该机型机队所占份额。

HHI 得分越低，机队集中度越低。当在市场中的参与者数量下降，且参与者之间的市场份额差距增加时，*HHI* 得分增加。在反垄断案件中，美国司法部认为，*HHI* 得分在 1 000～1 800 之间为中等集中度，*HHI* 得分＞1 800 为高集中度，*HHI* 得分低于 1 000 为低集中度。图 5-17 和图 5-18 展示了支线机和宽体机的 *HHI* 集中度指数（2014 年 12 月数据）。

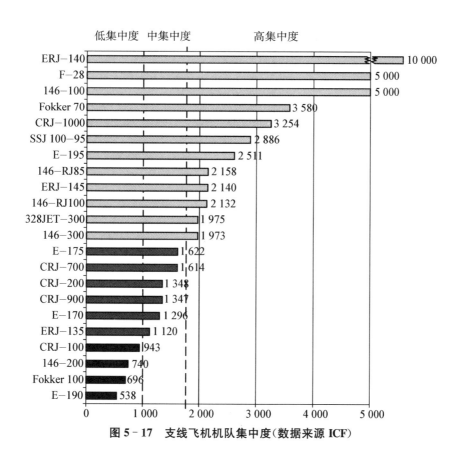

图 5-17　支线飞机机队集中度（数据来源 ICF）

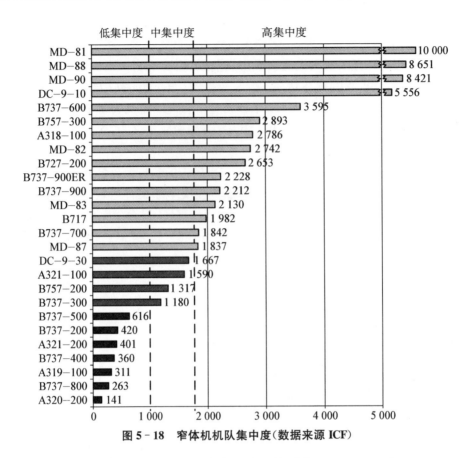

图 5 - 18　窄体机机队集中度（数据来源 ICF）

从图 5 - 18 可以看出，被全球运营商所广泛接受的 A320 - 200 和 B737 - 800 在窄体机中 HHI 最低，运营商也从它们的高残值获得回报。

飞机的保值并不总能够得益于低的 HHI。例如，B747 - 100/- 200 飞机（B747 -200 的 HHI 为 385），它们有 20 多种衍生型，可选项目包括：5～6 种最大起飞重量、3 种主发动机（每种含多种子型）、数种驾驶舱仪表配置。因而市场被分割成许多小市场，限制了飞机的流动性，从而对飞机残值产生不利影响。

因此，在 HHI 对残值影响评估中，还应考虑机型的多发动机供应商情况。例如，A321 - 100 的 HHI 为 1 590（中等集中度，见图 5 - 18）。考虑到 A321 - 100 有两家发动机供应商（CFM 和 IAE）时，该机型的 HHI 为 3 109（高集中度）。

（5）燃油价格。

燃油价格，是对飞机残值造成最大影响的宏观经济因素。燃油价格升高，驱使航空公司加速淘汰高耗能的老旧机型，引进燃油效率高的新机型。与燃油有关的环保法规日趋严厉，也加速了机型的更新换代。在残值预测中，通过调整残值曲线方程的系数来考虑燃油价格的影响。

(6) 通货膨胀率。

对于具有较长经济寿命的飞机来说,通货膨胀是对其市场价值产生较大影响的另一个宏观经济因素。飞机多以美元定价,因此美国的通货膨胀率对飞机残值影响最大。考虑通货膨胀影响的方法是:在评估飞机折旧时,把通货膨胀对价格的影响剔除掉,生成无通货膨胀的残值曲线;然后按恒定的通货膨胀率(通常假设为2%~3%),把通货膨胀的影响"加回去"。

4) 残值预测的一般步骤和方法

(1) 第1步,生成残值基准曲线。

按所需的机型类别(支线机、窄体机和宽体机),画出以机龄为变量的飞机交易价格历史数据图。如图5-19所示,依据窄体机的交易价格历史数据,画出了窄体机残值与飞机机龄关系图,飞机交易价格扣除了通货膨胀影响,并表示为新机市场价值的百分比,使得不同价格的机型之间具有可比性。图中的指数函数回归曲线,能够很好地描述飞机基本价值(残值)与机龄的关系(方差 $R^2 = 0.853\,2$),我们称之为"残值基准曲线"。基于该曲线,经过曲线系数的调整,可以得到窄体机各机型的残值曲线。

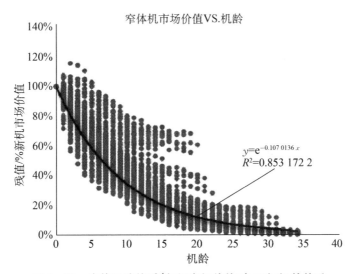

图5-19 窄体机残值(%新机市场价值)与飞机机龄关系

(2) 第2步,各变量影响的定量分析。

在图5-19的例子中我们看到,窄体机残值基准曲线的指数函数回归曲线的指数系数是 -0.107,该指数系数实际上表达了飞机基本价值的折旧率,该指数系数的绝对值越大,飞机价值折旧就越快。这就是说,我们可以通过分析每个自变量(见第3节"残值预测中使用的自变量")对指数系数的影响,调整指数系数,生成各种机型的残值曲线。

　　下面以交付飞机在生产线上的位置为例，考察如何调整指数系数。如表5－5所示，我们把交付的飞机在生产线上的位置均分为10段，形成10组飞机交易价格的历史数据，分别求取各自的指数函数回归曲线，表5－5中的第3列给出了各段指数函数的指数系数。飞机交付量的多少对指数系数产生影响，表中的第4列给出了飞机交付量，表中的第5列给出了经飞机交付量加权处理的指数系数（即预测的指数系数）。从第5列数据可以看到，最早交付的飞机保值能力稍差些（部分性能有待完善），随后很快增强（指数系数的绝对值小），此后，交付时间越靠后，飞机保值能力越弱（指数系数的绝对值增大）。

表5－5　飞机在生产线上位置引起的指数系数的变化

交付阶段	范围/%	指数系数	交付飞机数/架	预测的指数系数	系数相对变化/%
1	0～10	−0.098	3 409	−0.096	−10.34
2	10～20	−0.091	3 826	−0.092	−13.68
3	20～30	−0.090	3 329	−0.093	−13.32
4	30～40	−0.097	3 603	−0.096	−10.04
5	40～50	−0.105	3 433	−0.102	−4.62
6	50～60	−0.111	3 145	−0.109	2.17
7	60～70	−0.116	3 132	−0.117	9.55
8	70～80	−0.124	2 143	−0.125	16.74
9	80～90	−0.130	1 947	−0.132	22.97
10	90～100	−0.138	629	−0.136	27.46

　　图5－20给出了HHI对飞机残值的影响量的分析结果。

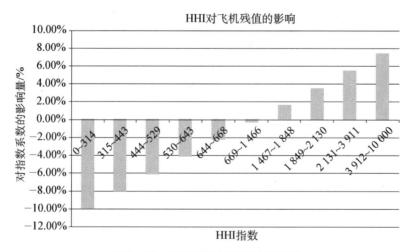

图5－20　HHI对飞机残值的影响量

（3）第 3 步，生成选定机型的残值曲线。

当所有自变量对残值基准曲线影响的定量分析完成之后，利用飞机机队数量和价值信息，寻找选定机型和生产年份的每项变量的对应值。

下面仍以交付飞机在生产线上的位置为例。表 5-6 给出了 1985 年生产的 B737-300 飞机的相关信息：B737-300 首次和末次交付的年份分别是 1984 年和 1999 年，因此这架飞机是生产线上早期生产的，对应位置是 7%。若其他自变量相同，对应的指数系数的差值是 -10.34%。同样的计算过程也适用于该模型中其他变量，如图表 5-6 所示。采用相同方法可以求取其他变量的对应值。

表 5-6 系数差值的计算：1985 年生产的 B737-300

机型	生产年份	首次交付年份	末次交付年份	生产线生命周期/年	飞机在生产线上位置	数据区间	系数变化
B737-300	1985	1984	1999	15	7%	0～10%	-10.34%

1985 年产 B737-300 飞机的所有 5 个自变量的计算结果如表 5-7 所示。系数调整汇总计算如下：

$$系数净调整量 = 92.16\% \times 95.80\% \times 89.66\% \times 95.00\% = 75.20\%$$
$$调整后的指数系数 = -0.107 \times 75.20\% = -0.0805$$

依据调整后的指数系数，可以画出残值（%新机市场价值）与机龄关系图。

表 5-7 1985 年生产 B737-300 的系数调整计算

变量	数值	系数变化/%	系数调整/%
生产年份的机队份额	37%	-7.84	92.16
HHI-飞机型别和发动机制造商	590	-4.20	95.80
交付飞机在生产线上的位置	7%	-10.34	89.66
飞机系列成功度	32%	-5.00	95.00
系数净调整量/%			75.20
调整后的指数系数			-0.0805

参考文献

[1] Mancilla Darcy Olmos. Aircraft Asset Management：Tools & Airline Strategies during a World Market Downturn [C]. ATRS World Conference 2010.

[2] Kelly Douglas B. Forecasting Aircraft values：An Appraiser's Perspective [R]. Sep. 2008.

[3] Ackert Shannon. The Relationship between an Aircraft's Value and its Maintenance Status [R]. April, 2011.

[4] Hallerstrom Nils. Modeling Aircraft Loans & Leases [R]. Mar. 2010.

6 机队运营经济性

6.1 机队运营经济性分析的参数和定义

中国民航在《中国民用航空统计管理办法》(CCAR - 241 - R1)中,对描述航空公司运营经济性的基本指标的定义和统计要求做出了规定,这些指标由主营业务收入、主营业务成本和主营业务利润3部分构成(见表6-1)。

表6-1 中国民航:航空公司主要财务指标(CCAR - 241 - R1,2005年实施)

主营业务收入	
国内航线运输收入	国内航线上承运旅客、货物、邮件的运输收入
国际航线运输收入	国际航线上承运旅客、货物、邮件的业务收入
通用航空收入	执行通用航空任务所取得的业务收入
减:民航基础设施建设基金	按规定比例计提用于民航基础设施建设的基金
主营业务成本	
运输成本	
空勤工资和费用	支付空勤人员工资和其他费用的支出。包括:空勤人员的工资、津贴、伙食费和制装费等
航空燃油	航空煤油、航空汽油、航空润滑油消耗的价值量(含地面加油费)。不包括航空附属油料(如甲醇、酒精等)、车辆用油和其他各种油脂
保险费	支付的飞机保险费用
租赁费	向国内外出租人支付的飞机租金
机上服务费	向机上旅客提供的餐食、礼品等项费用的开支
维护修理费	支出的维修费用和计提的大修理费的分摊费用
折旧费	计提的飞机、发动机折旧费
起降费	向机场缴纳的飞机起降过程中的全部费用
营业税金及附加	包括营业税、城市建设维护税和教育费附加
主营业务利润	主营业务活动取得的收入扣减其成本及销售费用和应负担的税金后的利润额

（续表）

加：其他业务利润	
减：管理费用	为管理和组织生产经营活动而发生的各项费用
财务费用	为筹集资金所发生的各项费用。包括利息净支出、汇兑净损失以及相关的手续费等
销售费用	销售过程中所发生的各项费用
营业利润	主营业务利润加其他业务利润扣除管理费用和财务费用后的余额
加：投资收益	对外投资取得的收入或发生的损失
补贴收入	按规定应取得的政策性亏损补贴和其他补贴收入
营业外收入	企业主营业务活动无直接关系的各项收入
减：营业外支出	与企业主营业务活动无直接关系的各项支出
加：以前年度损益调整	
利润总额	利润总额＝营业利润＋补贴收入＋投资收益＋营业外收入－营业外支出＋以前年度损益调整
减：应交所得税	应交纳的所得税
净利润	交纳所得税后的利润
营运收入利润率	利润总额/营运收入，以百分比表示
成本费用利润率	利润总额/成本费用总额

表 6-2 和图 6-1 以美国定期客运航空公司 2014 年运营经济性数据为例，列出了美国航空公司运营经济性分析的基本要素。美国航空公司的运营数据是按美国航协（ATA）FORM41 规定的定义和分类给出的。下面简要说明表中所列有关要素的定义。

表 6-2 美国定期客运航空公司运营经济性数据（2014 年，数据来源：美国运输统计局）

收益/百万美元		成本/百万美元		利润/百万美元	
机票	127 454	航油	43 432	运营毛利润	14 606
货物	3 078	劳务	40 770	运营毛利润率	8.6%
行李	3 529	租金	8 508	非运营支出	4 753
机票改签	2 981	折旧和还贷	7 081	税前收益	9 852
相关服务	28 125	着陆费	2 803	所得税	2 393
其他	4 109	维修材料	2 881	净收益	7 459
总收益	169 276	相关服务	20 711	净利润率	4.4%
		其他	28 486		
		总成本	154 671		

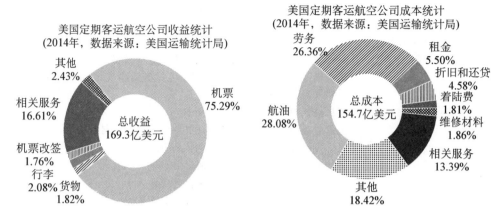

图 6‑1　美国定期航班收益和成本统计数据(2014 年)

运营收益：包含机票、行李、货物、机票改签、相关服务和其他收益。

运营成本：包含航油、劳务、租金、折旧与分期还贷、着陆费、维修材料、相关服务和其他成本。

劳务成本：包含工资、雇员收益(例如,年金、教育、医疗、休养和退休安排)和工资税(例如,联邦社会保险捐款法、州和联邦失业保险)、综合管理、飞行、维护、飞机和交通操作人员费用全部包含在劳务成本中。

相关服务(收益或成本)：指的是航空公司在执行运输服务中附带产生的收益或成本。例如,机上销售食品饮料、代码共享的收益、飞机维修、出售航油、酒店服务和出售设备等。

其他收益：指的是杂项运营收益(包括宠物运输、向航空公司商务伙伴出售常旅客奖励里程和后备乘客收费)和公共服务补贴收益。

其他成本：包括：旅客食品和其他材料的采购、购买广告等服务、通信、保险、非飞行设备维修、售票佣金和其他服务成本。

运营毛利润率：指的是运营毛利润与运营总收益之比,以百分比表示。

非运营支出(或收益)：包括长期债务和借贷的利息、其他利息支出、外汇兑换的收支、资本的收支及其他。

所得税：在美国,对航空公司营运征收增值税,税率为 24%。

净收益：运营毛利润扣除非运营支出和所得税后得到净收益。

净利润率：指的是净收益与运营总收益之比,以百分比表示。

对比表 6‑1 和 6‑2 可以看出,中美描述运营经济性的参数的定义存在明显差异,体现在管理和税制上的差异。例如,美国数据中,劳务成本包含综合管理、飞行、维护、飞机和交通操作人员等全部人工费用,可以看出,劳务成本是仅次于航油成本的最大单项成本,因而受到重视;在中国数据中,劳务成本被分散在空勤、维修和管理成本之中;此外,税制上的差异是明显的,我国正在推进"营业税改增值税"的税制改革。因此,在中美航空运输业运营经济性分析比较时应注意到这些差异。

6.2 必须精打细算的航空运输业

美国投资大师沃伦·巴菲特曾有一句戏言:"投资者应当在莱特兄弟的第一架飞机上天时,就将它打下来。"其意思是说,投资航空公司,几乎无利可图。在美国资本市场中,星巴克的市值超过了在经济和社会生活中占有重要地位的美国航空运输业的总和(见图6-2)。

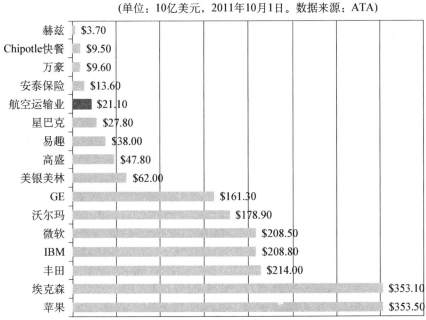

星巴克的市值超过美国航空公司的总和
(单位:10亿美元,2011年10月1日。数据来源:ATA)

赫兹	$3.70
Chipotle快餐	$9.50
万豪	$9.60
安泰保险	$13.60
航空运输业	$21.10
星巴克	$27.80
易趣	$38.00
高盛	$47.80
美银美林	$62.00
GE	$161.30
沃尔玛	$178.90
微软	$208.50
IBM	$208.80
丰田	$214.00
埃克森	$353.10
苹果	$353.50

图6-2 美国航空运输业在资本市场中的地位

从图6-3可以看出,进入21世纪以来,航空运输业总体上亏多盈少,受外部经济波动(2001年的"9.11"恐怖事件和2008年的金融危机)的冲击很大;2013年称得上是好年景,航空公司从每一个旅客获取的平均净利润是3.39美元,全球航空运输业的平均投资回报率(ROIC)为4.5%,而其他行业投资者的ROIC期望值约为7%~8%。图6-4给出了2012年航空公司平均每张机票的收益、成本和净利润统计数据,从每一个旅客获取的平均收益是228美元,扣除税和债务后的平均净利润仅为2.56美元。

为了回答航空运输业的低利润问题,我们可以借助美国哈佛大学迈克尔·波特教授的驱动产业的竞争力模型(即"波特五力图")。波特五力图包括下述5种竞争

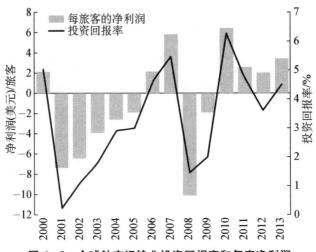

图 6-3　全球航空运输业投资回报率和每客净利润

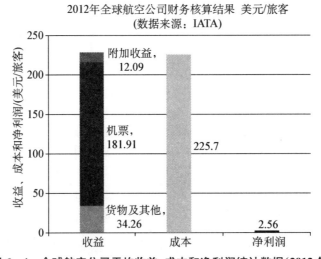

图 6-4　全球航空公司平均收益、成本和净利润统计数据（2012 年）

力：同业竞争、新进入者的竞争、替代品的威胁、供应商的议价力，以及客户的议价力。所有这些作用力汇集起来的合力强弱，决定着该产业的最终利润潜力。图 6-5 给出了描述当前航空运输业竞争态势的波特五力图，反映这样的不争事实：内外交困的航空运输业，不仅同行间的竞争激烈，客户、供应商、替代品和潜在进入者均是该产业广义上的"竞争对手"，它们都在大口吞噬着航空公司的经营利润，这在其他行业中极为罕见。

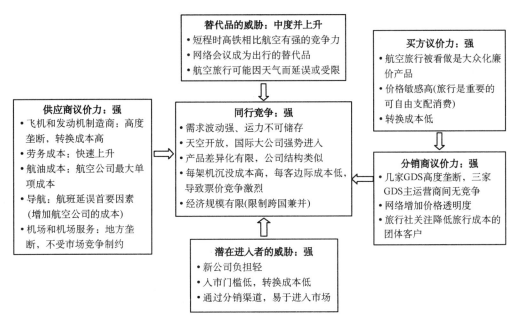

图 6-5   波特五力图：驱动航空运输业的竞争力模型

通过这 5 种竞争作用力相互作用的分析,可以揭示出航空运输业所特有的、导致低利润率的下述三大矛盾:

1) 航空公司运力常量与市场需求变量的矛盾

航空公司一旦租或买了飞机,其运力供给量相对固定,而市场需求量周期性波动,要达到运力与需求的匹配相当困难,对投资效益影响很大。经济发展的周期性起伏难以预测,飞机订购决策,必须带有提前量,具有很大风险。飞机交付时遭遇市场低谷期,航空公司陷入债务危机,这种情形屡见不鲜。况且,一年之中,休闲探亲和度假旅游市场需求呈季节性波动;1 周之内,从工作日到周末商务市场和休闲市场交替出现;每天各个时段的需求也在明显变化,给运力配置带来困难。运力没有"蓄水池",不能保存,低谷时刻或淡季的航班价格战折扣率低得令人咂舌。另一方面,旅客常常抱怨紧俏时刻或"黄金周"的机票"一票难求"。

为了解决航空公司运力常量和市场需求变量这对永恒的矛盾,航空公司要善于运用各种计划工具和市场手段,精细管理需求和调配运力。例如,短、长期市场预测模型,科学的机队规划,精细的航班计划,乘客购票行为和偏好研究,以及有效的收益管理系统等。航空公司通过租赁方式获得飞机在一定期限内的使用权,以提高运力的灵活性,转移债务风险,也是航空租赁业兴起的主要原因。图 6-6 表明,近年来全球航空运输业的客机上座率在不断改善,反映出了航空公司在解决运力常量和市场需求变量上不懈的努力。

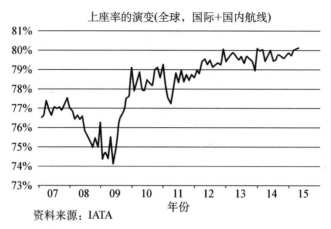

资料来源：IATA

图 6-6　全球航空运输业的客机上座率演变

2) 竞争性的产出与缺乏竞争的投入的矛盾

图 6-7 告诉我们，由于激烈的市场竞争，多年来美国国内航班的机票实际价格变化不大，略有下降。在中国，航空公司 1997 年的机票基准价(0.75 元/公里)至今维持不变，自从政府对机票价格的管理放松之后，通过机票打折进行的价格战从未停息。

数据来源：美国运输统计局

图 6-7　美国国内定期航班 1990—2009 年单位收益的演变

然而，航空运输业的投入要素(航油、备件、维修、机场服务和劳务等)却完全不受市场竞争的制约，航空公司几乎没有议价力。国际航油价格受到国际政治和石油生产国所左右；中国航油作为国内唯一供应商的垄断地位一直受到航空公司的诟病，油价偏高；航空公司对备件和维修价格几乎没有议价权；劳务成本的提升是受CPI 驱动的一种基本诉求；机场/空管服务处于自然垄断地位，提高收费的动机始终存在。从图 6-8 可以看出,2000—2010 年间,美国航空公司的运营成本上涨了 1 倍有余。中国航空公司的运营成本构成有很大差异,但驱动成本上升的主要因素也是航油和劳务成本。

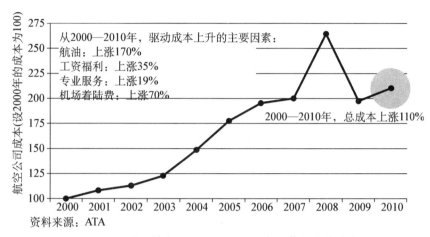

图 6-8 美国航空公司 2000—2010 年运营成本的演变

通过航空运输业的努力,以及航空新技术和新材料的应用,成本的增加被化解了,从图 6-9 可以看出,在过去的 40 年间,航空运输业成功地把单位成本降低到仅是原来的一半。不过,航空公司没有把效率提高的好处留给自己,而是通过维持票价几乎全部让利给了乘客,创造了航空运输业快速发展的社会效益。

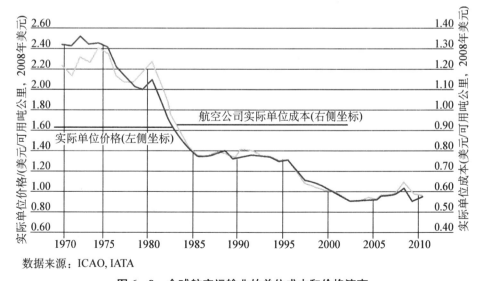

图 6-9 全球航空运输业的单位成本和价格演变

3）同质的产品和有差别的价格的矛盾

京沪航线上的客机如有空位子,多售出一张机票,航空公司增加的收益约1 000元,而增加的成本仅仅是一顿便餐。因此我们说,航空运输业的"边际成本"(marginal cost)很低。边际成本的定义是:增加一个单位产出需要付出的额外成本。边际成本低是价格战的起源,促使航空公司利用机票打折吸引乘客,来填满自己航班的客舱,这就是出现"同质的产品有差别的价格"的起因。但是,高铁客运的边际成本同样低,为什么高铁客运没有打折票呢? 因为高铁是独家垄断的,车票打折不提高上座率反而降低收益。因此,机票打折的根本原因,是抢夺乘客的市场竞争,尤其是在运力大于需求的季节和时段。

差别定价在经济学中也称为"价格歧视"(price discrimination),指的是产品或服务的提供者在向不同的接受者提供相同等级、相同质量的产品或服务时,在接受者之间实行不同的销售价格或收费标准。价格歧视的程度分3级,航空运输业实行的是最低的3级:对不同类型的消费群体收取不同的价格,对价格敏感度高的群体收取低的价格,对价格敏感度低的群体收取高的价格。

差别定价的基础是区分消费群体。公商务旅客与休闲度假旅客相比,有两个特点。第一,时间价值高,价格敏感度低,愿为"省时"付高价;第二,"购票窗口"短,要求随到随走,愿为保留座位支付风险补偿。提高航班频率,为公商务旅客提供更多的时间选择并缩短等待时间,是提升航空时间价值的根本措施。航空公司向支付高价的公商务旅客提供随到随走和灵活改变旅程的权利;另一方面,利用支付低价的休闲度假旅客填满"剩余座位",但他们必须接受提前订票、不可改签或不可退票的约束。订票时间是区分消费群体的要素,学生放假回家想省钱会提前1个月订票,商务客可能在航班起飞前2小时买机票而不问票价。

竞争产生差别定价,"一分价钱一分货"的市场通则被瓦解了。航空公司利用差别定价把收益最大化,同时社会效益也得到了最大化,许多支付能力低的休闲度假旅客享受了航空旅行的快捷,差别定价对航空运输业从贵族时代走向大众时代,做出了一份贡献。应当看到,中国航空公司的收益管理与西方相比还有差距,目前实行的差别定价实质上是折扣价,把折扣价当作是一种市场竞争的工具,公商务旅客和休闲度假旅客挤在相同的订票窗口,付的是无差别的折扣价。

6.3　机队运营成本

飞机的总运营成本,由直接运行成本和间接运行成本两部分构成。直接运行成本包括:财务成本(或租金)、燃油成本、空勤成本、维护成本、机场收费、导航费和地面操作费等,这些成本项目主要取决于飞机设计。在第四章中,我们已对直接运行成本做了详细的分析。

本节将对间接运营成本作简要介绍。飞机的间接运营成本,包括:航站和地面费用、商载保险、订票和销售推广和综合管理等。欧美航空运输业把空乘和旅客服务成本等也计入间接运营成本,在本书中把它们纳入直接运营成本。间接运营成本项目主要取决于航空公司的运营环境和商业模式,与飞机的技术性能关系不大。航空公司的间接运营成本按整个机队核算,难以按机型拆分,为某种机型建立间接运营成本数学分析模型并不现实。图 6-10 和 6-11 分别显示了 AEA 和 IATA 提供的飞机总运行成本分布统计数据,数据表明,间接运营成本占总运行成本的比例的 20%~30%。不过,各市场区的间接运营成本定义不尽相同,征收标准也各不相同,随时间也不断变化。

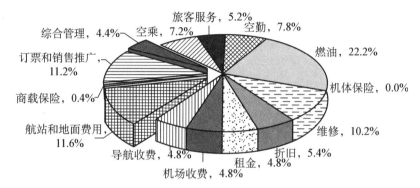

图 6-10 欧洲航空公司总运行成本分布统计(AEA,2006 年)

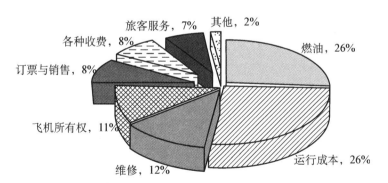

图 6-11 全球航空公司总运行成本分布统计(IATA,2010 年)

1)航站和地面费用

国家发改委和中国民航局 2007 年颁发的,从 2008 年 3 月起实施的《民用机场收费改革实施方案》中,把航站和地面费用列入"非航空性业务重要收费项目",如表 6-3、表 6-4 所示非航空性业务重要收费项目的收费标准基准价(不包含地面服务项目),表 6-5 显示了地面服务费收费标准基准价。实施方案对基准价的浮动幅度作了如下规定:一般不作上浮,下浮幅度由机场与用户协商确定。

表 6‑3　非航空性业务重要收费项目

项目	说　明
头等舱、公务舱休息室出租	机场管理机构向航空公司或地面服务提供方出租头等舱、公务舱，用于向头等舱、公务舱乘客或常旅客提供候机服务所收取的费用
办公室出租	机场管理机构向航空公司或地面服务提供方出租办公室，用于工作人员日常办公使用所收取的费用
售补票柜台出租	机场管理机构向航空公司或机票业务经营商出租售补票柜台，用于办理售票、补票、改签等票务业务所收取的费用
值机柜台出租	机场管理机构向航空公司或地面服务提供方出租值机柜台，用于办理旅客交运行李、换取登机牌等登机手续所收取的费用
地面服务收费	机场管理机构或地面服务提供方向航空公司提供包括一般代理服务、配载和通信、集装设备管理、旅客与行李服务、货物和邮件服务、客梯、装卸和地面运输服务、飞机服务、维修服务等服务所收取的费用

表 6‑4　非航空性业务重要收费项目的收费标准基准价

项目	机场类别	一类 1 级	一类 2 级	二类	三类
头等舱、公务舱休息室出租/（元/平方米·月）	内地航班	700	600	500	400
	国际及港澳航班	800	700	600	500
办公室出租/（元/平方米·月）	内地航班	600	300	200	100
	国际及港澳航班	市场调节价			
售补票柜台出租/（元/个·月）	内地航班	10 000	9 000	7 800	7 000
	国际及港澳航班	10 900	9 900	8 600	8 000
值机柜台出租/（元/个·月）	内地航班	11 000	10 400	9 000	7 000
	国际及港澳航班	12 000	11 440	9 900	8 000

注：头等舱、公务舱休息室及办公室出租收费不包括水、电、暖、空调等收费。售补票柜台含售、补票柜台及用地。值机柜台含离港系统前端设备、值机柜台、电子秤、皮带机及值机柜台用地

表 6‑5　地面服务费收费标准基准价

地面服务项目	收费标准
配载/通信/集装设备管理/旅客/行李服务	飞机最大商载≤10 t 时，30 元/吨 ＞10 t 时，33 元/吨
客梯、装卸和地面服务（当使用客桥时，不考虑客梯、旅客和机组摆渡车的费用；当飞机有随机客梯时，不考虑客梯的费用）	飞机最大商载≤10 t 时，5 元/吨 ＞10 t 时，6 元/吨 客梯　　　　45 元/小时 旅客摆渡车　55 元/次 机组摆渡车　40 元/次

（续表）

地面服务项目	收费标准
货物和邮件服务（分析时假设无货载，则不考虑该项成本）	飞机最大商载≤10 t时，25 元/吨 ＞10 t时，28 元/吨
过站服务	≤100 座，　　　　100 元/架次 100～200（含）座，120 元/架次 200～300（含）座，240 元/架次 ＞300 座，　　　　480 元/架次
飞机勤务	一般勤务≤100 座，　　　100 元/架次 100～200（含）座，150 元/架次 200～300（含）座，300 元/架次 ＞300 座，　　　　600 元/架次 例行检查　160 元/人时（通常假设 1 个人时） 飞机放行　50％例行检查费
额外项目	引导车　60 元/次 气源车　普通飞机　120 元/小时 　　　　宽体飞机　240 元/小时 电源车　普通飞机　120 元/小时 　　　　宽体飞机　200 元/小时 牵引车　普通飞机　80 元/小时 　　　　宽体飞机　160 元/小时 空调车　普通飞机　150 元/小时 　　　　宽体飞机　300 元/小时 除冰车　400 元/小时 扫雪车　500 元/架次

应当注意，在第四章的直接运行成本分析中，我们把按机型参数（最大商载和座位数）收费的地面服务项目成本（见表 6-5）列入了直接运行成本。是否把这些项目列入间接运行成本，读者可以依据自身的成本分类要求来确定。

2）订票和销售推广费用

订票和销售推广费用指客舱机票和货物空运销售中发生的费用，包括销售代理费和支付给 GDS 系统运营商的订座系统使用费等。

GDS（global distribution system）即"全球分销系统"，指的是由某一运营商运营的、能够在第三方和订票代理商之间实现交易的、以便向最终客户提供与旅行相关的服务的网络系统。通过 GDS，遍及全球的旅游销售机构可以及时地从航空公司、旅馆、租车公司、旅游公司获取大量的与旅游相关的信息，从而为顾客提供快捷、便利、可靠的服务。在激烈竞争中，逐渐形成 Sabre、Galileo、Amadeus 和 Worldspan 等 GDS 巨头，由西方大航空公司控股，以企业化的形式进行市场运作。中国的 GDS 运营商是中国民航信息网络股份有限公司（Travel Sky Technology Limited），中航信为中国国内除春秋航空之外的全部航空公司、以及 300 余家外国及地区航空公司提供电子旅游分销（ETD），包括航班控制系统服务（ICS）、计算机分销系统服务（CRS）和机场旅客处理（APP）。

订票和销售推广费可用下式来描述：

$$销售费 = 销售收入 \times 销售代理费率 + 旅客数 \times GDS 使用费率$$

依据 2010 年国内航班数据的统计分析，国内航班的销售代理费率约为 5.4%。每张机票的 GDS 使用费率，与航空公司的规模和议价能力等有关。有些可以达到每张机票 6.5 元的低水平，而一般航空公司的 GDS 使用费率约为 11～13 元。

3) 综合管理费

综合管理费是指行政管理部门为组织和管理机队的生产经营活动而发生的各项费用。包括：办公费、物料消耗、易耗品、差旅费、咨询费、管理人员的工资和福利等。综合管理费可用下式来描述：

$$综合管理费 = 总运行成本 \times 综合管理费率$$

综合管理费率应依据以往的统计数据来确定，与航空公司的规模、营运模式、经营管理水平等有密切关系。

6.4 机队运营收益

机队运营收益包含机票、行李、货物、机票改签、相关服务和其他收益。下面仅讨论最主要的机票收益。

1) 中国民航国内航空运输价格政策

根据国家发改委和中国民航局 2004 年公布的《民航国内航空运输价格改革方案》，国内航空运价实行政府指导价，价格主管部门对航空运价的管理，由核定航线具体票价的直接管理，改为对航空运输基准价和浮动幅度的间接管理。国内各航线基准价平均为每人公里 0.75 元（国际航线国内段平均每人公里 0.94 元，即比国内航线高 25%），允许航空运输企业在境内、外销售国内航线客票时，以基准价为基础，在上浮 25%、下浮 40% 的幅度内确定具体价格。由航空运输企业独家经营的航段，实行票价上限管理，不规定下限。航空公司根据有关规定自行定价，报民航总局备案后执行，但上涨幅度不得超过政府规定的公布票价的 10%。航空运输企业在政府规定的幅度内，引入多级票价制度，根据运输淡旺季、购票时限、人数、特定消费群体、航班时刻、机型等因素实行差别票价。

中国民航局和国家发改委 2013 年进一步放宽了价格政策，对旅客运输票价实行政府指导价的国内航线，取消票价下浮幅度限制。

2) 中国民航机票价格统计数据

图 6-12 显示了中国民航 2008 年公布的经济舱票价。这组数据可大致理解为基准价上浮 25% 后的"全票价",所谓"打折"指的是在该票价基础上的折扣。

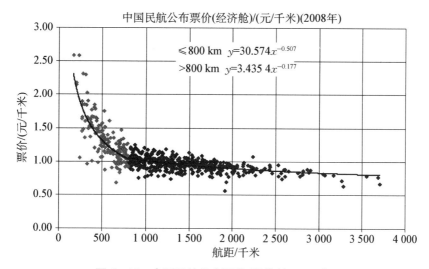

图 6-12 中国民航公布票价(经济舱,2008 年)

图 6-13～图 6-15 显示了不同航空公司类型的经济舱机票价格统计数据,包括国际航空公司(国有控股大型网络航空公司)、海南航空公司(股份制公司)和奥凯航空公司(民营公司)。图 6-16 比较了上述 3 家公司的经济舱平均机票价格,平均机票价格是利用各组数据拟合的趋势线得到的。

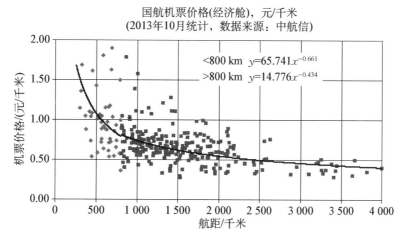

图 6-13 国航经济舱机票价格(2013 年 10 月)

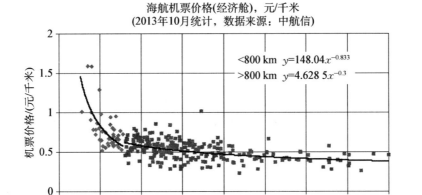

图 6-14 海航经济舱机票价格（2013 年 10 月）

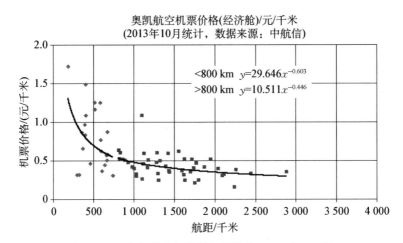

图 6-15 奥凯航空经济舱机票价格（2013 年 10 月）

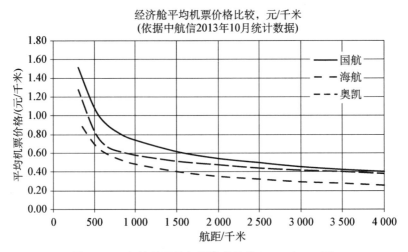

图 6-16 经济舱平均机票价格比较（2013 年 10 月）

　　图 6-17 给出了国航公务舱机票价格统计数据。图 6-18 比较了国航经济舱与公务舱的平均机票价格,公务舱的机票价格约为经济舱的 2～3 倍,甚至更高。

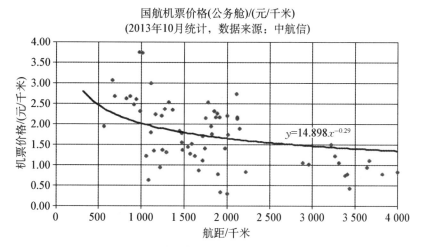

图 6-17　国航公务舱机票价格(2013 年 10 月)

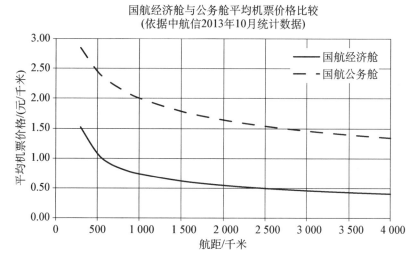

图 6-18　国航经济舱与公务舱平均机票价格比较(2013 年 10 月)

3) 影响机票价格的基本因素

　　讨论机票价格时,我们将不涉及机场建设费、燃油附加费和保险费,它们虽然是旅行费用的一部分,但与机票价格无关。

　　机票价格数据是散布的,这不仅是因为民航客机执行的是"差别定价"的价格策略,还因为众多的其他因素,且包含了国际机票数据、常旅客优惠或免票等。影响机票价格的主要因素讨论如下,所引用的国内航空公司票价均为来自中航信的 2013

年 10 月份的统计数据。

（1）航线运行成本。

航线运行成本是制订基准价的基础。不同的起降机场类型和航线类型，有不同的起降费、民航基础设施建设基金和导航费收费标准。对于任意一条城市对航线（确定的起降机场、航线类型和航线距离），不同的机型（宽体机、窄体机或支线机）运行，运行成本也将不同，还必须考虑客流量和上座率的影响。在我国政府对航空运输业实施运价直接管理时期，国内航线运价制订的基本原则是"首发定价"，即：首家在该航线运营定期航班的航空公司，根据其使用的机型、航线运营成本估算、客流量和上座率的评估，提出客票定价建议方案，并报民航局运输司审核，批准后即成为该航线的公布运价。

（2）航线距离。

飞机运行成本中，一部分与飞行距离有关（例如，燃油和折旧成本），另一部分与飞行距离无关（例如，起降成本和地面操作成本），也就是说，机票价格并不是随航线距离线性增加的，航线距离越短，单位距离的运行成本越高，座公里票价越高。长航程时，机型往往较大，单座成本较低，航空公司通过高折扣率招揽乘客的意愿更为显著。"座公里 0.75 元"的基准票价，大致对应于航线距离 800～1 000 km 时的网络航空公司经济舱平均票价。

（3）舱位等级。

按航空运输基准价来说，公务舱的票价一般是经济舱的 1.3 倍，头等舱的票价是经济舱的 1.5～2.5 倍。机票打折针对的是对价格敏感的经济舱乘客；航空公司较少对头等舱和公务舱机票打折，这些乘客要的是舒适和尊贵而不是打折。因此，航空公司不惜花重金打造头等舱和公务舱。经济舱与公务舱（或头等舱）票价的实际差距，远大于上述名义值（见图 6-18）。

（4）航班时刻。

航班时刻是有限资源，客流量的周期性波动，造就了每年和每天周期性出现的乘客高峰和低谷时段。在高峰时段，乘客拥挤，机票紧俏，低折扣或全价票也能保证高上座率。节前节后的出行或返乡潮中打折票难觅踪影，在低谷时段则打折盛行。例如，下午 14：00 前后、上午 9：00 前后的航班，往往是乘客的首选，票价较高。早上 7：00 前、晚上 10：30 后的航班，由于影响正常休息、受到机场公共交通的限制，甚至需要附加酒店食宿安排，乘客选择的意愿很低，因而票价较低，俗称"红眼航班"。航空公司安排"红眼航班"的目的之一，是提高飞机的利用率。

（5）地理环境。

在高高原机场（标高大于 2 438 m 的机场）和高原航线运营，航空公司必须严格执行民航局专为这种地理环境制定的运行要求《航空承运人高原机场运行管理规定》，飞机必须经过高原特别改装和适航审定，对飞行机组有特别资质要求，飞机价格和运行成本显著提高,因而机票价格将高于普通航线。例如,西藏航空用 A319 飞机运营的"拉萨—林芝"和"拉萨—邦达"航线,经济舱平均票价分别为 2.6 元/公里和 2.2 元/公里。旅游热线"成都—九寨沟"航线,虽有多家航空公司竞争,经济舱平均票价高达 3.4 元/公里。

中国西部地区新建机场和新开航线中,有不少属于高原机场和高原航线。这些地区大多是交通闭塞的经济欠发达地区,对发展支线航空有强烈需求,高的机票价格可能使得发展支线航空失去乘客基础。国家对这些地区发展航空运输业给予政策支持是必要的。

(6)航空公司。

从图 6-16 可以看到,在中国航空公司中,实力雄厚、机队豪华的国航的收益水平最高;迅速扩张、经营多样化的海航的票价水平约为国航的 85%;进入航空市场不久、机队由 MA60 和 B737 构成的民营奥凯航空,其票价水平约为国航的 65%。

图 6-19 的旅客问卷调查数据,较好地诠释了图 6-16 的结论。旅客选择航空公司的前两位因素是航班时刻和航班频率(它们体现了航空的时间价值),第 4 位才是价格。国航这类大型网络航空公司,与奥凯航空等小型航空公司相比,在航班时刻、航班频率、航线覆盖度、品牌形象、安全记录和促销措施(例如,常旅客计划)等各个方面存在明显的优势,对机票价格水平产生有利影响。

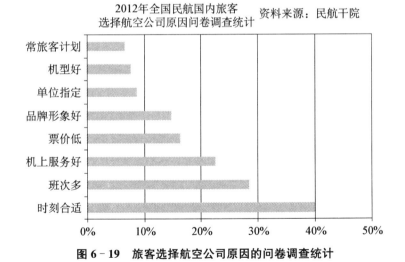

图 6-19　旅客选择航空公司原因的问卷调查统计

(7)市场竞争。

与高铁线路重叠的航线,平均机票价格明显受到不利影响。

独飞航线的机票价格通常比较高。例如,由奥凯航空公司用 MA60 飞机独飞跨越渤海湾的"大连—烟台"和"大连—威海"航线,与地面或水面交通相比有明显的时间优势和舒适性优势,经济舱平均票价分别达到 1.8 和 2.07 元/公里。

以乌鲁木齐和昆明为地区枢纽的航空支线,由于相对地面交通有明显的舒适性和时间优势,机票价格相对较高。例如,由南方航空和新华航空两家运营的"乌鲁木齐—库尔勒"和"乌鲁木齐—阿勒泰"航线,经济舱平均票价分别达到 1.79 和 1.24 元/公里。由多家航空公司运营的旅游热线"昆明—丽江"航线,经济舱平均票价 1.45 元/公里。

美国有研究指出,一条航线从三家航空公司运营到两家运营,平均价格会上升 1.4%,而从两家变为一家垄断运营,平均价格会上升 3.4%。

(8) 旅游和商务航线。

图 6-20 显示了典型城市旅客票价构成的问卷调查统计。一般来说,旅游航线(如三亚航线)的票价水平要低一些,而且受季节等因素引起的波动较大。商务航线的票价水平要高一些,而且受季节等因素的影响较小。例如,"广州—香港"航线的经济舱平均票价高达 4~5 元/公里;"京—沪—穗"航线的机票价格高于平均水平,打折程度几乎不受季节影响。

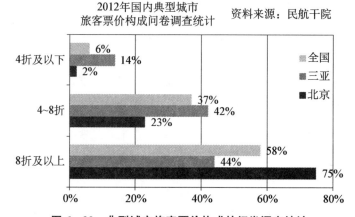

图 6-20　典型城市旅客票价构成的问卷调查统计

4) 航线运营收益分析

当确定了机队飞机的座位数、在每条航线运营的平均票价水平,以及上座率,如果有货机机队,还应确定货机的货舱最大载量、平均货运单价和货运载运率,那么,航空公司的税前总收益可按下式估算:

$$总收益 = \sum(座位数 \times 平均票价水平 \times 上座率) +$$
$$\sum(货舱最大载量 \times 平均货运单价 \times 货运载运率)$$

建议上座率取 80%,货运载运率取 50%(见图 6-21)。根据当前我国的税制,

总收益扣除营业税后即为净收益,我国交通运输业的营业税率通常为 3%,因此,航空公司的净收益可用下式表达:

$$净收益 = 总收益 \times (1 - 营业税率)$$

如果征收营业税改为征收增值税,那么,增值税依据运营毛利润来征收。

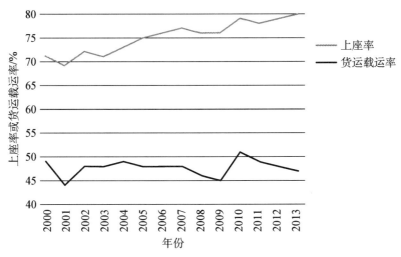

图 6 - 21　上座率和货运载运率(数据来源:IATA)

5) 航线营运盈亏平衡上座率分析

从运营经济性意义上来说,航空公司机队在某一时段内的上座率(load factor),指的是在该时段内,所有航班收益的客公里总数,与这些航班可用的客公里总数之比,以百分比表示,是衡量机队效益的重要参数。

盈亏平衡上座率(break-even load factor)指的是,运营的收益等于运营成本时所对应的上座率。如图 6 - 22 所示,按照航空公司的习惯,把运营成本划分为固定成本和可变成本,根据定义,达到盈亏平衡上座率时,收益=成本,即,收益=固定成本+变动成本。因此,航空公司把"(收益-固定成本)=变动成本"作为判断盈亏平衡上座率的依据。

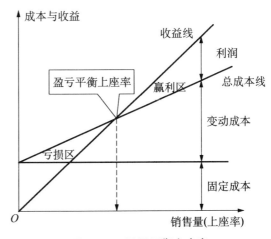

图 6 - 22　盈亏平衡上座率

6.5　机队运营利润

　　机队运营净收益减去运营总成本，并扣除增值税后，就得到了机队运营的净利润。下面通过一个假设的案例，来研究机队运营利润分析的方法。

　　假设一家以成都双流机场为运营基地的航空公司，计划购进 5 架 A320 飞机，以满足航空公司航线网络规划发展的需求。下面我们将根据该机型的技术性能、拟运营的航线网络，以及 2013 年的中国航空市场运营经济环境，对 A320 机队在规划服役期内的机队运营经济性（包括运营成本、运营收益和运营利润）进行初步评估，为航空公司的购机决策提供依据。

　　在分析中将用到的 A320 飞机的基本数据列出如下：最大起飞重量 73.5 t，发动机海平面静推力 25 000 lb，150 座级（公务舱 12 座＋经济舱 138 座），飞机税前售价 4 075 万美元。

　　1）机队运营航线网络假设

　　根据航空公司的航线网络发展规划，新购进的 A320 机队将运营以成都为中心的 15 条航线。表 6-6 显示了这 15 条航线的每月航班数、航线距离和相应的轮挡时间。根据这一航线网络规划，可以计算得到 A320 机队的平均航段距离为 1 319 km，平均轮挡时间为 1.96 h，每架飞机的月平均有效利用率为 301 h。

表 6-6　拟运营的航线网络

航线	成都—贵阳	成都—昆明	成都—丽江	成都—西宁	成都—南宁
月班次	22	12	48	14	58
航段长度/km	624	780	780	917	1 087
轮挡时间/h	1.14	1.32	1.32	1.48	1.69
航线	成都—南昌	成都—深圳	成都—广州	成都—南京	成都—济南
月班次	32	172	186	60	42
航段长度/km	1 174	1 320	1 391	1 433	1 506
轮挡时间/h	1.79	1.96	2.05	2.10	2.18
航线	成都—杭州	成都—厦门	成都—宁波	成都—三亚	成都—大连
月班次	60	14	22	2	24
航段长度/km	1 583	1 687	1 689	1 706	1 883
轮挡时间/h	2.27	2.40	2.40	2.42	2.63

　　2）机队运营收益分析

　　表 6-7 显示了 A320 机队每月运营收益分析。附加说明如下。所选择的 15 条航线都是乘客基础良好的中、高客流量航线，各航线的平均上座率来自市场调研分

析,整个航线网络的上座率为 82.5%。A320 飞机被指定为两舱布局,我们假设公务舱的上座率为 50%(事实上,公务舱的上座率总是远低于经济舱),根据平均上座率我们可以推算出经济舱的上座率。公务舱和经济舱的平均票价取自本章第 4 节的分析数据,不同经营方式的航空公司应取用不同的平均票价。在分析模型中考虑了货邮收益,计算中假设货邮收益为客舱收益的 5%,实际上不同航线有较大的差异。客货舱收益需支付的销售佣金(包含销售代理费和 GDS 使用费)假设为客货舱收益的 3.5%。销售税假设为总收益的 3%。

表 6 - 7　A320 机队每月运营收益分析

航线	成都—贵阳	成都—昆明	成都—丽江	成都—西宁	成都—南宁
平均上座率/%	84.35	86.39	87.35	83.51	82.19
经济舱平均票价/元	434	450	450	548	618
公务舱平均票价/元	1 224	1 410	1 410	1 562	1 740
假设:公务舱上座率/%	50	50	50	50	50
经济舱上座率/%	87.34	89.55	90.60	86.42	84.99
客舱总收益/万元	131.144	76.909	310.746	104.691	480.784
货邮收益/%客舱收益	5	5	5	5	5
燃油附加费/(元/人)	20	20	20	40	40
销售佣金/%客货舱收益	3.5	3.5	3.5	3.5	3.5
总收益/万元	138.449	81.038	327.442	113.093	515.756
销售税/%总收益	3.0	3.0	3.0	3.0	3.0
净收益/万元	134.295	78.607	317.619	109.700	500.283

航线	成都—南昌	成都—深圳	成都—广州	成都—南京	成都—济南
平均上座率/%	81.00	83.36	80.46	78.34	86.16
经济舱平均票价/元	652	708	734	750	776
公务舱平均票价/元	1 828	1 969	2 036	2 074	2 141
假设:公务舱上座率/%	50	50	50	50	50
经济舱上座率/%	83.70	86.26	83.11	80.80	89.30
客舱总收益/万元	276.049	1 652.176	1 793.222	576.184	455.665
货邮收益/%客舱收益	5	5	5	5	5
燃油附加费/(元/人)	40	40	40	40	40
销售佣金/%客货舱收益	3.5	3.5	3.5	3.5	3.5
总收益/万元	295.259	1 760.095	1 906.776	612.021	483.414
销售税/%总收益	3.0	3.0	3.0	3.0	3.0
净收益/万元	286.401	1 707.292	1 849.573	593.660	468.912

航线	成都—杭州	成都—厦门	成都—宁波	成都—三亚	成都—大连
平均上座率/%	81.34	79.42	86.48	87.16	88.95

（续表）

经济舱平均票价/元	804	840	841	847	907
公务舱平均票价/元	2 210	2 301	2 303	2 317	2 467
假设：公务舱上座率/%	50	50	50	50	50
经济舱上座率/%	84.07	81.98	89.65	90.39	92.34
客舱总收益/万元	638.951	152.411	259.292	23.909	313.051
货邮收益/%客舱收益	5	5	5	5	5
燃油附加费/(元/人)	40	40	40	40	40
销售佣金/%客货舱收益	3.5	3.5	3.5	3.5	3.5
总收益/万元	676.699	161.102	274.143	25.272	330.008
销售税/%总收益	3.0	3.0	3.0	3.0	3.0
净收益/万元	656.398	156.269	265.919	24.513	320.108

3) 机队运营成本分析

表 6-8 显示了 A320 机队每月运营成本分析。在直接运行成本分析中，采用了由航线网络假设得到的下述数据：每架飞机的年总利用率 4 538 h(过站时间取 0.5 h)；平均航段距离 1 319 km；平均轮挡时间为 1.96 h。

飞机财务成本分析中假设：100%的购机款来自贷款，购机贷款偿还期 20 年，贷款年息 6.5%，每年还款 2 次；飞机折旧年限 20 年，残值 5%；机体备件占机体价格的 6%，发动机备件占发动机价格的 20%。

在分析中考虑了机场等级和航线类型的影响，燃油价格取 5 000 元/吨，维修劳务费率(不包含管理)取 28 美元/小时，美元/人民币兑换率为 6.1。

表 6-8　A320 机队每月运营成本分析

航线	成都—贵阳	成都—昆明	成都—丽江	成都—西宁	成都—南宁
财务成本/(元/航段)	10 397	12 094	12 094	13 584	15 433
机组费/(元/航段)	2 329	2 709	2 709	3 043	3 457
燃油费/(元/航段)	12 341	14 595	14 595	16 574	19 030
维修成本/(元/航段)	3 933	4 401	4 401	4 811	5 321
餐食费/(元/航段)	1 552	2 030	2 030	2 377	2 742
导航费/(元/航段)	508	569	569	623	689
机场收费/(元/航段)	9 316	9 320	9 397	9 401	9 406
地面服务费/(元/航段)	1 290	1 290	1 290	1 290	1 290
民航发展基金/(元/航段)	905	1 131	1 131	1 330	1 576
每航班直接运行成本/元	42 572	48 139	48 216	53 032	58 943
总直接运行成本/万元	93.657	57.767	231.437	74.245	341.870
间接运行成本/万元	11.290	7.884	31.886	10.453	50.522
总运行成本/万元	104.948	65.651	263.323	84.698	392.392

（续表）

航线	成都—南昌	成都—深圳	成都—广州	成都—南京	成都—济南
财务成本/(元/航段)	16 379	17 966	18 738	19 195	19 989
机组费/(元/航段)	3 669	4 024	4 197	4 300	4 478
燃油费/(元/航段)	20 287	22 396	23 422	24 029	25 084
维修成本/(元/航段)	5 581	6 019	6 232	6 358	6 577
餐食费/(元/航段)	2 907	3 158	3 270	3 334	3 440
导航费/(元/航段)	720	764	785	797	819
机场收费/(元/航段)	9 331	9 336	9 338	9 339	9 341
地面服务费/(元/航段)	1 290	1 290	1 290	1 290	1 290
民航发展基金/(元/航段)	2 172	2 442	2 573	2 651	2 786
每航班直接运行成本/元	62 336	67 395	69 846	71 293	73 803
总直接运行成本/万元	199.474	1 159.197	1 299.131	427.756	309.974
间接运行成本/万元	29.669	184.529	202.967	65.673	53.135
总运行成本/万元	229.143	1 343.726	1 502.097	493.429	363.110

航线	成都—杭州	成都—厦门	成都—宁波	成都—三亚	成都—大连
财务成本/(元/航段)	20 826	21 957	21 979	22 164	24 089
机组费/(元/航段)	4 665	4 918	4 923	4 965	5 396
燃油费/(元/航段)	26 196	27 699	27 728	27 973	30 530
维修成本/(元/航段)	6 807	7 119	7 125	7 176	7 707
餐食费/(元/航段)	3 547	3 683	3 686	3 707	3 919
导航费/(元/航段)	842	874	874	879	932
机场收费/(元/航段)	9 343	9 346	9 424	9 347	9 352
地面服务费/(元/航段)	1 290	1 290	1 290	1 290	1 290
民航发展基金/(元/航段)	2 929	3 121	3 125	3 156	2 730
每航班直接运行成本/元	76 446	80 008	80 154	80 657	85 945
总直接运行成本/万元	458.677	112.011	176.339	16.131	206.268
间接运行成本/万元	75.325	18.288	31.331	2.900	39.193
总运行成本/万元	534.002	130.299	207.670	19.031	245.461

4）机队运营利润分析

表 6-9 显示了 A320 机队每月运营利润分析。表 6-10 显示了机队运营年平均净利润率。由"毛利润＝0"可以推算出各航线的盈亏平衡上座率（见表 6-11）。分析结果好于中国民航平均水平，这是因为分析的假设条件高于平均水平：飞机日利用率 12.4 h,平均航段距离 1 319 km,上座率 82.5%。

表 6‑9　A320 机队每月运营利润分析

航线	成都—贵阳	成都—昆明	成都—丽江	成都—西宁	成都—南宁
净收益/万元	134.295	78.607	317.619	109.700	500.283
总运行成本/万元	104.948	65.651	263.323	84.698	392.392
毛利润/万元	29.348	12.956	54.296	25.002	107.891
所得税率(%毛利率)	25	25	25	25	25
净利润/万元	22.011	9.717	40.722	18.751	80.919
航线	成都—南昌	成都—深圳	成都—广州	成都—南京	成都—济南
净收益/万元	286.401	1 707.292	1 849.573	593.660	468.912
总运行成本/万元	229.143	1 343.726	1 502.097	493.429	363.110
毛利润/万元	57.258	363.566	347.475	100.231	105.802
所得税率(%毛利率)	25	25	25	25	25
净利润/万元	42.943	272.675	260.606	75.173	79.352
航线	成都—杭州	成都—厦门	成都—宁波	成都—三亚	成都—大连
净收益/万元	656.398	156.269	265.919	24.513	320.108
总运行成本/万元	534.002	130.299	207.670	19.031	245.461
毛利润/万元	122.396	25.970	58.249	5.482	74.646
所得税率(%毛利率)	25	25	25	25	25
净利润/万元	91.797	19.477	43.687	4.112	55.985

表 6‑10　机队运营年平均净利润率

净收益/万元	89 635
总运行成本/万元	71 748
净利润/万元	13 415
净利润率/%	15.0

表 6‑11　机队运营的盈亏平衡上座率

航线	成都—贵阳	成都—昆明	成都—丽江	成都—西宁	成都—南宁
盈亏平衡上座率/%	62.4	68.9	69.0	60.6	60.6
航线	成都—南昌	成都—深圳	成都—广州	成都—南京	成都—济南
盈亏平衡上座率/%	61.2	61.6	61.9	62.0	62.3
航线	成都—杭州	成都—厦门	成都—宁波	成都—三亚	成都—大连
盈亏平衡上座率/%	62.6	63.0	63.1	63.5	63.3

参考文献

［1］IATA. Annual Review 2014 ［R］. June 2014.

［2］IATA. Profitability and the Air Transport Value Chain ［M］. June 2013.

［3］迈克尔·波特. 竞争战略［M］. 陈小悦,译. 北京：华夏出版社,2004 年.

［4］AEA. Operating Economy of AEA Airlines Summary Report 2007 ［R］. December 2007.

7 飞机融投资和资产管理

7.1 飞机融投资和所有权格局的演变

从历史角度来看,全球许多航空公司初建时带有军事背景,由国家资金扶植投入商业运营。民用航空发展的初期,由于民用航空对于带动国家经济发展的重要战略意义,许多国家把发展航空运输业,作为国家基础能力建设投资的一部分来对待。也就是说,航空公司的发展资金来自国家的投资,不必过多地去考虑资金的成本和市场的风险,那时的航空运营者过着高枕无忧的日子。但是,政府管制下的民用航空的弊端逐渐显现,成本和票价居高难下,行业活力不足。

民用航空市场化的风暴首先来自美国。1978 年,美国政府为激励市场竞争,放松了政府对航空运输业的市场监管,大批新航空公司和大量投资者进入航空运输业,航空运输量迅速扩展,此后全球航空运输业逐渐步入市场化和大众化时期。大批的新机订单,巨额的融资需求,降低成本的竞争压力,以及随之带来的市场风险,使得航空公司和投资者开始考虑投资风险和效益最大化,飞机的融投资和所有权格局随之发生根本性变化,融投资走向多样化,航空租赁业迅速崛起,飞机资产流动性加强,二手机市场成为航空公司飞机交易和优化运力的重要渠道。

改革开放之初的 1980 年,中国民航管理局从隶属于空军的军队建制中脱离,改为国务院的直属机构。1988 年,中国航空运输业依据国务院"政企分离"的体制改革方案,组建了 6 个国家骨干航空公司,从中国民航管理局的"襁褓"中脱离,走向市场化之路。此后,在政府一系列改革措施的鼓励下,国营航空公司进行了股份制改革,利用兼并和改组等措施优化资源配置,通过在证券市场挂牌上市募集资金;许多民营资本航空公司相继投入运营;低成本运营模式也在悄悄兴起。在激烈的市场竞争中,中国航空运输业迅速扩展机队规模,扩张航线网络,降低运营成本,机票价格得以抑制,航空乘客基础不断扩大。

在市场化的背景下,航空公司必须依靠市场求发展,从商业银行和资本市场寻求融资,或从租赁公司租赁飞机。因此,必须对公司的经营进行客观的财务评估,对支持公司未来扩张和收益所需的投资进行可信和透明的财务分析,对预期的投资收益率和市场风险做出合理判断。

航空运输业与其他产业相比,具有许多显著不同的特点:航空运输业是资金和技术密集型行业,也是政府执行严格安全监管的行业,进入市场门槛高;航空市场需求具有较强的波动性,但航空公司的运能却相对固定且不可储存,使得航空公司持续面临需求不确定性和运力缺乏弹性的严峻挑战;行业内的竞争激烈,供应商(飞机制造商、发动机和系统供应商、航油供应商和机场当局等)的超强议价能力,替代品(高铁)的强力挤压,致使航空运输业赢利空间窄小。

飞机订购行为是周期性的,赢利能力低的航空公司总是在市场景气时下订单,由于飞机订购与交付的时间差,在飞机交付时市场或许进入下一个衰退期,航空公司财务状况可能陷入捉襟见肘的尴尬境地。航空公司开始懂得,飞机的融资方式和资产管理,是必须认真盘算的一个新的重要课题。期望维持机队灵活性以应对市场的不确定性,又能获得投资回馈,则需要一种更加灵活的飞机所有权和融资结构,而不是简单地用现金或长期融资的方式直接购买飞机。

当航空公司处于航空发展周期的谷底、囊中羞涩无力购机时,许多租赁公司开始出手订购飞机。当飞机交付时,市场已走出低谷不愁无客户。它们的战略是,在市场价值相对较低时购进一大批飞机,然后在市场高峰年份执行退出战略。届时它们可能把飞机卖给其他租赁公司;或者通过首次公开募股(initial public offerings,IPO)卖掉公司;或者通过同行拍卖卖掉公司。市场的普遍观点认为,两个市场低谷的间隔大约 8 年。近 30 余年来,航空租赁业发展迅猛(见图 7-1),这是"双赢"的结局:航空租赁公司依赖市场周期的风险管理来挣钱;而航空公司通过租赁飞机获得抵御市场风险和维持机队灵活性的能力。

数据来源:航升

图 7-1 全球租赁机队变化趋势(1970—2010 年)

有实力的投资者对商用飞机的融资和投资有很大的兴趣,这不仅是由于可预期的高额回报,而且也符合投资者分散投资的意愿。在经历了 2008 年的金融危机后,投资者对航空运输市场的发展充满期待,许多新的投资者加入了飞机融资市场,出现了前所未有的飞机融资多样化局面。其中,中国银行业已成为飞机融资市场中的重要角色。

7.2　航空公司类型的影响

客运航空公司的类型可大致划分为大型网络航空公司、区域航空公司、低成本航空公司和支线航空公司等。不同的航空公司,机队规模、经营模式和所在地区的运营经济环境有所不同,因而所采用的机队所有权和融资结构不尽相同。

表 7-1 中给出的典型航空公司的实例表明了这一点。实力雄厚的大型网络航空公司(如汉莎航空),走高品牌和高收益路线,倾向于保持庞大的、拥有所有权的新机机队,不惜重金打造豪华客舱。它们不在意拥有飞机所有权所带来的残值风险,而是把在适当的时机引进新飞机和置换出旧飞机,作为飞机资产投资、管理和增值的重要手段。小型航空公司(如西班牙航空)和新组建的航空公司,由于资金短缺或筹款困难,难以承受残值风险,往往采用购置二手飞机或租赁方式来构建和扩大其机队。增长迅速的航空公司常会采用购买二手机或租赁方式,来迅速增加机队运力。市场占有率迅速攀升的低成本航空公司,由于其对飞机利用率的高追求,逐渐成为窄体机和大型支线机制造商的新机大订单的客户。

表 7-1　典型航空公司的机队所有权和融资结构

	拥有所有权	融资租赁	经营租赁	湿租	机队总计
汉莎航空(Lufthansa)					
2005 年	339	22	71		432
2006 年	351	11	68		430
2007 年	396	9	108		513
2008 年	420	8	106		534
2009 年	571	26	125		722
西班牙航空(Lberia)					
2005 年	46	14	89	6	155
2006 年	45	14	82	9	150
2007 年	36	9	87	5	137
2008 年	16	11	89	3	119
2009 年	8	11	90	0	109
美西南航(Southwest)					
2005 年	352	9	84		445

	拥有所有权	融资租赁	经营租赁	湿租	机队总计
2006 年	388	9	84		481
2007 年	425	9	86		520
2008 年	446	9	82		537
2009 年	440	9	88		537
南航(China Southern)					
2005 年	110	65	86		261
2006 年	105	81	123		309
2007 年	133	69	130		332
2008 年	142	60	146		348
2009 年	175	55	148		378

7.3　资金来源

1）主要资金来源

传统的融资渠道包括：

（1）商业银行。

（2）出口信贷代理机构（export credit agencies，ECA）。

（3）飞机制造商。

（4）通过资本市场发行债券。

（5）现金。

在经济下行的时候，各种金融工具的投/融资条件随之会收紧，一些航空公司会面临融资困难，尤其是对于那些中小航空公司和初创航空公司。于是，航空租赁业（融资租赁和经营租赁）在航空市场中迅速崛起，为航空租赁提供了新的、极具吸引力的融资选择。

2）各种融资方式的变化

表7-2给出了全球新机交付资金来源比例随年份的变化。表7-3给出了波音飞机交付资金来源比例随年份的变化。各种融资方式的相对比例取决于当时的市场状况。一般而言，在市场景气时，商业银行和资本市场将主导地位；在市场滞销期，出口信贷支持的信贷和制造商的信贷会增加。出口信贷的一般的服务对象，是那些在别处借贷困难、信贷级别较低的客户。数据也表明，制造商提供的信贷逐年萎缩。

表 7-2 全球商用飞机交付的资金来源比例变化(资料来源:波音)

年份	2009	2010	2011	2012	2013	2014	2015
现金	20%	26%	25%	26%	25%	24%	23%
资本市场	15%	14%	15%	18%	19%	28%	32%
银行借贷	27%	24%	25%	21%	28%	31%	28%
出口信贷	33%	34%	33%	33%	26%	15%	15%
税收抵免	1%	2%	2%	2%	2%	2%	2%
制造商	4%	0	0	0	0	0	0
飞机交付总资金量/亿美元	690	620	770	960	1 040	1 150	1 240

表 7-3 波音飞机交付的资金来源比例变化(资料来源:波音)

年份	2002	2003	2004	2005	2006	2007	2008	2009	2010	2011	2012	2013	2014	2015
现金	15%	17%	16%	18%	21%	11%	18%	26%	29%	31%	34%	29%	29%	25%
资本市场	37%	31%	35%	38%	31%	37%	35%	19%	21%	14%	11%	21%	27%	33%
航空公司	7%	0	0	0	1%	3%	5%	3%	4%	0	3%	9%	9%	18%
租赁公司	29%	31%	35%	38%	29%	34%	30%	16%	17%	14%	9%	12%	18%	15%
银行借贷	26%	18%	25%	26%	30%	32%	31%	25%	19%	28%	25%	33%	30%	29%
出口信贷	14%	26%	20%	17%	18%	20%	16%	29%	30%	27%	30%	17%	14%	13%
制造商	8%	8%	4%	1%	1%	0	0	0	0	0	0	0	0	0

各种融资方式在过去的经济周期中经历了多次动荡。20 世纪 90 年代,飞机融资以商业银行贷款为主,银行通常基于信用等级来管理风险,即银行看重航空公司或租赁公司的还贷方式,而不太重视其资产的价值。税收租赁是美国和日本等国提供一种主要的融资手段。日本和德国的银行进入融资市场并提供大量的融资贷款。租赁公司开始利用"资产证券化"(asset-backed securitization,ABS)作为融资和出售飞机的方法。在美国,航空公司可以通过飞机抵押,用"增强设备信托债券"(enhanced equipment trust certificate,EETC)作为融资的手段。信誉差的公司可以加入保险公司,支付保险费,从而通过保险公司的信誉来提高本公司的信用等级,这就是信用"增强"。

"9.11"事件后的经济衰退使很多银行陷入困境。它们向航空公司借出了太多的钱而没有考虑资产价值或质量,很多银行(尤其是日本的银行)因其贷款出现了巨额亏损而退出市场。此后,银行普遍增强了对了解资产价值重要性的认识。政府不再接受跨境租赁的税收减免,税收租赁的机会下降。资产抵押证券开始亏损,租赁公司发行新的债券已不可能。2005 年后,全球经济从该衰退周期中走出,融资市场逐渐恢复。

雷曼兄弟公司破产的冲击,使航空融资市场再一次震惊。航空业作为一个高资金需求和高风险的国际产业,很多银行都不愿意给航空公司购机提供贷款。资本市场的关停切断了租赁公司的大部分融资渠道,这导致了租赁公司对资金缺口的担忧,一旦航空公司无力支付购机款,将给制造商们留下许多无法喷标识的飞机。ECA 通常都在经济衰退期增加融资支持度,从 2009—2012 年的市场滞销期,ECA大幅增加了担保的融资额度,为 1/3 的飞机交付作担保,确保飞机可以继续交付。2012 后,商用融资逐渐恢复了活力

波音金融公司在《2015 年飞机融资市场展望》中总结说:"在 2015 年,主要商用飞机融资市场继续强劲,各类融资源平衡,投资主体空前多样化,使得航空公司能够高效融资,出口信贷的使用降到历史最低。由商业银行和资本市场支持的融资约占新机交付融资的 60%,商业银行和资本市场为租赁公司融资的居多,因为租赁公司为 40% 的新机交付筹资。"

3)租赁公司

预计 2020 年前,全球航空公司机队的一半以上飞机通过租赁来获得。近年来,租赁公司的最大融资来源,已逐渐从商业银行的借贷转向了资本市场(见图7-2)。

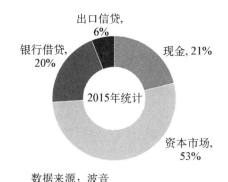

数据来源:波音

图 7-2 飞机租赁公司的资金来源比例

数据来源:波音

图 7-3 各国商业银行为新机交付贷款的比例

4)资本市场

从表 7-2 和图 7-3 可以看到,2015 年,资本市场(包括有抵押和无抵押融资)支持了约 1/3 新机的交付,成为第 1 位的融资来源。在美国,美国进出口银行担保债券、增强设备信托债券(EETC)和资产证券化(ABS)等新产品的出现和现有产品的更新,使得资本市场在过去几年有重大的演变与扩大。资本市场的发展,也得益于 2001 年缔结、2006 年生效的《开普敦公约》。《移动设备国际利益公约》和《移动设备国际利益公约关于航空器设备特定问题的议定书》(统称为《开普敦公约》),是航

空器融资和租赁领域重要的国际公约。在航空器买卖或者租赁交易中,各国法律对处理担保、所有权和租赁权的规定各不相同,导致了出资方权利的不确定性。债权人为了避免投资风险,需要提高预付风险金,从而增加了借贷成本。《开普敦公约》规定了航空器买卖和租赁融资交易中债权人、债务人的有关权利和义务,保护了债权人的利益。同时设立了国际利益登记机构,加强了国际监督机制,从而降低了高价值移动设备的投资风险和融资成本。

航空公司从资本市场的融资包括有抵押和无抵押融资,而租赁公司的融资主要是无抵押债券。扩展投资人基础、有抵押和无抵押资金的合理平衡、创新的融资结构,以及发展私募融资市场,将有助于促进飞机融资市场的发展。

5) 商业银行借贷

商业银行借贷是新机交付的第 2 位融资来源。2008 年的主权债务危机重创了欧洲银行,使得欧洲银行减少了融资的参与力度。2013 年后银行债务市场开始回暖,呈现出全球化趋势,中国商业银行的融资参与力度非常抢眼,已成为新机交付融资的主要债权人(见图 7-3)。

6) 出口信贷代理机构

商用飞机的价格动辄千万美元,大多客户通过物权担保来贷款购机,借贷方要想获得不太贵的私人无担保购机贷款几乎是不可能的。因而,一些国家通过经济合作与发展组织(Organization for Economic Co-operation and Development)的政府间协议"大型飞机协议"(Large Aircraft Sector Understanding, LASU),来支持本国产飞机的出口,采取利息补贴和提供担保的方式,由本国商业银行向本国的飞机制造商,或外国银行和航空公司提供利率较低的信贷和担保,这就是出口信贷代理机构(ECA)提供的出口信贷及担保。ECA 通常提供 10～12 年的信贷,利率比基准利率高出 120～175 个基点,对于那些能够获得较低成本融资的大航空公司来说吸引力不大。2011 年,新版的《大型飞机协议》于 2013 年 1 月起生效,该协议提高了融资成本,使 ECA 对航空公司金融上的支持的吸引力明显降低,因而,出口信贷的使用大幅下降(见表 7-3)。

ECA 的服务对象主要是那些通过传统途径难以获得飞机采购信贷的客户。例如,来自新兴市场的客户、新的租赁机构,或者那些为分散融资仅要求提供适量的资金的航空公司。航空业在经济不景气时对 ECA 的依赖程度有所增加。2002～2008 年间,ECA 满足了约 15% 的融资需求。航空业受到 2008 年金融危机重创,2009～2012 年间,ECA 融资支持的新商用飞机占交付总量的 30%。

我国国产民机的出口,可以借助中国进出口银行的出口信贷和担保。中国进出口银行是直属国务院领导、政府全资拥有的政策性银行,是我国的出口信贷机构。

进出口银行为支持和扩大我国大型设备的出口,增强国际竞争力,为出口产品提供优惠信贷、信用保险及信贷担保等。

7.4　飞机资产管理工具

飞机是航空公司最重要的资产,其引进方式直接影响公司运营和财务结构的走向。航空公司飞机引进所采用的资产管理工具主要有 4 种:直接购机、融资租赁、经营租赁和售后回租。其中,直接购机和融资租赁的成本是使用资金的对价;经营租赁的成本是使用租赁标的物的对价。航空公司采用哪种方式引进飞机最为有利,取决于航空公司自身财务结构和对市场的预期。在任何时点,从财务角度来看,最理想的飞机引进方式,是使航空公司加权平均资本成本(weighted average cost of capital,WACC)和筹资成本最低的方式。

合理运用飞机资产管理工具,使得机队的所有权和融资结构适合于航空公司的财务结构、市场环境和经营战略,对于综合考虑公司的赢利能力、机队的灵活性和抵御市场风险具有重要意义。

1) 直接购机(direct purchase)

"直接购机"指的是航空公司用来自银行财团的有担保贷款,或来自 ECA 的无担保贷款,直接从制造商采购飞机。由于交易数额巨大,航空公司的借贷可能由多家银行组成的财团共同提供,大多数直接购机以购置的飞机做物权担保,因此一旦航空公司无力还贷,贷款人可能收回该飞机。

直接购机时,飞机构型的选择完全取决于航空公司自身的需求。由于立即获得飞机所有权,航空公司可以把折旧计入成本以获得减税,资产负债表的飞机资产在筹资时可用作抵押品,飞机也是潜在的流动资产。

市场景气时,飞机残值坚挺,飞机的物主可能在置换旧机中获益。如遭遇经济下行,出现飞机过度供给局面,航空公司可能采取的资产管理决策包括:经济效益差的飞机提前退役;封存飞机,伺机再度启用;廉价出售给第三方;与某家出租人缔结"售后回租"协议;或转租飞机等。此时,飞机残值下滑,在二手机市场难以出售,飞机的物主将承担飞机的残值风险。

图 7-4 给出了封存飞机数据。飞机供给过剩时,老旧或经济性较差的飞机的一个常见去处是封存。美国沙漠封存点的奇观起始于 20 世纪 90 年代初的衰退,"9.11"事件和 2008 年金融危机之后封存飞机又两次达到峰值。飞机的物主希望这些在账面上的飞机能够再次启用,但其中的大多数飞机事实上已退役。

表 7-4 列出了直接购机的主要优缺点。

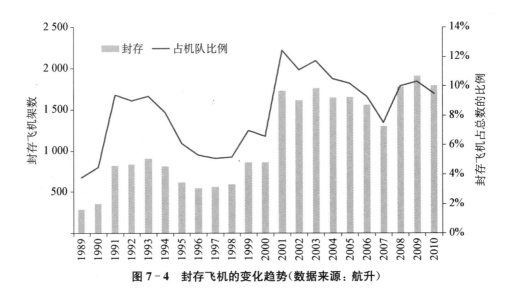

图7-4　封存飞机的变化趋势（数据来源：航升）

表7-4　直接购机的优缺点

优　点	缺　点
● 最大限度地管控飞机构型	● 高的投资和融资需求
● 航空公司获得机队资产权益	● 残值风险
● 资产权益可用作现金来源	● 包含在借贷契约中限制条件
● 有效的税收优惠（随国家而有区别）	● 机队规划灵活性低于经营租赁
● 从飞机残值获益	

2) 融资租赁（finance lease）

（1）什么是"融资租赁"？

飞机融资租赁是这样一种租赁方式：出租人（租赁公司）购买承租人（航空公司）选定的飞机，享有飞机所有权，并将飞机出租给承租人，承租人在一定期限内有偿使用该飞机。租期届满，承租人可以续租，也可以按市场价格或固定价格优先购买，或者按规定条件把飞机偿还给出租人。融资租赁可以说是经营者逐渐取得有效"拥有"飞机的长期安排。

依据上述定义可以看出，融资租赁具有下述特色：①租赁资产是按承租人的需求"量身定做"的，因此如果不做较大改造，只有承租人使用才合适；租赁期占租赁资产使用寿命的大部分；租赁期满，融资租赁资产所有权转移给承租人；②购买价款预计远低于行使选择权时租赁资产的公允价值；承租人在租赁开始日的最低租赁付款额现值，几乎相当于租赁开始日租赁资产的公允价值；出租人在租赁开始日的最低租赁收款额现值，几乎相当于租赁开始日租赁资产公允价值。公允价值（fair value）

指的是熟悉市场情况的买卖双方在公平交易的条件下和自愿的情况下所确定的价格。

融资租赁对于航空公司具有很大吸引力,因为航空公司可以在飞机有效寿命内要求折旧提成,用以抵扣租赁的收益,达到减税的好处,抵扣付给购机债权人的利息。这使得飞机成为投资者的合法避税手段,也使得融资租赁成为可替代经营租赁或抵押担保购机的、成本更低的办法。

税务租赁(tax leasing)是融资租赁的主要模式。税务租赁,指的是利用税法中减免税的规定,降低融资成本的一种租赁方式。在税务租赁形式下,该租赁资产购买时在税务上可取得政策性优惠,优惠部分可折抵部分租金,使租赁双方分享税收好处。也就是说,出租人享受税务好处,承租人获得较低的融资成本。不过融资成本将因有关国家的市场环境以及税收法规而异。投资方主要来自于下列两类市场:成熟市场(美国、法国、英国、德国、日本和中国香港等)和机会市场(瑞典、西班牙、爱尔兰和荷兰等)。

表7-5和表7-6以模拟的税务租赁案例为例,给出了税务租赁的简单成本-效益分析。表7-5列出了不考虑税收好处的融资租赁成本-效益分析,每期租金为11,出租人得到的内部收益率(internal rate of return,IRR)为13%。表7-6列出了考虑税收好处的融资租赁成本-效益分析,每期租金降10,出租人得到的内部收益率为18%,承租人的融资成本也相应降低。

表 7-5 税务租赁的成本-效益分析:不考虑税收好处

出租人/折现率8%							承租人		
期数	投资	租金收入	贷款	税务好处	现金流	现值	期数	租金支出	承租人租金现值
1	−100		80		−20	−20	1		0.00
2		11	−9		2	1.85	2	−11	−10.19
3		11	−9		2	1.71	3	−11	−9.43
4		11	−9		2	1.59	4	−11	−8.73
5		11	−9		2	1.47	5	−11	−8.09
6		11	−9		2	1.36	6	−11	−7.49
7		11	−9		2	1.26	7	−11	−6.93
8		11	−9		2	1.17	8	−11	−6.42
9		11	−9		2	1.08	9	−11	−5.94
10		11	−9		2	1.00	10	−11	−5.50
11		61	−30		31	14.36	11	−11	−5.10
总计	−100	160	−31		29	6.85	总计		−73.81
					IRR	13%		加残值	−96.97

表 7 - 6　　税务租赁的成本效益分析：考虑税收好处

期数	出租人/折现率8%						承租人税务分析/税率50%				
	投资	租金收入	贷款	税务好处	现金流	现值	收入	折旧	利息抵扣	税务减免	承租人租金现值
1	-100		80	10	-10	-10	0	12	8	20	0.00
2		10	-9	3	4	3.70	-10	9	7	6	-9.26
3		10	-9	2	3	2.57	-10	8	6	4	-8.57
4		10	-9	1	2	1.59	-10	7	5	2	-7.94
5		10	-9	0	1	0.74	-10	6	4	0	-7.35
6		10	-9	0	1	0.68	-10	6	4	0	-6.81
7		10	-9	-1	0	0.00	-10	6	2	-2	-6.30
8		10	-9	-1	0	0.00	-10	6	2	-2	-5.83
9		10	-9	-2	-1	-0.54	-10	5	1	-4	-5.40
10		10	-9	-2	-1	-0.50	-10	5	1	-4	-5.00
11		60	-30	-15	15	6.95	-10	-20	0	-30	-4.63
总计	-100	150	-31	-5	14	5.19	-100	50	40	-10	-67.10
					IRR	18%				加残值	-90.26

在跨国税务租赁中，达成交易的关键因素包括：出租人要求承租人具有较高的信用水平，租赁物属优质资产，以及承租人当地有稳定的投资环境。一般认为，在亚洲区内，中国、新加坡、中国香港、日本、我国台湾等地的承租人受欢迎程度较高，而越南、菲律宾、印尼等地的承租人相对不太有吸引力。

（2）融资租赁的特点

融资租赁具有下述特点：

a. 融资租赁是一种至少涉及三方（出租方、承租方和供货方）的交易，至少有两份合同（销售合同和租赁合同）。三方相互关联，两份合同相互约束。

b. 租赁的设备（飞机）由承租方选择。出租方仅提供资金的安排，按照使用方的要求采购设备，但不承担设备欠缺、交付延迟和设备维护等的责任。承租方不得因上述理由延迟或拒绝支付租金。

c. 出租方仅在租赁期内出租设备给某特定承租方，出租方从承租方收到的租金总额，应等于该租赁的全部投资和利润，或者按照出租方所在国的融资租赁标准，达到总投资某一百分比（比如80%）。

d. 对于承租方来说，融资租赁的资产反映在资产负债表中，因此，设备的应计折旧应由承租方来考虑。承租方承担设备的保险费、维护修理费以及过时的风险。

e. 设备的所有权和使用权将长期分离。出租方法律上保留所有权，承租方经纪上保留使用权。

　　f. 当租赁到期时,承租方通常有 3 种选择:购置、续租或终止租赁。

　　g. 飞机租赁业务是高额资金和长周期业务。

　　(3) 国外融资租赁交易模式。

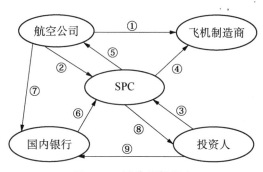

图 7 - 5　融资租赁程序

　　图 7 - 5 给出了国外融资租赁交易的一般程序,各程序的基本内容说明如下。

　　① 航空公司与飞机制造商签署购机合同。

　　② 航空公司(或投资人)在某一免税岛注册成立一家特殊目的公司(special purpose company,SPC),把购机合同转让给 SPC。

　　③ 投资人按照购机合同中的价格向 SPC 提供全部资金,包括欧洲和美国出口信贷代理机构提供的资金担保(80%～85%)出口信用证,以及银团的信贷。

　　④ SPC 向飞机制造商支付全部货款,获得飞机所有权。同时,SPC 把飞机抵押给第一受抵押人。

　　⑤ 出租人(SPC)和承租人(航空公司)签署飞机租赁合同。

　　⑥ 按照承租人的要求,国内银行(比如,中国银行,此时是担保人)向信用证受益人(SPC,此时是出租人)开具无条件和不可撤销担保书,以确保当航空公司(此时是承租人)不能支付租金时,担保人将承当支付责任。

　　⑦ 承租人和担保人签署一份补偿协议,确认双方间的债权债务关系,同时向担保人提供可接受的国内反担保(counter-guarantee)。

　　⑧ 基于投资人的要求,出租人按照担保人开具的租金支付担保,向投资人转让相关的权益。

　　⑨ 投资人和担保人签署一份替代协议(subrogation agreement),明确规定,当承租人违约后,担保人将按照原投资人资金和抵押贷款的协议获得全部的权益和补偿。这就是说,担保人将取代债权人的地位。

　　上面提到的"特殊目的公司(SPC)",指的是为执行某项单一的、特殊的或临时性的目标而设立的公司,通常注册在某一免税岛,用于把融资租赁的财务风险与公司的其他经营业务区隔开来。

(4) 融资租赁在中国的发展。

租赁飞机占中国民航机队总数的一半以上,其中大部分是采用融资租赁方式引进的。航空公司的飞机大多是进口飞机,由国家统一采购,过去多由境外飞机租赁公司进行融资服务,近年来,中国商业银行开始成为进口飞机信贷的主要提供者。飞机的进口融资租赁涉及飞机制造商、航空公司、租赁公司、贷款银行或资本市场租赁安排人、担保银行、保险公司、国家计委、外汇管理局、民航总局、航材公司等多个主体,交易模式复杂,需要进行周密的协调和安排,签署多项合同。航空公司及有关当事人需要提供的主要法律文件相当庞杂,包括以下。

a. 主要文件:租赁协议、贷款协议、抵押转让协议、保险转让协议、担保协议、抵押协议。

b. 补充文件:租赁的补充协议、提款通知书、保险经纪人关于保险转让协议的函件、出租人母公司的同意书、接受证书。

c. 购买文件:购机转让协议、购机转让认可书、购买协议、飞机制造商开具的销售单据等。

d. 法律意见:承租人律师的法律意见书、飞机制造商的法律意见书。

e. 公司文件:出租人的公司文件、承租人的公司文件、担保人的公司文件、安排人的权利和有关交易方的签字样本等。

f. 批准、保险和其他证书:保险单、飞机鉴定人的批准书、预扣税的免征书、外汇批准书、承租人和担保人所在政府的批准。

g. 注册文件:出口适航证、适航证、飞机注册证书抵押注册书。

进入 21 世纪以来,国内多家航空租赁公司(国银租赁、工银租赁和民生金融租赁等)相继成立并开展了飞机租赁业务。2006 年中国银行收购新加坡飞机租赁公司,以"中银航空租赁"之名,进入全球飞机租赁业,业务迅速扩展。中国航空租赁业尚属初创期,有关法律和税收制度有待完善、专业人才缺乏。但是,中国国内航空租赁市场发展空间巨大,而且有助于国产飞机进入市场。

3) 经营租赁(operating lease)

(1) 什么是"经营租赁"?

经营租赁是飞机所有者(出租人)与航空公司(承租人)之间的一种商业行为,出租人给予承租人在给定的时段运营出租人设备的权利,承租人有责任向出租人支付租金。

对于航空公司来说,首先,经营租赁把飞机的所有权风险和回报,与飞机的运营分割开来,避免了航空公司购置飞机的市场风险。其次,利用租赁方式表外融资来增加运力、拓展航线,有利于降低资金风险。在行业经济效益下滑的情况下,航空公司可以随时决定退租多余的飞机,降低飞机运营的各种成本。一些未经市场验证的新机型,采用经营租赁可以避免被套在长期融资结构中。总之,经营租赁对于航空公司来说,在多付出一些资金成本的代价下,所换取到的好处是明显的:增加了机队的灵活性,不必承担飞机的残值风险,表外融资,飞机的快速获得性强等。表7-7列出了经营租赁的主要优缺点。

表7-7　经营租赁的优缺点

优　点	缺　点
● 降低资本投资要求 ● 增加机队规划的灵活性 ● 出租人承担飞机残值风险 ● 飞机可能较快提供 ● 对财务报表影响最低 ● 支付租金可以是固定的,也可以是浮动的,随承租人的要求	● 航空公司遭受租金波动风险 ● 航空公司不能获得机队的资产权益 ● 与购机或融资租赁比较,租飞机的赋税优惠低 ● 航空公司必须满足租赁合同要求(管理、申报和维修等) ● 出租人可能对飞机的使用提出限制 ● 承租人支付预提税或其他附加税

对于承担飞机残值风险的租赁公司来说,把握恰当时机、购买能够较广泛满足承租人营运需求、保值和增值能力强的飞机,是获得满意的投资回报率的关键。租赁公司青睐的机型包括 B737、A320、B777、A330 和 B787 等。

经营租赁收益率主要取决于:购机价格、租金、租期、期末残值、保证金和维修储备金等。表7-8 给出了依据预期的收益率简单测算月租金的案例。如表7-9 所示,我们也可以依据月租金来测算收益率。飞机的残值可能是风险,对于经验丰富的租赁公司来说也可能是主要赢利来源。在算例中我们假设飞机 12 年(即 144 个月)期末的残值是购机价格的 5%。对于一架 4 400 万美元的 B737-800 来说,预期的残值会远高于 5%,成为主要的赢利来源。

表7-8　经营租赁:依据收益率测算月租金

1	购机价格	$44 000 000
2	租期/月	144
3	资金成本	3.58%
4	期望收益	1.80%
5	期末残值/购机价	5.00%
6	期末残值/5%购机价	$2 200 000
7	月租金	$402 679
8	租金率	0.92%

表 7－9　经营租赁：依据月租金测算收益率

1	租期/月	144
2	购机价格	$44 000 000
3	期末残值/5%购机价	$2 200 000
4	月租金	$402 679
5	IRR	5.38%
6	资金成本	3.58%
7	期望收益	1.80%

（2）经营租赁的模式。

飞机经营租赁的典型模式有干租和湿租。

干租（dry lease）是这样一种租赁安排，由出租人（租赁公司或银行）向承租人（航空公司）提供飞机，不提供保险、空勤、地勤、服务设备和维修等，飞机遵照承租人的航空营运许可证进行运行控制。干租的租期通常两年以上。

在大型航空公司和支线航空公司之间也存在有这种干租安排，支线营运人提供飞机的机组、维修和其他运营服务，在大型航空公司的名义下（或以相似的名称）运营支线飞机，使得大型航空公司节省了培训机组和维修飞机等费用。联邦快递与其支线运营人之间就采用了这种干租安排。

湿租（wet lease）是这样一种租赁安排，出租人（航空公司）向承租人（另一个航空公司）提供飞机、完整的机组、维修和保险（ACMI，即 aircraft、crew、maintenance 和 insurance），飞机遵照出租人自身的航空营运许可证进行运行控制，承租人按飞行小时向出租人支付租金。承租人提供航油、机场费及各种税费，航班使用承租人的航班号。租期通常 1～24 个月。湿租往往是一种满足季节性高客流量需求的短期租赁，或用于启动某一新航线，或用于填补因飞机大修引起的运力空缺，甚至可能由于承租人无法进入某一国家而采用湿租来提供跨境飞行服务。例如，多年前，按照埃及政府当年的政策，埃及政府企业埃及航空（Egypt Air）的飞机不能飞以色列，因此，埃及航空的开罗-特拉维夫航班是通过湿租由承租人西奈航空（Air Sinai）运营的。

（3）经营租赁的特点。

a. 租期通常在 3～7 年之间，很少有超过 10 年的。

b. "干租"是不附带任何技术服务的"净租"。

c. 承租人在固定的租期内支付租金。

d. 出租人通常要求承租人在期初交付相当于 2～3 个月租金的租赁保证金，租约终止时返还。

e. 承租人承担飞机租赁期的维修费用，使之符合适航标准。在租赁期间，民航当局可能会发出"适航性指令"，要求飞机进行改装，以达到适航性的要求。如果某一种结构性改装的效果会延伸到租期之外,改装费用可以与出租人协商,要求双方合理分担。

f. 飞机由承租人投保并支付保险费用。航空公司通常按其营运业务对整个机队设定险种,通常能满足出租人的利益。出租人所关心的是,这些险种足以使它确信,该飞机的重置价值以及第三方的任何可能的责任风险都完全可以得到覆盖。

g. 出租人要求在租赁期末飞机归还出租人时,飞机处于交付时相同的维修状态,而且按商业性航空公司的标准衡量是"洁净"的,在飞机表面所做的该承租人的特有的标记应该刮去或者漆成新的,以便迅速地交付给下一个承租人。

h. 出租人要求承租人支付维修储备金。这是一个以出租人或其代理人的名义开立的账户,由航空公司定期地进行支付。在该账户上累积起来的资金,可以用于支付维修的费用。

i. 租赁期届满时,承租人对该飞机的价值没有所有者权益或共享者权益,也不承担该价值的任何下降的风险。

表 7-10 比较了直接购机、融资租赁和经营租赁的主要特点。

表 7-10　直接购机、融资租赁和经营租赁特点比较

	直接购机	融资租赁	经营租赁
典型期限	资产全寿命	12～18 年	窄体机 3～7 年
资金需求	高	中	低
订金	高(20%＋)	中等(10%)	3 个月租金(≈3%)
分期支付	是	不	不
还款	到期余额	本金＋利息	租金
付款安排	交付时付款	每 1、3 或 6 个月,后付款	每月一次,提前付款
信用等级	最高	中等	最低
是否上资产负债表	上	经常上	不上
灵活性	最低	低	高
交付等待时间	可能长	可能长	可能短

(4) 经营租赁的退租返还要求。

飞机经营租赁的出租人不是在一次经营租赁交易中收回全部成本并得到预期收益的,飞机到期退租后,还要再出租或出售。因此,退租返还条件的要求变得十分重要。下面列出了经营租赁典型的退租返还条件要求。

a. 飞机状态完全满足定期航班标准,所有结构的损坏已经被修复到固定标准。

b. 与最初交付给承租人时安装的部件情况相比,已经安装补足了所有所需要的机载设备、部件、附件、内饰以及紧固件。上述部件需要包括所有交付后按租约要

求或租约允许进行的改装、修复或维修。

c. 飞机拥有承租人适航当局颁发的有效适航证书。

d. 飞机保持生产厂家的原始布局。

e. 退租返还时,刚完成相关的"C"检。所有承租人维修计划或者厂商维修计划文件中规定的"C"检期间需要进行的机身检测都已经完成。

f. 适航当局要求贯彻执行的适航指令必须完结。

g. 承租人从卖方或厂家取得的适用于该飞机的免费服务清单或工具,须免费地提供给出租人。

h. 应出租人要求,所有外部标志重新喷涂清晰。

i. 所有标志、标牌干净、可靠和易读。

j. 噪音符合 FAR 36 部分有关要求。

k. 没有显著的、需要继续进行的,或者公告的维修项目。所有目测项目和所有飞行日志中不匹配的地方已彻底更正。

l. 所有修理及需要进行重复检测的损坏件,要求修复到一个标准的修理标准,因此未来不需要对上述部件进行重复检测。

m. 根据厂商的维修手册,保证所有系统工作状态良好。

n. 没有超出厂商维修手册的漏洞。

4) 售后回租(sale and lease back,SLB)

(1) 什么是"售后回租"?

售后回租是这样一种财务交易,航空公司把飞机出售给购机者,随即与购机者签署一份租赁协议,把飞机租回来,卖方成为承租人,购机者成为出租人。

一些航空公司通过对其相似机型的机队中的部分飞机进行售后回租,重新拿回飞机的资金成本,用以减缓现金流不足的压力,用于支付债务以改善公司的资产负债表。售后回租可减轻未来飞机残值波动的风险。

(2) 售后回租的税赋。

在《国家税务总局关于融资性售后回租业务中承租方出售资产行为有关税收问题的公告》(国家税务总局公告 2010 年第 13 号)中,对售后回租的税赋做出了规定,简述如下。

a. 融资性售后回租业务中,承租方出售资产的行为,不属于增值税和营业税征收范围,不征收增值税和营业税。

b. 不征收增值税和营业税是相对于出售方(承租方)而言的,对购买方(出租方)应按相关融资租赁业务征收营业税和增值税。

c. 融资性售后回租业务中,承租人出售资产的行为,不确认为销售收入,对融资性租赁的资产,仍按承租人出售前原账面价值作为计税基础计提折旧。也就是说,折旧处理上同未发生过售后回租行为一样,仍同自有资产一样继续计提折旧。租赁期间,承租人支付的属于融资利息的部分,作为企业财务费用在税前扣除。

（3）售后回租的特点。

售后回租实际上是一种集销售和融资为一体的交易形式,也是一种常用的资产管理（或筹资）方式。在售后租回交易中,承租人与出租人都具有双重身份,进行双重交易,形成资产价值和使用价值的分离,具有下述特征:

a. 交易业务的双重性:其一,资产出售方同时又是承租人,通过销售取得销售收入,又作为承租方租回资产;其二,购机者同时又是出租方,通过购买取得资产所有权,又作为出租方转移资产使用权,取得资产使用权转让收入。双重交易,实现了资产价值和使用价值的分离。

b. 资产价值转移但资产实物不转移:出售方对资产所有权转让并不要求资产实物转移,因而出售方（承租方）在售后租回交易过程中可以不间断地使用资产。购买方（出租方）则只是取得资产的所有权,即取得资产所有权包含的权益和风险。

c. 资产形态发生转换:售后租回交易是承租人在不改变对租赁物使用的前提下,将固定资产向流动资产转换的过程,从而增强了长期资产价值的流动性,产生资本扩张效应。也就是说,盘活了固定资产,解决了流动资金困难的问题。

d. 资产转让收益的非实时性:《企业会计准则——租赁》规定,出售方（承租方）不得将售后租回损益确认为当期损益,而应予递延,分期计入各期损益。也就是说,在售后租回交易中,资产的售价与资产的租金是相互关联的,资产的转让损益在以后各会计期间予以摊销,而不作为当期损益考虑。

7.5 航空公司投资评估方法简述

为了保证机队规划的连续性,航空公司会经常对所关注的机型进行对比分析,关注制造商对新技术的开发和应用,以便把握适当的时机,更新机队。在飞机选型中,航空公司普遍采用直接运行成本（DOC）方法来评估和比较备选机型的技术经济性。

在确定了机型更新的需求后,航空公司需要对投资的价值创造能力进行评估,对飞机引进方式进行认真规划,不同的飞机引进方式会对公司的财务状况带来长期影响。航空公司将尽可能地设法改善融资结构,降低融资风险,可能为适应市场的增长而购进或租赁新型飞机,可能与租赁公司洽谈售后回租交易,可能为创立品牌而改造旧客舱布局。

投资评估的基本原理是:投资项目的收益率大于资金成本时,企业的价值将增加;投资项目的收益率小于资金成本时,企业的价值将减少。举一个简单例子,假设企业目前债务 100 万元,所有者权益 200 万元,企业总资产 300 万元。债权人要求收益率 10%（反映在借贷契约中）,企业可以在税前支付利息,所得税率 50%。股东要求收益率 20%（通过股价计算）。那么,投资人要求的收益率可按下式估算,所计算得到的 15% 称为"资金成本",企业投资项目的收益率必须超过资金成本,才能为企业创造价值。

$$收益率 = \frac{债务 \times 利率 \times (1 - 所得税率) + 所有者权益 \times 权益成本}{债务 + 所有者权益}$$

$$= \frac{100 \times 10\% \times (1 - 50\%) + 200 \times 20\%}{100 + 200} = 15\%$$

航空公司财务人员可利用的投资评估工具,本质上有 3 种。第 1 种,净现值法(net present value,NPV),该方法把资产与资产的预期未来现金流的现值相联系。净现值法是各种估价方法的基础;第 2 种,相对估价法;第 3 种,实物期权法(real options analysis,ROA),该方法运用期权定价模型对各种享有期权特性的资产的价值进行衡量。

在实际的价值评估中,大多数是根据相对估价法来完成的。相对估价法倚重于市场,通过观察各种可比资产相对于共同变量(诸如,赢利、现金流、账面价值和收益等)的定价,对资产的价值进行估计。

本节仅简要讨论净现值法和实物期权法。净现值方法的基础,是传统的折现现金流量法(discount cash flow,DCF),现金流量按预定的收益率、成本和投资等来估算,不考虑未来环境的变化和经营上可能的响应。这种"死板的"方法难以反映大多数航空公司实际的投资预算决策需求。实物期权法在学术界和财务咨询公司较为推崇。实物期权法通过"管理弹性"概念,为企业管理者提供了在不确定的环境下进行战略投资决策的思路,这种"管理弹性"思路,不仅有助于降低风险和损失,也有助于捕获潜在的收益。

1) DOC 方法

航空公司在飞机选型时,普遍采用 DOC 方法来评估和比较备选机型的技术经济性。但是,在最终的投资决策中,它必须辅以其他与时间有关的经济可行性分析方法(净现值方法等),因为:

a. DOC 方法是静态评估法,不考虑经济状况的演变风险和资金的时间价值。

b. DOC 方法把现金项目和非现金项目(如,折旧成本)组合在一起,造成评估上的困难。

c. DOC 方法假定飞机的投资额从下订单到退役是固定的,不考虑置换、出售和经营租赁等资产管理提供的灵活性。

d. DOC 方法强调运营飞机的成本,而不是创造效益的潜力。

2) 净现值法

(1) 净现值定义。

净现值定义为投资方案中未来现金流入(即收益)的现值与未来现金流出(即成本)的现值之间的差额。也就是说,未来现金流入和流出,都要按预定的贴现率折算为现值,然后计算它们的差额。

净现值通过计算投资的每一时段的成本(负现金流)和收益(正现金流)来确定。时段的长度通常取 1 年(也可以用半年或 1 季度等)。当每一时段的现金流(R_t)计算完成后,利用公式 $\dfrac{R_t}{(1+i)^t}$ 把现金流折现为未来的现值,所有时段的现值之和就是净现值。对于任一个投资 N 年、贴现率为 i 的投资项目,净现值 NPV 的一般表达式如下:

$$NPV(i,\ N) = \sum_{t=0}^{N} \frac{R_t}{(1+i)^t}$$

式中:

N——项目投资涉及的年限;

t——时段,$t = 0,\ 1,\ 2,\ \cdots,\ N$;

i——贴现率(投资在风险相似的金融市场可能获得的收益率);资金的机会成本。

R_t——第 t 年的净现金流(即第 t 年的"收入-支出")。

净现值方法衡量投资项目是否获利的有用工具。如 $NPV > 0$,则投资项目可行,如 $NPV < 0$,则投资项目不可行。

(2) 贴现率(discount rate)的选择。

贴现率用于把未来的现金流折现为现值,是净现值方法中的关键变量。例如,贴现率为 8% 时,100 美元在 20 年后的现值 $= \dfrac{100}{(1+0.08)^{20}} = 21.45$ 美元。

设定的贴现率增加,未来值会降低,使得投资回报变得困难。贴现率是所估计现金流的风险函数,风险较高的资产具有较高的贴现率,而较安全的资产则具有较低的贴现率。项目投资分析中,贴现率通常采用该公司的"加权平均资金成本"(weighted average cost of capital,WACC)。

$WACC$ 指的是,以债务和股本资本在公司目标资本结构中所占的相对市值为权数,计算出来的债务和股本资本融资的平均成本。计算公式如下:

$$WACC = R_d \times \frac{D}{(D+E)} + R_e \times \frac{E}{(D+E)}$$

式中:

R_d——贷款融资利率;

R_e——股权融资利率;

D——公司负债;

E——股东权益。

企业贷款融资成本(R_d)比较容易确定，可以在伦敦银行同业拆借利率(LIBOR)的基础上增加一定的百分比例(航空公司的信用风险，如2%)。贷款利率应当包含所得税(企业可以在税前支付利息)。股权融资成本(R_e)的确定较为困难，许多国有航空公司甚至未意识到存在股权融资成本。股权融资成本中包含无风险利率和市场风险溢价两部分。表7-11给出了WACC计算的一

表7-11　WACC计算实例

无风险利率	5.1%
市场风险溢价	5.7%
β系数	1.05
税后股权成本	11.1%
债务成本	6.3%
股本占比	55.0%
债务占比	45.0%
税后WACC	8.9%

个实例，表中的β系数是衡量该资产收益率与市场组合收益率之间相关性的风险指数。

对于经营租赁来说，如果使用WACC，则难以合理评估风险转移的成本。经营租赁的支付，包含3项：租赁期内飞机折旧的资金成本，内含的资产融资利息成本，以及风险转移成本(从出租人的角度来看，是项目风险和公司股权投资人的酬劳)。

选择贴现率的另一种方法是：如果把该项目所需资金投资到另一个替代项目中，可获得某一收益率，那么就选择这一贴现率进行投资分析。例如，项目A所需资金投资到替代项目中的收益率为10%，那么，在项目A的NPV计算中就使用这一贴现率，以便在项目A和替代项目之间进行直接比较。与这一概念相似的另一种方法，是贴现率选用公司的"再投资率"(reinvestment rate)。再投资率定义为公司投资的平均收益率。在分析投资环境受限条件下的项目时，贴现率选用再投资率比选用WACC可能更合适，因为它反映了投资的机会成本，而不是可能更低的资金成本。

某些专业投资人要求他们的投资达到某一指定的收益率。在这种情况下，NPV计算中的贴现率应该选用该收益率，这样可以把项目的盈利能力与所要求的收益率进行直接比较。

NPV=0时的贴现率，就是内部收益率(internal rate of return，IRR)。投资准则是：收益率必须大于资金的机会成本。

(3) 投资净现值计算中的现金流分类。

为了对长期投资进行正确价值评估，航空公司应该按照清晰定义的下述3类现金流分类，来计算净现值：

a. 运行飞机产生的经营现金流。

b. 投资现金流(包括购置飞机和最终处置飞机)。

c. 与购置飞机直接有关的筹措资金的现金流。

投资净现值计算中，上述3类现金流中的前2项("运行飞机"和"投资"现金流)通常按公司的综合资金成本(通常定义为WACC)来折现。第3项(即筹措资金的现

金流)不必折现,其理由是:WACC 已包括了债务引起的对项目的收费。

3) 实物期权法

(1) 实物期权概念。

实物期权(real options)是指处理具有不确定性投资结果的非金融资产的一种柔性投资决策工具。依据实物期权的概念,一个投资方案产生的现金流量所创造的利润,来自于当时所拥有资产的使用,再加上一个对未来投资机会的选择。也就是说,企业可以取得一个权利,在未来以一定价格取得或出售一项实物资产,所以实物资产的投资可以应用类似评估一般期权的方式来进行评估。同时又因为其标的物为实物资产,故将此性质的期权称为实物期权。

实物期权为实物资产持有者提供了在期权到期日或之前根据固定价格(称为实施价格)买进或卖出特定数量的标的实物资产的权利。鉴于它是一种权利而不是义务,持有者可以选择不实施这一权利而听任期权作废。存在两种类型的期权——买方期权和卖方期权。

买方期权(或称"看涨期权")赋予期权的买方,在期权到期日之前的任何时间内,根据实施价格购买标的资产的权利。买方要为这一权利支付一定的价格。如果资产的价值在到期时低于实施价格,期权不会得到实施而毫无价值地作废。然而,如果资产的价值高于实施价格,期权会得到实施,期权的买方会根据实施价格购买。资产价格与实施价格之差额,构成了投资的总利润,投资的净利润是总利润和最初支付给期权的价格之间的差额。买方期权在航空公司的应用,包括飞机采购期权和飞机系列间转换期权等。

卖方期权(或称"看跌期权")赋予期权的买方,在先于期权到期日之前的任何时间内,以被称为实施价格的固定价格出售标的资产的权利。买方也要对这一权利支付一定的价格。如果标的资产的价格大于实施价格,期权不会获得实施而毫无价值地作废。如果标的资产的价格低于实施价格,卖方期权的所有者将会实施期权并根据实施价格出售,索取实施价格和资产的市场价值间的差额作为总利润。减去对于卖方期权所付的最初成本就会产生交易的净利润。卖方期权在航空公司的应用,包括可延长的经营租赁和残值担保等。

在企业面临不确定性的市场环境下,实物期权的价值来源于企业战略决策的相应调整。每一个企业都是通过不同的投资组合,确定自己的实物期权,并对其进行管理、运作,从而为股东创造价值。实物期权法应用金融期权理论,给出动态管理的定量价值,从而将不确定性转变成企业的优势。

(2) 期权价值的决定因素。

表 7 - 12 给出了期权价值的 6 个决定因素。

表 7 – 12　影响期权价值的变量概览

因素	买方期权的价值	卖方期权的价值
标的资产价值的增加	增加	减少
标的资产价值的方差增加	增加	增加
实施价格的增加	减少	增加
对标的资产支付的股息增加	减少	增加
期权有效时间的增加	增加	增加
相应于期权寿命的无风险利率	增加	减少

（3）二项式期权定价。

实物期权定价理论由 Fischer Black 和 Myron Scholes 在 1973 年提出。布莱克-舒尔斯(Black-Scholes)期权定价模型运用"复制性投资组合"（由提供与所估期权相等现金流的标的资产和无风险资产所构成的组合）和套利两种概念提供了期权定价的最终公式。该模型甚为复杂，这里简介的是依据同样逻辑导出的、用于期权定价的较简单的二项式模型。

假定在期权到期时，资产可能涨到给定的较高水平，或降到给定的较低水平。如图 7 – 6 所示，假设资产价格 100 元，年底价格可能升至 200 元，或降至 50 元（见图 7 – 6(a)）。设该资产的看涨期权的执行价格为 125 元，有效期 1 年，利率是 8%。如果年底资产价格下跌，看涨期权持有人的收益是 0，如果年底资产价格涨到了 200 元，看涨期权持有人的收益是 75 元（见图 7 – 6(b)）。把看涨期权的收益，与该资产和以 8% 的利息借 46.30 元组成的资产组合的收益相比较，我们看到，这一资产组合的收益也取决于年末资产的价格（见图 7 – 6(c)）：建立该资产组合的现金支出是 53.70 元（100－46.30＝53.70 元）；年末资产组合的价值可能降至（50 元基础资产年末价格－50 元贷款本金加利息）＝0，年末资产组合的价值可能升至（200 元基础资产年末价格－50 元贷款本金加利息）＝150 元。

(a) 资产价格　　　　　(b) 看涨期权价值　　　　　(c) 资产组合的价值树

图 7 – 6　二项式期权定价图解

我们看到，无论年底资产价格是何值，这一资产组合的收益都是看涨期权收益的 2 倍。换言之，2 份看涨期权正好复制出资产组合的收益。即，$2C = 53.70$ 元，每份看涨期权的价格 $C = 26.85$ 元。因此，给定资产价格、执行价格、利率和资产价格的波动性（价格上下波动的幅度），就能得出看涨期权的公平价值。

如图 7-7 所示,上述两状态模型可以推广到多重时期的二项式模型。假定基础资产初始价值为 V,在第 1 个时间段结束时,它要么向上变为 V_u,要么向下变为 V_d;同样,在第 1 节点的基础上,资产价值的变化又将是两种可能结果中的一个,即如果第 1 节点为 V_u,当第 2 个时间段结束时,它要么向上变为 V_u^2,要么向下变为 V_{ud};如果第 1 节点为 V_d,当第 2 个时间段结束时,它要么向上变为 V_{ud},要么

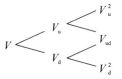

图 7-7 二项式价值变化网络的一般形式

向下变为 V_d^2;依此类推。这样的资产价值变化过程可以延伸到多个时间段。于是,这种变化形成了资产价值变化网络。资产价格可在任何时期上移到 V_u 或下移到 V_d,针对实施价格为 K 的看涨期权的复制性投资组合,将涉及借入 B 元和获得 Δ 份标的资产:

$$\Delta = \frac{C_u - C_d}{V_u - V_d}$$

式中:

Δ——所购标的资产的单位数量;

C_u——资产价格为 V_u 时买方期权的价值;

C_d——资产价格为 V_d 时买方期权的价值。

在多重时期的二项式过程中,必须递归地进行估价(即开始于最后的时期,在时间上进行逆向移动,直到现行时点为止,得出网格的起始点价值)。

(4) 布莱克-舒尔斯期权定价模型。

已被期货市场广泛接受的布莱克-舒尔斯期权定价公式给出如下:

$$C_0 = S_0 N(d_1) - X e^{-rt} N(d_2)$$

$$d_1 = \frac{\ln(S_0/X) + (r + \sigma^2/2)T}{\sigma\sqrt{T}}$$

$$d_2 = d_1 - \sigma\sqrt{T}$$

式中:

C_0——当前的看涨期权价格;

S_0——当前的股票价格;

$N(d)$——标准正态分布小于 d 的概率;

X——执行价格;

r——相应于期权寿命的无风险利率;

T——期权到期时间;

σ——股票连续复利的年收益率的标准差。

(5) 实物期权方法在航空公司的应用。

航空公司在资金预算中主要采用净现值方法。与净现值方法相比,实物期权方法实质上是扩展的净现值方法。投资项目的总价值(即"扩展的 NPV"),可表达为静态的净现值和管理弹性(即实物期权)的价值之和,即:

扩展的 NPV = 静态的 NPV + 实物期权的价值

在下述情况下,航空公司有望利用实物期权方法提升投资的价值,当然,也必须考虑期权价格和实施期权的成本:

(1) 经济环境和航空运输需求波动。

(2) 竞争对手的响应不确定。

(3) 价格(燃油、劳务和融资)波动。

(4) 飞机交付期的选择,或可延长租赁期的选择。

(5) 借贷利息成本波动。

民用飞机的净现值可用下式来表达:

$$NPV = \sum_{t=0}^{n} \frac{CF_t}{(1+k)^t} + \frac{RV_n}{(1+k)^n} - I$$

$$\text{或} \quad NPV = \sum_{t=0}^{n} \frac{TR_t - TC_t}{(1+k)^t} + \frac{RV_n}{(1+k)^n} - I$$

式中:

CF——飞机运营产生的现金流,$CF = TR - TC$。

TR——包括旅客、货邮和其他收益在内的飞机运营总收入,可以表达为:$TR_t = ASK_t \times Yield_t$。$ASK$ 是可用座公里数,$Yield$ 是单位 ASK 的收益。

TC——飞机运营总成本,包括燃油、空勤和起降等成本。($TR - TC$)就是收益。

RV——飞机残值;

I——飞机固定采购价(包括备件和空勤培训等初始投资成本);

k——资金成本;

t——年份;

n——飞机经济寿命。

航空公司实际运营统计数据表明,在上述净现值表达式中,造成飞机净现值波动的主要来源是:单位 ASK 的收益、油价和残值。

下面的案例[6]假设:一家美国大型航空公司 A,约一半的收益来自国内市场,运营国内市场的机队大多是窄体机,窄体机中有 B737NG,但过半数是已停产的 MD90 和 B737 经典系列。为改善机队运营经济性,该航空公司决定用 B737 - 700 更新其过时停产的机队。该公司与波音签署了采购合同,第一批 10 架单一经济舱 137 座的 B737 - 700 将于 2013 年 1 月交付投入运营,交易单价 3 468 万美元。波音提供了"延期"期权,即,买方有权推迟 2 年接受飞机,单价提升到 3 571 万美元。此外,波音向 A 公司提供采购之后 20 年末飞机残值担保(2033 年和 2035 年末分别为 926 和 949 万美元)。

10 架 B737 - 700 在美国国内航线运营的假设条件是:每年运营 360 天,每天飞 6 个航班,平均航段距离 700 mile(英里)(1 mile=1 609 m)。因而每架机每年的运能是 2.071 44 亿座英里。A 公司利用燃油附加费和燃油套期保值等措施来锁定燃油成本,使得单位 ASM(可用座英里)的可变现金成本为 0.06 美元,单位 ASM(可用座英里)的固定现金成本为 0.015 美元。由于通货膨胀,这些成本每年增长 1%。A 公司按年度计的国内市场收益的波动率达 5%。按 A 公司的财务政策,机体和发动机的折旧年限是 20 年,残值是初始采购价的 5%。A 公司以 10 年期美国国债 2%的利率为无风险利率,所得税率为 38.5%。

依据上述假设,造成飞机净现值波动的 3 个变量(单位 ASK 的收益、油价和残值)中,波音提供了残值担保,油价有了避险措施,影响净现值的不确定变量仅剩下"单位 ASK 的收益",这样使得实物期权分析变得简单。下面我们来分析航空公司 A 可能考虑的两种实物期权(柔性管理)。第 1 种是"封存-再启用"期权;第 2 种是"封存-再启用"和"延期"构成的复合期权。

"封存-再启用"期权指的是,为应对市场波动风险,当运营收益不能覆盖运营成本时,航空公司有权封存部分飞机。每架飞机封存 1 年,机场收费为 10 万美元。如再次启用飞机并恢复适航性,需支付 25 万美元。封存和启用飞机的费用要考虑 1%的年增长率(通货膨胀)。在本案例中,"封存-再启用"期权是这样执行的:当某一时间段的运营收益小于"可变现金成本-封存费"时,将封存飞机;当运营收益大于"可变现金成本+再启用费"时,将再启用飞机。本案例假设,执行封存的标准是运营收益低于 0.059 5 美元/ASM(2012 年),执行再启用的标准是运营收益高于0.062 4美元/ASM(2012 年)。此外,美国联邦航空局对航空公司的最低航班执行率有一定要求,达不到要求将不能继续持有该航班时刻。本案例假设,这 10 架飞机的最低航班执行率是 70%(即封存 3 架飞机)。

利用二项式模型对"封存-再启用"期权进行分析,表 7 - 13 比较了考虑和不考虑"封存-再启用"期权的现金流计算结果,"封存-再启用"期权的价值为 1 164.93 万美元。

利用二项式模型对"封存-再启用"和"延期"构成的复合期权进行分析,得到的结果是:该复合期权的扩展 NPV 是 1 355.98 万美元,而单独"封存-再启用"期权的扩展 NPV 是 907.04 万美元(见表 7 - 13),因而"延期"期权的价值是 448.94 万美元。这就是说,"延期 2 年"的价值空间不大。

表 7-13 考虑和不考虑"封存-再启用"期权的现金流比较

年份	静态现金流/百万美元(单机)	考虑"封存-再启用"选择的现金流/百万美元(单机)
2013	1.229 8	1.229 8
2014	1.314 6	1.314 6
2015	1.398 5	1.398 5
2016	1.481 8	1.481 8
2017	1.564 3	1.564 3
2018	1.646 1	1.646 5
2019	1.727 1	1.728
2020	1.807 4	1.807 4
2021	1.887	1.887 3
2022	1.965 9	1.967 7
2023	2.044 1	2.043 3
2024	2.121 5	2.122 7
2025	2.198 3	2.200 4
2026	2.274 4	2.277 2
2027	2.349 8	2.353 8
2028	2.424 6	2.428 3
2029	2.498 6	2.501 2
2030	2.572	2.576 1
2031	2.644 7	2.649 5
2032	2.716 8	6.572
总计	39.867 3	43.750 4
购机价格	34.68	34.68
净现值	5.187 3	9.070 4
"封存-再启用"期权的价值(最低航班执行率 70%,故有 3 架机执行该期权)		11.649 3

当利用布莱克-舒尔斯期权模型分析时,"封存-再启用"期权和"延期"期权的价值分别为 976.63 和 69.58 万美元。与二项式模型的结果相比,存在一定差异。布莱克-舒尔斯期权模型的价格过程是连续的,而二项式模型的价格过程是分段的,容易产生较大的偏差,这或许是根本原因。

参考文献

[1] Boeing Capital Corporation. Current Aircraft Finance Market Outlook [R]. 2015.

[2] Mancilla Darcy Olmos. Aircraft Asset Management: Tools & Airline Strategies during a World Market Downturn [C]. ATRS World Conference, 2010.

［3］ Hallerstrom Nils. Modeling Aircraft Loans & Leases ［R］. Mar，2010.

［4］ Vasigh Bijan，Taleghani Reza，Jenkins Darryl. Aircraft Finance ［M］. J. Ross Publishing，2012.

［5］ Gibson William. Aircraft Lessor Prospects and Lease Valuation for Airlines ［R］. Oct. 2008.

［6］ Hu Q，Zhang A. Real Option Analysis of Aircraft Acquisition：A Case Study ［J］. Journal of Air Transport Management（2015）.

［7］ 达摩达兰(Damodaran，A.）. 投资估价（上）［M］. 林谦，译. 清华大学出版社，2004.

索　引

大飞机出版工程
书　目

一期书目（已出版）

　　《超声速飞机空气动力学和飞行力学》（俄译中）

　　《大型客机计算流体力学应用与发展》

　　《民用飞机总体设计》

　　《飞机飞行手册》（英译中）

　　《运输类飞机的空气动力设计》（英译中）

　　《雅克-42M和雅克-242飞机草图设计》（俄译中）

　　《飞机气动弹性力学和载荷导论》（英译中）

　　《飞机推进》（英译中）

　　《飞机燃油系统》（英译中）

　　《全球航空业》（英译中）

　　《航空发展的历程与真相》（英译中）

二期书目（已出版）

　　《大型客机设计制造与使用经济性研究》

　　《飞机电气和电子系统——原理、维护和使用》（英译中）

　　《民用飞机航空电子系统》

　　《非线性有限元及其在飞机结构设计中的应用》

　　《民用飞机复合材料结构设计与验证》

　　《飞机复合材料结构设计与分析》（英译中）

　　《飞机复合材料结构强度分析》

　　《复合材料飞机结构强度设计与验证概论》

　　《复合材料连接》

　　《飞机结构设计与强度计算》

三期书目（已出版）

　　《适航理念与原则》

　　《适航性:航空器合格审定导论》（译著）

　　《民用飞机系统安全性设计与评估技术概论》

《民用航空器噪声合格审定概论》

《机载软件研制流程最佳实践》

《民用飞机金属结构耐久性与损伤容限设计》

《机载软件适航标准 $DO-178B/C$ 研究》

《运输类飞机合格审定飞行试验指南》（编译）

《民用飞机复合材料结构适航验证概论》

《民用运输类飞机驾驶舱人为因素设计原则》

四期书目（已出版）

《航空燃气涡轮发动机工作原理及性能》

《航空发动机结构强度设计问题》

《航空燃气轮机涡轮气体动力学：流动机理及气动设计》

《先进燃气轮机燃烧室设计研发》

《航空燃气涡轮发动机控制》

《航空涡轮风扇发动机试验技术与方法》

《航空压气机气动热力学理论与应用》

《燃气涡轮发动机性能》（译著）

《航空发动机进排气系统气动热力学》

《燃气涡轮推进系统》（译著）

五期书目（已出版）

《民机飞行控制系统设计的理论与方法》

《现代飞机飞行控制系统工程》

《民机导航系统》

《民机液压系统》

《民机供电系统》

《民机传感器系统》

《飞行仿真技术》

《民机飞控系统适航性设计与验证》

《大型运输机飞行控制系统试验技术》

《飞控系统设计和实现中的问题》（译著）

其他书目

《飞机客舱舒适性设计》（译著）

《上海民用航空产业发展研究》

《政策法规对民用飞机产业发展的影响》

《民用飞机空气动力设计先进技术》

《民用飞机设计及飞行计划理论》

《动态系统可靠性分析：高效方法及航空航天应用》（英文版）

《特殊场务条件下的民机飞行试验概论》

《国际航空法（第九版）》（译著）

《现代飞机飞行动力学与控制》

《民用飞机销售支援与客户价值》

《工程师用空气动力学》（译著）

《推进原理与设计》

《商用飞机技术经济研究——设计优化与市场运营》

《商用飞机经济性》

《民用飞机选型与客户化》